U0243565

认知计算与多目标优化

焦李成　尚荣华　刘　芳　杨淑媛　　著
　　　　侯　彪　王　爽　马文萍

北　京

内 容 简 介

本书对近年来认知计算和多目标优化领域常见的理论及技术进行了较为全面的阐述和总结，并结合作者多年的研究成果，对相关理论及技术在应用领域的实践情况进行了展示和报告。全书从认知计算和多目标优化两个方面展开，主要内容包含以下几个方面：认知科学及其特点，多目标优化问题及其求解方法，高效免疫多目标 SAR 图像自动分割算法，基于智能计算的认知无线网络频谱分配与频谱决策方法。

本书可为计算机科学、信息科学、人工智能、自动化技术等领域及其交叉领域从事量子计算、进化算法、机器学习及相关应用研究的技术人员提供参考，也可作为相关专业研究生和高年级本科生教材。

图书在版编目（CIP）数据

认知计算与多目标优化/焦李成等著.—北京：科学出版社，2017.3
ISBN 978-7-03-052161-3

Ⅰ.①认⋯　Ⅱ.①焦⋯　Ⅲ.①认知–计算技术　Ⅳ.①TP183

中国版本图书馆 CIP 数据核字（2017）第 051299 号

责任编辑：宋无汗　高慧元 / 责任校对：李　影
责任印制：张　伟 / 封面设计：陈　敬

科 学 出 版 社 出版
北京东黄城根北街 16 号
邮政编码：100717
http://www.sciencep.com
北京虎彩文化传播有限公司 印刷
科学出版社发行　各地新华书店经销
*
2017 年 3 月第 一 版　　开本：720×1000　1/16
2022 年 2 月第五次印刷　　印张：17 3/4
字数：360 000

定价：120.00 元
（如有印装质量问题，我社负责调换）

前　　言

　　何谓认知科学？认知是指人的感觉器官对外界事物进行信息加工的过程。认知过程就是通过记忆、思维、想象、感觉、知觉、言语等活动来搞清事物的性质和规律，使认识的主体获得知识的过程。认知科学是指关于脑和神经功能研究的理论和学说。在众多的认知科学的学科中，认知心理学、认知神经科学、认知计算机科学（也称人工智能）一般被看做认知科学的三大核心学科。

　　人工智能是在哲学、心理学、计算机科学等基础上发展起来的交叉学科，主要研究如何用计算机去模拟和扩展人的智能，如何让计算机变得更聪明，如何设计并制造更智能的计算机的理论、方法、技术及应用系统。目前人工智能的研究领域有机器学习、模式识别、专家系统、人工神经网络、自动程序设计、自动定理证明、智能决定支持系统、自然语言理解、机器人学和博弈，应用范围十分广泛，涉及人类工作、生活的各个方面。虽然目前人工智能领域的各个学派在人工智能的研究理论、方法以及技术路线等方面观点不一，但是目标都是一样的，即研究如何更好地模仿人的智能来实现机器智能，以此造福人类。

　　认知无线频谱是非耗尽型的稀缺资源。随着通信系统的迅速发展和无线接入技术的不断进步，越来越多的人能够享受到无线通信带来的便捷。以移动通信为代表的无线通信系统是一种资源受限的系统，随着无线业务需求的高速增长，无线资源（基站站址资源、频谱资源、码资源、功率资源、带宽资源等）日渐紧缺。如何有效地利用有限的无线资源来满足日益增长的业务需求，已经成为国内外研究者和移动网络运营商共同关注的问题。无线资源管理是无线通信网络的一个重要研究内容。为了有效地利用频谱资源，各种先进的无线通信理论和技术相继被提出，如自适应编码与调制技术、多天线技术、多载波复用技术等。这些技术在一定程度上解决了频谱资源利用率低的问题，但是由于受到香农容量的限制，性能提高有限，并不能从根本上解决此问题，因此，必须寻求新的技术解决频谱资源的紧缺问题。

　　相比于只考虑一个目标的单目标优化问题，多目标优化问题能够同时优化多个目标，更加接近于实际问题，因此具有实际应用意义。经过近 30 年的发展，多目标进化算法蓬勃发展，优秀算法不断涌现。多目标进化算法的目标是获得具有良好收敛性和多样性的解集。尽管多目标优化算法蓬勃发展至今，仍有很多瓶颈问题尚未解决。

多目标优化问题的复杂性源于两个方面：决策和目标空间的复杂性。对于一个多目标优化问题，其决策变量间的关联会增加问题的难度，但是，目前主流的多目标测试问题都忽略了这一点。对于多目标优化问题，其目标空间的复杂性主要来自于目标函数的数量。通常情况下，具有三个以上目标的多目标优化问题被称为高维多目标优化问题。可是，目前基于 Pareto 的多目标进化算法均不能解决高维多目标优化问题。尽管很多不同类型的支配方式、控制支配区域、等级、模糊 Pareto 支配以及数据结构表示致力于定义一种对高维多目标优化问题有效的支配关系，但是仍然不能得到满意的结果。

从 1996 年开始，在国家"973"计划项目（2013CB329402，2006CB705707），国家"863"计划项目（863-306-ZT06-1，863-317-03-99，2002AA135080，2006AA01Z107，2008AA01Z125 和 2009AA12Z210），国家自然科学基金创新研究群体科学基金项目（61621005），国家自然科学基金重点项目（60133010，60703107，60703108，60872548 和 60803098）及面上项目（61371201，61271302，61272279，61473215，61373111，61303032，61271301，61203303，61522311，61573267，61473215，61571342，61572383，61501353，61502369，61271302，61272282，61202176，61573267，61473215，61573015，60073053，60372045 和 60575037），国家部委科技项目资助项目（XADZ2008159 和 51307040103），高等学校学科创新引智计划（"111"计划）（B07048），国家自然科学基金重大研究计划项目（91438201 和 91438103），以及教育部"长江学者和创新团队发展计划"项目（IRT_15R53 和 IRT0645），陕西省自然科学基金项目（2007F32 和 2009JQ8015），国家教育部高等学校博士点基金项目（20070701022 和 200807010003），中国博士后科学基金特别资助项目（200801426），中国博士后科学基金资助项目（20080431228 和 20090451369）及教育部重点科研项目（02073）的资助下，作者对认知计算和多目标优化及应用进行了较为系统的研究和探讨。

鉴于认知计算和多目标优化展现的广阔前景，以及对社会各个方面的重要影响，作者在该领域进行了深入而有成效的研究工作。在十多年的探索研究中，取得了一些成果，并在广泛的应用领域进行了尝试。从认知计算的角度，对很多复杂问题提出了新颖的解决思路和方法。基于前面的工作，结合国内外的发展动态，本书集合了当前认知计算和多目标优化的很多相关内容，不仅包含认知计算和多目标优化以及交叉领域的基础理论介绍，更加入了许多最新技术在不同领域的应用工作解析。

本书是西安电子科技大学智能感知与图像理解教育部重点实验室，智能感知与计算教育部国际联合实验室，国家"111"计划创新引智基地，国家"2011"信息感知协同创新中心，"大数据智能感知与计算"陕西省 2011 协同创新中心，智能信息处理研究所近十年来集体智慧的结晶。特别感谢保铮院士多年来的悉心培养和指导，感谢中国科学技术大学陈国良院士和 IEEE 计算智能学会副主席、英国伯明翰大学姚新教授、感谢英国埃塞克斯大学张青富教授、英国诺丁汉大学屈嵘教授的指导和帮助；感谢国家自然科学基金委信息科学部的大力支持；感谢西安电子科技大学田捷教授、高新波教授、石光明教授、梁继民教授的帮助；感谢王晗丁、杨咚咚、柴争义、朱思峰、林乐平、刘璐、孟洋、袁一璟、张玮桐、王文兵、刘驰旸、都炳琪、文爱玲、刘欢、常姜维、刘永坤、兰雨阳等智能感知与图像理解教育部重点实验室的全体成员所付出的辛勤劳动。

感谢作者家人的大力支持和理解。

由于作者水平有限，书中不妥之处在所难免，恳请读者批评指正。

作　者

2016 年 10 月 28 日

目　　录

第 1 章　认知科学及其特点

1.1　认　知　科　学

1.1.1　认知科学的定义

何谓认知科学？目前，对于认知科学的定义仍然存在着许多不同的意见。简单地说，认知科学就是研究认知的科学，因此可以先定义认知，继而定义认知科学。认知是指人的感觉器官对外界事物进行信息加工的过程。认知过程就是通过记忆、思维、想象、感觉、知觉、言语等活动来搞清事物的性质和规律，使认识的主体获得知识的过程。因此，对认知科学就可以有"狭义"和"广义"两种方式的理解[1]。

狭义的理解是把认知当做信息计算处理的过程，把认知科学当做心智的计算理论。典型的狭义理解如 Sloan 报告："认知科学研究智能实体与其环境相互作用的原理""认知科学的分支学科共享一个共同的研究对象：发现心智的具象和计算能力，以及它们在脑中的结构和功能表象"[2]。这里认知可以分解为记忆、思维、想象、感觉、知觉、言语等一系列阶段，每个阶段可以设定为一个单元，每个单元又对输入的信息进行某一特定的操作。

广义的理解是认知与认识相似，认知科学就是"心"的科学、智能的科学，并且是关于知识及其应用的科学。在上述研究领域的基础上，增加一些相关学科。典型的广义认知科学定义由 Norman 给出："认知科学是将那些从不同观点研究认知的追求综合起来而创立的新学科。认知科学的关键问题是研究对认知的理解，不论它是真实的还是抽象的，是关于人的还是关于机器的。认知科学的目标是理解智能和认知行为的原则，它希望通过这些研究更好地理解人类心智，理解教和学，理解精神能力，理解智能装置的发展，而这些装置能够以一种重要的和积极的方式来增强人类的能力[3]。"

1.1.2　认知科学的历史起源

认知科学的历史起源要追溯到古希腊时代，柏拉图和亚里士多德等学者都对人的认知性质进行了探讨，并且发表了有关思维和记忆的论述。他们的一些论点也成为后来经验论与唯理论之间争论的焦点。经验论主张者洛克提出了"白版说"，认为一切观念或认识都是从后天的经验得来。然而唯理论主张者笛卡儿提出："我思故我在"，主要强调思维或理智的作用。

被视为认知科学三大核心学科之一的"认知心理学"，最早是1967年美国心理学家奈塞在他的《认知心理学》中正式提出来的。因此，他是心理学界公认的"认知心理学之父"。学者一般认为，"认知科学"这个词最早是在1975年由鲍布罗和柯林斯公开提出的。同年10月，心理学家皮亚杰和语言学家乔姆斯基等学者，在巴黎近郊进行了一场辩论，之后哈佛大学将大家的言论汇集成书，命名为《语言学习》。格德纳为这本书题写了名为"认知时代来到了"的前言，并对这场辩论的意义以及可能产生的影响做出了分析。一般认为，"认知科学"这门新学科正式确立的标志性事件是1979年在Sloan基金会的资助下，开展的一次重要会议。此次会议以"认知科学"的名义，邀请了许多不同学科的著名学者，详细阐述了认知科学各方面的内容。会议还决定成立美国认知科学学会，并以1977年创办的期刊《认知科学》作为学会的正式刊物。随后一批具有国际影响力的认知科学学术期刊相继创刊，如《认知心理学》《认知》以及《认知神经科学》等。2000年，在美国国家科学基金会（NSF）和美国商务部（DOC）的共同资助下，50多名科学家展开了一个研究计划，目的是要弄清楚在21世纪哪些学科是带头学科，研究的结果是一份长达480多页的题为《聚合四大技术力量，促进人类生存发展》的研究报告，但是报告的结论表述很简单，只有4个字母NBIC。NBIC分别代表四个学科：纳米技术、生物技术、信息技术和认知科学。近年来，美国的许多高校，如哈佛大学、麻省理工学院、斯坦福大学、加州大学的各个分校、纽约州立大学各分校等，都建立了认知科学的研究中心或研究所。

1.1.3　认知科学的研究领域

认知科学是一门包含许多不同领域学科的综合性科学，因此也包含了许多学派、理论和问题。

可以按照学科来划分认知科学，目前国际上公认的认知科学由6个相关学科支撑：哲学、心理学、人类学、语言学、神经科学、计算机科学。在对人类认知的研究上，这六大支撑学科形成认知科学的六大核心分支学科：认知哲学（也称心智哲学）、认知心理学、认知人类学（也称文化、进化与认知）、认知语言学（也称语言与认知）、认知神经科学、认知计算机科学（也称人工智能）。

认知科学中的六大学科并不是独立的，它们相互交叉渗透，又形成了许多新的交叉学科。图1.1是美国科学家Pylyshyn在1984年编写的《计算与认知》一书中提出的认知科学的六角形学科结构图，图中六个顶点就是六大分支学科，它们相互交叉，形成了11个交叉学科，分别是控制论、神经语言学、神经心理学、认知过程仿真、计算语言学、心理语言学、心理哲学、语言哲学、人类学语言学、认知人类学、脑进化[4]。

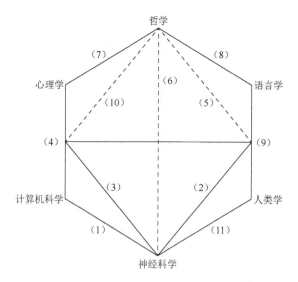

图 1.1　认知科学的六角形学科结构图[4]

在这些众多的认知科学的学科中，认知心理学、认知神经科学、认知计算机科学（也称人工智能）一般被看做认知科学的三大核心学科。

1. 认知心理学

认知心理学指与信息加工处理相关的心理学，主要涉及感觉的输入和生理运动的输出[5]。认知心理学关注的问题有：感知、情感、注意、记忆、学习、智力、语言和交际、决策和问题解决、认知发展和认知结构等。

2. 认知神经科学

认知神经科学是关于信息加工处理的神经科学，主要研究脑如何创造精神。认知神经科学与心理学、信息科学、计算机科学、生物学等学科联系紧密，并且是在这些学科的基础上新兴起来的。当代认知神经科学的研究领域包括语言、意识、情感、感觉、知觉、感觉-知觉塑造、产生行为决策、学习和记忆、神经动力控制等[5]。

3. 认知计算机科学（人工智能）

人工智能是在哲学、心理学、计算机科学等基础上发展起来的交叉学科，主要研究如何用计算机去模拟和扩展人的智能，如何让计算机变得更聪明，如何设计并制造更智能的计算机理论、方法、技术及应用系统。目前人工智能的研究领域有机器学习、模式识别、专家系统、人工神经网络、自动程序设计、自动定理证明、智能决定支持系统、自然语言理解、机器人学和博弈,应用范围十分广泛,涉及人类工作、生活的各个方面[6]。虽然目前人工智能领域的各个学派在人工智能的研究理论、方法以及技术路线等方面观点不一,但是目标都是一样的,即研究如何更好地模仿人的智能来实现机器智能,以此造福人类。

1.1.4　认知科学的研究方法

虽然认知科学是一门年轻学科,但是从历史角度看,也经历了几次重要的理论研究范式的更新变化:从形而上学思辨到心理实验;从内省主义到行为主义;从认知主义到联结主义;计算表征主义的综合[7]。由于认知科学理论研究范式的更新变化,因此研究方法也随之大致经历了以下三个阶段的转变。

1. 从内省审查到行为分析

内省主义以内省法或内在审察法研究纯粹的心理意识。它以感官知觉为模型,把内省设想成牵涉一种内在感觉的官能。感觉使得人们意识到环境与身体在目前所发生的一切,而内省则使得人们意识到自己内心在目前所发生的一切。Husserl的现象学就是一种典型的内省主义,他把现象学认为是"回到事物本身",即以主观的直觉来看待事物[8]。他认为意识的本质特征是意向性,认知是意向性的。内省主义过分夸大了心智的能动性,认为外部事物相对心智只是适应。

行为主义者认为内省主义失败的直接原因是不同实验室之间基本数据的不一致和缺乏解释这些数据的统一的和可检验的理论,问题实际出在其内省方法的主观性上,所以把科学研究限制在可观察行为响应和可观察刺激的关系研究分析上。Skinner是典型的行为主义者,他把心理活动等同于行为本身的一组操作,这样有助于将心理学建立在客观的实验操作的基础上,可以减少无谓的争论[9]。行为主义虽不否认心理活动,但将其看做行为的操作,用简单的外部观察的行为代替了人丰富的心理活动,忽略了人心理的内在意义、目的和动机,这种行为主义实质是一种认知还原主义。

2. 从认知还原到功能建构

认知还原主义认为心理过程可还原为大脑的生理过程,即大脑的生理过程是心理过程的基础,心和脑是同一的。认知还原主义主要表现为认知物理主义,它主张用物理语言表述心理现象,每一句心理语句都可用物理语言来表述。认知物理主义分为记号物理主义和类型物理主义。记号物理主义认为一个精神状态的每个记号等同于一个物理状态;类型物理主义认为一个精神状态类型等同于一个物理状态类型,而且每一个心理性质等同于一个物理性质[10]。但事实上,很多心理现象无法用物理语言进行表述,或者说心理现象和物理语言难以一一对应,认知还原主义也因此遭到功能主义的批判。

功能主义把精神状态表征为抽象的功能状态，认为心智是个体与环境之间的中介，心理因果关系是一种功能关系。功能主义从大脑神经生理结构的细节抽象层面上来表征心理学现象，支持心理学的自主性主张。这种功能主义的具体表现形式是计算机功能主义[11, 12]，它把精神状态看做是图灵机的机器表状态，但是这样的缺陷不能说明精神状态的生成性。

3. 从符号运算到人工神经网络

认知主义认为符号运算是信息加工处理理论的核心思想，中心命题就是人的理性思维过程，即人的理性思维过程可以用来解释智能行为。认知主义将心智类比成计算机，把认知过程视为符号操作和信息加工处理的过程，把智能系统视为物理符号运算系统。很明显符号运算过于机械，而且不具有人在语境中排错的灵活性，因此受到联结主义的排斥。

为了避免认知主义的机械性和减少语境性缺陷，联结主义认为认知是相互连接的神经元之间的相互作用。联结主义的认知模型主要有局部式模型和分布式模型，都可实现"并行约束满足"，这里的并行不但指结构上的并行联结，而且指算法上和功能上的并行计算及信息处理[13]，即可以同时满足多个约束条件。

1.1.5　认知科学的未来方向

美国国家科学基金会（NSF）将认知科学列为 21 世纪的四大带头学科之一，而且启动了人类认知组计划（Human Cognome Project，HCP）[14]。中国也在《国家中长期科学和技术发展规划纲要（2006—2020 年）》中将认知科学列为基础研究的学科前沿问题[15]。作为一门新兴的具有潜力的科学，认知科学发展迅速，各分支学科也在不断成熟，未来将可能出现下面三大发展方向。

1. 在研究内容方面会越来越重视环境对认知能力的影响

认知能力是在不同的环境压力下通过自然选择而形成的一种适应过程[16]。Pinker 说："人类的心智不是一台通用计算机，而是在进化过程中为了解决问题所形成的具有适应性的本能[17]。"由此可以看出，认知不是简单地发生在人的大脑中，而是发生在人与环境的交互作用中。因为环境对大脑及其认知结构有着很大的影响，所以重视环境对认知能力的影响，将会是认知科学未来发展的方向。

2. 在研究层次方面会越来越重视多层次的跨学科整合

就目前的研究状况来看，认知科学将进一步推进三种类型的整合。第一，在概念层面上实现新兴的跨学科的整合。如图 1.1 所示，认知科学六大分支学科之间相互交叉渗透，形成了许多新兴的学科。近来，各分支学科的学者越来越意识到相互交流对话的重要性，而且可以从多学科的交流中获得创造性研究的启示。第二，在实验层面上实现不同类型的数据的整合。认知科学是一门多学科交叉的学科，因此需要对利用不同学科的方法收集到的不同类型的数据进行整合。例如，对语言的研究有时就需要将语言学数据与实验心理学和神经学的数据整合起来。第三，在理论层面上实现计算与模拟的整合。通过计算手段研究复杂性的认知过程，通过模拟手段检验理论的正确性及其局限性，这是常用的理论研究思路。因此这种多层次的跨学科整合是认知科学未来发展的另一方向。

3. 在研究方法方面会越来越注重采用脑成像技术研究脑的认知结构和功能

近年来，脑成像技术的发明和发展无疑是现代生命科学中最先进的科技成就之一，它汇集了物理科学、信息科学以及其他许多工程科学的众多科技成果。脑成像技术具有传统研究技术无可比拟的优势，研究者可以通过脑成像技术直接"观察"大脑的活动状态，这是目前最直接有效的实验技术。但应该看到，脑成像技术还有待完善[18]，对于细胞水平的机制的了解还是远远不够的。因此采用脑成像技术研究脑的认知结构和功能将会是认知科学未来发展的又一个重要方向。

1.2　认　知　雷　达

1.2.1　认知雷达的基础概念

雷达从英文 Radar 音译而来，是 radio detection and ranging 的缩写，解释为"无线电探测和测距"，也被称为"无线电定位"，即采用无线电发现目标并测定其空间位置[19]。雷达对目标发射电磁波并接收其回波，由此获得目标至雷达发射点的距离、方位、高度、距离变化率（径向速度）等信息，可以用于监视、跟踪和成像应用等方面[20]。

传统雷达一般采用固定的发射信号，并通过接收端的滤波算法及自适应处理的设计来提高雷达的性能。雷达的很多功能及效果在一定程度上取决于发射的波形，如雷达的测量、杂波中目标的检测和分辨性能等。当环境发生变化时，发射波形固定的传统雷达仅靠接收端的滤波算法及自适应处理便很难获得理想的效果，因此面对日益复杂的战场态势及多目标、密集杂波的环境，需要在传统雷达的基础上进行创新和改进。

在雷达领域蓬勃发展的同时，对于人类大脑机制的研究也取得了不少进步，如心理学、认知学、人工智能、神经网络等学科。1990 年，Newell 建立了统一的认知理论，他认为认知科学的研究领域可能是无限的，并指出时间在人类大脑的动态系统的输入输出中起着至关重要的作用[21]。Newell 将人类的活动按照时间划分为四个层次：生物层次、理性层次、社交层次和认知层次[21]。

自诞生之日起，雷达就通过电磁波的作用与其周围环境紧密相连，成为一个整体。电磁波会受到周围环境的强而连续的影响，而且环境是变化的。因此不断感知并更新对环境状态的估值，实现雷达与周围环境的自适应交互，才能真正实现智能化定位，这正是认知雷达的核心目的和思想。

认知雷达的概念是由加拿大 Haykin 教授在 2006 年的一次学术研讨会上首次提出的[22]，他重点阐述了用贝叶斯滤波框架在接收机上感知环境，用动态优化的方法在发射机上选择最优发射。最重要的是，他认为接收机到发射机的全局反馈可以提高雷达的认知能力，进一步提升雷达的性能。

2010 年，Haykin 等在论文中提出了认知跟踪雷达（cognitive tracking radar）理论[23]，重点放在认知跟踪雷达的具体算法实现上。文中以容积卡尔曼滤波来近似贝叶斯滤波器，并用于接收机的跟踪滤波，以动态优化算法在发射机进行波形选择，然后引入全局反馈来实现实时的自适应波形跟踪。仿真结果表明，在跟踪性能方面，认知跟踪雷达明显要优于固定发射信号的传统雷达。

Xue 于 2010 年在其博士论文中研究了嵌套认知雷达[24]，这种雷达采用多层感知器来构造三种存储器：感知存储器、执行存储器和感知-执行协调存储器。感知存储器与接收机的环境分析器进行交互，可以存储和更新由环境分析器提供的信息，也可以实时地将存储的信息提供给接收机。执行存储器与发射机的环境执行器进行交互，可以存储和更新由环境分析器反馈的信息，也可以将存储的决策信息等提供给发射机。感知-执行协调存储器用来协调感知存储器和执行存储器的交互。仿真结果表明，存储器的引入提高了雷达整体的认知能力，相对于传统雷达和认知跟踪雷达，嵌套认知雷达的跟踪性能有了进一步的提高。

认知雷达是一种具有很强的环境适应能力的雷达，其目的是通过引入人的认知思维，构建具有精度高、性能稳、调度快、资源省等优点的全新雷达系统。认知雷达可以全方位提高雷达性能，因此认知雷达正成为新一代雷达研究的重点领域和热点方向。

1.2.2　认知雷达的基本框架

由图 1.2 所示的人和蝙蝠的认知循环的过程可以发现，人和蝙蝠都是利用感知的反馈信息作为控制自己行为的准则。利用反馈信息同时结合先验知识来调整自己的行为，从而达到对周围环境的良好控制。

蝙蝠的回声定位系统具有很强的认知能力，可以在跟踪目标时不断改变发射声波脉冲的参数。在捕猎过程中，蝙蝠可以根据目标所处的位置及状态，采用不同波形和频率的声波对目标猎物进行搜索、跟踪和捕获。在搜索阶段，蝙蝠采用长周期、低频的声波搜索目标。当目标出现时，改用周期较短、频率较高的声波对目标猎物进行识别，同时估计目标猎物的方位及飞行速度。一旦目标被确定，蝙蝠再次改变声波的波形和频率，开始对目标进行捕获。这时，它不再对目标的特征感兴趣，而是关注目标的精确位置和运动规律[25]。认知雷达受蝙蝠回声定位的启发，通过发射-接收电磁波感知环境，利用它与环境不断交互时得到的信息，结合先验知识和推理，不断地调整它的接收机和发射机参数，自适应地探测目标。

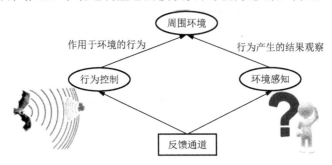

图 1.2　认知循环的过程

　　认知雷达的概念就是受蝙蝠回声定位系统和认知过程的启发而被提出的。加拿大 Haykin 教授在 2006 年的一次学术研讨会上首次提出了认知雷达概念[22]，随后认知雷达便在国际上引起了学术界的广泛关注。研究雷达方面的专家利用现代技术将接收、发射电磁波有机地结合起来，感知环境并实现雷达和周围环境的信息交互。同时将先验信息应用到这一系统中进行系统参数的调节，从而实现自适应地探测所需目标。

　　图 1.3 是 Haykin 教授给出的一种典型的认知雷达的基本结构[22]，也是目前关于认知雷达研究的基础。由图 1.3 可见，认知雷达是一个闭环反馈结构。该闭环从智能发射机发射信号到周围环境开始，雷达回波进入接收机后被同时送到雷达信号处理机制（检测、跟踪、识别等）和雷达场景分析仪。雷达信号处理机制利用先验知识库提供的先验信息及环境分析器以提高性能，对处理的结果进行分析，对环境信息进行估计和判断，然后反馈给智能发射机以指导下一次的雷达信号发射。

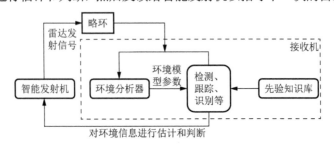

图 1.3　Haykin 认知雷达的基本结构[22]

2010 年 Wicks 和 Guerci 从多种视角讨论了认知雷达基本结构和关键技术[26-28]。Guerci 在其认知雷达专著[27]中给出认知雷达的基本结构，如图 1.4 所示。

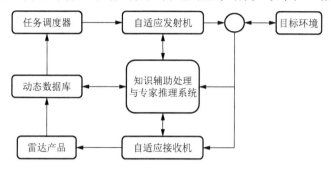

图 1.4　Guerci 认知雷达结构[27]

图 1.4 中的自适应发射机、自适应接收机和目标环境构成了一个认知动态系统结构，文献[23]中 Haykin 等将其称为知觉动作回路（PAC）。PAC 运行的目的在于优化雷达发射波形，使雷达系统能够更好地与目标环境实现交互。认知能力是认知雷达区别于传统雷达的一个重要特点，而 PAC 是认知雷达系统实现知识获取及应用过程的基础，如图 1.5 所示。

图 1.5　认知雷达的知觉动作回路

在认知雷达系统中，接收机扮演着知觉器的角色，实现对目标与周围环境状态的估计与测量是信息获取过程，即知识获取。发射机扮演着驱动器的角色，波形的优化与调整是对于知识和规则的响应过程，即知识应用。PAC 的优化成为认知雷达性能提升的关键。

认知雷达的另一大特点就是采用知识辅助处理与专家推理系统来提升认知雷达的整体性能[29]。知识辅助与专家推理系统可以为认知雷达系统提供先验信息和准则预案，使其能够应对复杂环境。知识辅助处理与专家推理系统简称知识辅助系统，主要包含"知识"和"辅助"两部分。"知识"指知识辅助系统中与认知雷达相关的先验信息，如与大气、干扰、目标相关的数据、信息、模型和算法等，以及所有影响雷达性能和精度的因素。知识辅助系统包括如何获取、使用、储存这些先验信息，获取先验信息的方法有预置、测量和训练等，使用先验信息的方法有信号波形设计、信号处理等。完备的知识辅助系统一方面体现于知识的完备性，另一方面体现于功能的完备性，信息以及这些信息处理的方法共同组成了知识辅助系统[30]。

1.2.3　认知雷达的工作原理

美国国家精神健康学会（NIMH）和国家健康协会（NIH）对认知的定义是："认知是一种思想上的心理活动，它可以使人们获悉所处的环境。认知的行为包括感知、理解、推理、判断、记忆和解决问题。"[27]

根据以上对于认知的定义，可以知道认知雷达需要具有以下几种能力：

（1）环境自感知的能力，即雷达可以自主感知外界环境，分析战事态势，分析干扰对抗的样式等；

（2）具备环境数据库和存储器，或者像贝叶斯方法的一种可以保存雷达回波中信息成分的方法；

（3）智能信号处理的能力，如基于规则的推理、专家系统、自适应算法和运算等；

（4）从接收机到发射机的闭环反馈，即雷达能够自主记忆前一阶段的处理结果并反馈，然后推演最优算法，更新知识结构。

由认知雷达的能力可知，与传统雷达系统相比，认知雷达工作原理的本质就是建立与外界环境不断交互并自主理解和适应环境的闭环反馈雷达系统。由图 1.6 的认知雷达系统的工作原理[31]可知，认知雷达系统不仅可以实现知识的应用—评估—更新的闭环，而且可以实现发射—环境—接收的大闭环。

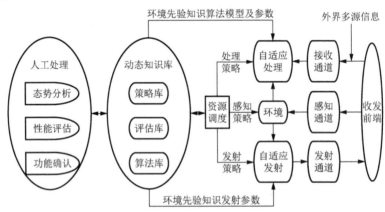

图 1.6　认知雷达系统的工作原理[31]

在认知雷达系统中的大脑，也是最核心的部分，就是"全自适应的智能化认知处理"，尤其是在雷达硬件发展到一定程度的情况下，先进的信号处理技术直接决定了整个认知雷达系统的性能。

对知识的有效利用是"全自适应的智能化认知处理"区别于传统雷达的最重

要的特点，然而依据目的的不同，认知雷达系统的知识又可分为几个不同的层次：
第一层是模型算法层，即认知雷达所采用的算法和相应的模型；第二层是逻辑决
策层，即认知雷达的算法、系统资源的组织和优化；第三层是评估反馈层，即雷
达的系统功能设计及评估、战场态势感知。

　　由于认知雷达系统的知识具有明显的层次，因此依据知识库的不同层次，也
可以将认知雷达的信号处理过程分为多个不同的层次。如图 1.7 所示，认知雷达
的信号处理过程的五个层次分别为物理层、算法层、决策层、解析层和应用层[31]。

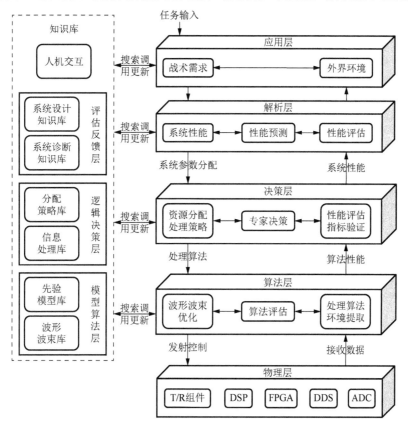

图 1.7　认知雷达的信号处理过程[31]

1. 物理层

　　采用先进的硬件技术，主要包括信息高速处理和存储技术、收发反馈架构及
高性能收发技术，以此保证雷达的收发处理。物理层是整个认知雷达处理的基础
和保障，尤其是目前雷达硬件技术的迅猛发展，为认知雷达研究的开展打下了坚
实的基础。

2. 算法层

采用具有针对性的算法和相应的模型，完成对信息和信号的处理。与传统雷达不同，认知雷达的算法层由一系列具有强针对性的算法集合构成，这样可以通过算法的选择策略对具体的信息和信号选择与之对应的算法，而传统雷达则侧重于算法，可以具有很强的普适性。

3. 决策层

分析信息和信号特征、分配系统资源、制订相应的处理策略。决策层是认知雷达的大脑，也是区别于传统雷达的最本质部分。决策层通过对信息和信号特征的分析，确定合理的系统资源分配方式，选择相应的信号处理算法，并评估当前处理策略的性能。

4. 解析层和应用层

分析战场态势，确定任务目标，建立人机交互形式，评估认知雷达系统的整体性能。解析层和应用层更多地体现出认知雷达的智能化特点，这是传统雷达很少涉及的领域。

1.2.4 认知雷达的关键技术

认知雷达的探测方法与传统雷达系统相比具有很多优点。例如，认知雷达不是采用固定的预设方案，而是采用自适应算法来选择波形波束参数，从而适应周围的射频环境。认知雷达能从环境中学习，自适应地改变发射波形和波束。认知技术是认知雷达的核心，也是其与传统雷达相比最大的区别。

认知雷达的关键技术主要包括以下几个方面。

1. 环境感知（静态感知和动态感知）

对环境的感知能力是认知雷达区别于传统雷达的重要特征，环境的感知分为静态感知和动态感知[32]。静态感知是指通过雷达和平台参数、地表覆盖和数据数字高程图等，反演出相应的雷达杂波回波数据。动态感知是指利用历史数据和时间序列模型，动态地估计下一时刻目标的杂波协方差矩阵和RCS。

2. 滤波器的智能选择

空时自适应处理（space time adaptive processing，STAP）是目前机载雷达通常采用的抑制干扰和杂波的信号处理方法[32]。用STAP滤波器抑制雷达杂波时，关键步骤是滤波在哪个空间操作（如阵元或波束空间、预多普勒或后多普勒），自适应处理的自由度（全自适应、降秩、降维）。考虑到训练样本数和计算量的限制，目前普遍采用降秩或降维的 STAP 滤波器。

3. 认知波形波束的设计和选择

根据先验信息和雷达回波等确定最优的指标，选取鲁棒、高效的算法来自适应地设计和选择发射认知波形和波束，这将直接决定雷达的智能程度。根据发射自由度来划分，时间自由度的关键技术是认知波形的设计和选择[33-35]，空间自由度的关键技术是认知波束的设计和选择[27, 36]。

1）认知波形的设计和选择

从检测的角度来讲，雷达接收机的输出信噪比在一定程度上体现了雷达的检测性能。在传统雷达中，假设噪声为高斯白噪声，目标为点目标，匹配滤波器的输出信噪比只跟发射波形的能量有关，而跟发射波形的具体形式无关。而在认知雷达系统中，可以发射与目标响应相匹配的波形以及自适应地调整发射带宽等参数，使雷达接收机的输出信噪比最大化。

从干扰抑制的角度来讲，可以对发射射频频谱进行最优"重新分配"，来抗色噪声射频干扰源，使信噪比最大化[37]。

从杂波抑制的角度来讲，利用目标和杂波分布的位置关系，可以设计发射波形的模糊函数的旁瓣，减小目标的杂波能量来抑制杂波，进而提高雷达的性能。

从目标跟踪的角度来讲，根据接收机的反馈信息，自适应地调整发射波形的参数，提高目标跟踪的精度和能力。

2）认知波束的设计和选择

认知波束优化一方面对发射方向图在干扰方向上置零，另一方面，发射机对多目标发射多个波束，并根据目标的特点合理配置每个目标所需的系统资源。

4. 接收机到发射机的反馈

接收机捕获发射机发来的雷达信号，经过智能信息处理得到目标信息，并将其反馈给发射机，使发射机可以自适应地调整发射信号，以期提高整个雷达系统的性能，这是智能的推进器[37]。

5. 基于知识的推理和数据挖掘

认知雷达具有存储器，从大量的传感器信号和存储信息中挖掘和利用有效的信息，是实现智能行为的关键[25]。

6. 最优化算法的设计和选择

在雷达发射、计算和存储等环节，如何合理分配有限的资源；对于多目标，如何设计及选择发射波来同时探测不同特性的目标，并使整个系统的性能达到最优，这都涉及鲁棒高效的最优化算法的研究。

1.3　认知无线网络及其无线资源管理概述

1.3.1　认知无线网络概述

无线频谱是非耗尽型的稀缺资源[38-40]。随着无线通信业务需求的不断增长，无线频谱资源越发紧缺。目前，大部分频谱资源都以静态形式分配给用户使用，因此，频谱频段分为两个部分：授权频段和非授权频段[41,42]。现如今，绝大部分频段为授权频段，如广播电视频段、移动通信运营商频段、军事和公共安全部门使用的频段等[43,44]。频谱的分配和使用由无线电管理机构确定。传统的静态频谱资源分配方式，从一定程度上解决了频谱资源利用的无序性，但也导致了频谱资源使用的自私性，即授权用户不允许其他非授权用户使用[45,46]。而近年来的相关研究表明，部分授权频段频谱利用率极低。据美国联邦通信委员会（Federal Communication Commission，FCC）的数据，现有频谱利用率在15%~85%，特别是3GHz以下频段的平均利用率仅有5.2%[39,47,48]。由此可见，频谱资源短缺和浪费共存。

为了有效地利用频谱资源，各种先进的无线通信理论和技术相继被提出，如自适应编码与调制技术、多天线技术、多载波复用技术等[49,50]。这些技术在一定程度上解决了频谱资源利用率低的问题，但是由于受到香农容量的限制，性能提高有限，并不能从根本上解决此问题[51,52]，因此，必须寻求新的技术解决频谱资源的紧缺问题。

认知无线电技术提出了一种使用无线频谱资源的全新理念，其核心思想是在不影响授权用户正常通信的情况下，非授权用户可以对频谱进行二次利用，以提高频谱资源的利用率，解决频谱需求矛盾[53,54]。在认知无线电中，拥有授权频段使用权的用户称为主用户（授权用户），以机会方式接入"频谱空洞"资源的用户称为次用户（非授权用户、认知用户）。主用户对频谱资源具有最高使用权，次用户在不干扰主用户正常通信的前提下可以有机会使用频谱资源。当主用户出现时，次用户必须退出或者避让，或者通过改变传输功率、调制方式等手段来避免对主用户产生干扰，从而实现动态频谱接入。认知无线电技术的出现使认知用户可以和授权用户共享频谱资源，从而提高了频谱资源的利用效率。

1.3.2　认知无线网络的智能性

认知无线电作为一种能够提高授权频谱利用率的技术，得到了业界广泛关注，此技术的出现是对传统频谱利用模式的挑战。Haykin 从信号处理角度定义了认知无线电的概念[22,23,42]，认为认知无线电是一个智能化的通信系统，能够根据环境的变化不断地学习，然后根据终端用户的需要，自适应地调整配置参数，以保证对资源的最优化整合，达到最佳通信状态的目的。FCC 认为：认知无线电通信系统是一种可通过与其工作环境的交互而改变其发射机参数的无线电系统，是一种能够使认知无线网络以动态的方式使用频谱资源的关键技术，此技术是认知无线网络构建的基础[55]。

认知无线网络从本质上来讲，是将认知技术扩展到网络的各个层面去考虑，优化网络整体性能，是认知无线电技术的网络化。认知无线网络是一种具有认知过程的网络，它能够感知当前网络的状态，并根据这些状态进行自适应的规划、决策和相应的重构[56]。认知无线网络能够在决策处理的过程中，以感知到的网络性能、状态等先验知识作为输入，并作用于网络中的可调元素，从而提高网络端到端的性能。理想情况下，认知无线网络不仅仅是被动地根据网络性能、状态的变化进行反应式的处理，而是通过自学习、自适应能力在网络性能、状态发生改变前对网络中的可配置元素进行改变。

认知无线网络的特征主要体现在主体性、认知性、智能性、适变性。认知无线网络所体现的特征是与智能系统密切相关的[47,53,54]。

（1）主体性。研究认知无线网络首先要解决该网络的特性是什么，实现什么样的目标，以哪些理论为基础，具有哪些特征，采用什么样的体系实现这样的特征等问题。主体性是认知无线网络的特征。

（2）认知性。认知无线网络面临的环境是动态变化的，网络需要具备多域环境认知的能力，实现"认知—决策—行为"的动态自适应过程。多域环境包括网络本身的状态、行为，也包括无线环境和用户环境。认知性是认知无线网络实现的基础。

（3）智能性。认知无线网络作为主体，其决策行为具有智能性，即具有学习和预测能力，可以更好地适应环境的变化。学习特性使认知无线网络不仅实现了对环境状态的观察，而且将智能特性纳入其中。智能性是认知无线网络实现的关键。

（4）适变性。通过对认知无线网络的理论和方法的分析，需要构建新型网络结构特征，以便有效地增强网络的灵活性和扩展性，使网络能够适应多域环境的变化。适变性是认知无线网络实现的目标。

认知无线网络最基本的特征就是具有认知能力和重构能力，这也是其区别于传统无线通信系统的最重要特征之一。

（1）认知能力。认知能力是指认知无线网络节点能够自适应地从无线环境感知到相关频谱等信息[47]。这些信息需要从多维度进行提取，如空间域、时间域、频率域等，以便有效地对频谱资源进行定位，从而对整个通信系统做出正确的决策管理行为。

此外，认知能力还表现在系统能够实时地与环境进行交互，完成自适应决策行为。认知过程主要包括三个主要步骤：频谱感知、频谱分析和频谱决策。频谱感知主要是检测可用频谱空洞；频谱分析过程对频谱感知获取的频谱空洞特性进行分析；频谱决策过程是获取相关特征参数后，根据频谱空洞特性和用户需求选择合适频段，实现对空闲频段的有效利用。

（2）重构能力。重构能力使认知用户能够动态地适应周围无线环境的变化，它可以通过编程实现，同时不需要对硬件做任何修改[47,48]。可重构的参数包括工作频段、调制方式、发射功率、通信协议等，而这些参数的配置效果依赖于认知能力的好坏。其中，工作频段重构是指认知用户可以基于周围无线环境的信息来确定最适合的工作频段，而且可以自适应地在不同频段间动态的切换；调制方式重构是指认知用户能够根据用户的需求及信道的条件自适应地调整调制方式；发射功率重构是指认知用户可以在一定功率限制的前提下控制传输功率；通信协议重构是指认知无线网络能够提供不同通信协议协同工作的能力。

1.3.3 认知无线网络的应用领域

认知无线网络通过智能利用频谱空洞和各种资源的合理分配，显著提高无线通信质量。因此，认知无线网络可以广泛地应用于各种无线通信场合，优化无线资源、提供智能服务[47,48,55]。

1. 优化无线资源

认知无线网络中增加了一种新的资源：知识。知识包括通信链路上的各个通信节点的信息，如软硬件配置、链路质量、用户偏好信息等。认知无线网络技术可以对硬件进行升级、故障诊断与修复；可以进行自适应功率控制；可以有效降低干扰，从而提供一个低干扰的通信系统。

2. 提供智能服务

认知无线网络可以实现任何维度无限制的通信，无处不在的连接能够超越异构网络、频谱多样性、不同通信规则等多种限制，构成高级自适应系统，可以实现无缝切换。

1）在个人服务方面的应用

认知无线网络可以对频谱空洞进行有效的检测并加以利用，同时通过为用户业务提供适当的带宽、选择合适的调制方式以及编码技术，充分地利用检测到的频谱资源，有效地避免用户在高峰时间段内的拥塞。因此，认知无线网络可以在学校、家庭、办公室等多种个人环境中得到广泛应用。

2）在公共服务方面的应用

认知无线网络可以给公共安全及灾难应急系统的处理带来本质上的改变。认知无线网络可以利用频谱空洞在不同网络和频谱之间建立通信链路，使得在公共安全、灾难等紧急条件下建立和维持无间断的紧急通信连接成为可能。因此，认知无线网络为搜索救援、灾后重建、消防服务、交通控制、环境应用等紧急通信带来了革命性的改变。

3）在军事方面的应用

军事领域是认知无线网络应用中最重要的领域。干扰、抗干扰、联合战术无线电系统都用到了认知无线网络的概念。对于现代军队，建立通信和摧毁对方通信同样重要。因此，需要定位和识别干扰信号。这些都需要认证无线电的认知能力。

1.3.4　认知无线网络的研究进展

目前，认知无线网络已经成为各国政府、国际标准化组织、研究机构、军方支持的研究热点。为了解决频谱资源的不足，FCC 向商业应用开放了一部分频谱管理，提出了采用认知无线电实现智能无线通信的工作方针，动态分配频谱。同时，FCC 的修订案规定：只要具备认知无线电的功能，即使其用途未获许可的无线终端，也能使用需要许可的无线频段，并且将认知无线电的使用在 5GHz 与 TV 频段合法化。这为认知无线网络的发展奠定了基础[39,46]。在标准化研究工作的推动下，国内外的很多研究机构对认知无线网络展开了相关研究。在国外，如美国国防部高级研究计划署（DARPA）资助的下一代通信计划 XG 项目，主要开发动态频谱管理标准，该计划促进了认知无线网络技术在军事方面的研究与应用[43]。此外，美国加州大学伯克利分校开发的 CORVUS 认知无线网络体系结构、美国马里兰大学和微软研究院联合设计的 KNOWS 认知无线电系统、美国佐治亚理工学院宽带和无线网络实验室提出的 OCRA 动态频谱架构和生物启发认证模型 Bio-CR，均大大促进了认知无线网络技术的发展。在 FCC 的大力倡导下，美国国家自然基金委（NSF）资助了认知无线电项目的研究，包括 Berkeley、Virginia、Stevens、Rutgers、Georgia 等大学研究所和软件无线电论坛等纷纷展开了对认知无线电技术的研究。在欧洲，投入经费近 5000 万欧元开展认知无线网络方面的研究，比较具有代表性的是欧盟第六框架项目的端到端重配置项目（E2R），其主要关注先进频谱管理和联合无线资源管理等，其研究结果将直接输出到国际电信联盟（ITU）、第 3 代伙伴项目（3GPP）、美国电气和电子工程师协会（IEEE）等标准化组织。

在国内，认知无线网络的研究同样也受到了国家的重视和支持。国家 863 计划、国家 973 计划、国家自然基金重点项目群、国家"十一五"重大专项中，均支持了认知无线网络的研究课题。国家 863 计划设立了"认知无线电关键技术研究"课题，重点解决频谱认知、动态频谱管理等问题；国家 973 计划设立了"认知无线网络基础理论和关键技术研究"项目，关注认知无线网络体系结构和协议研究、认知基础理论和方法研究、智能网络资源和控制管理模型研究等；国家"十一五"重大专项中，也重点提到了"频谱共享、感知与灵活使用技术研究及验证"；国家 863 计划重点项目"频谱资源共享无线通信系统"在 698～806MHz 进行演示验证，这也表明，认知无线网络的研究开始逐步走向实用。国家自然科学基金每年也支持了大量认知无线网络方面的研究项目。同时，国内也召开了相关的学术会议，进一步促进了认知无线网络的发展。目前，香港科技大学、北京邮电大学、清华大学、西安电子科技大学、解放军理工大学等高校也都投入到相关的研究中。

目前许多高校、科研院所和企业参与到制定认知无线网络的标准化之中。美国的 FCC、英国的 Ofcom 等频谱管理机构明确表明支持认知无线网络的研究。此外，SDR 论坛、国际电信联盟无线部（ITU-R），也一直致力于认知无线网络的标准研究工作，IEEE 则是此标准化工作的主要推动者[57,58]。

IEEE 在认知无线电网络技术的标准化推进工作方面作出了很大的贡献。IEEE802.22 工作组开发和建立了一套基于认知无线电技术，利用现有电视频段空闲频谱进行无线通信的区域网空中接口。目前正在制定的与认知无线电相关的标准主要包括：IEEE 802.22、IEEE802.16h、IEEE P1900、IEEE 802.11h 以及 IEEE 802.11y 等。IEEE802.22 是世界上第一个完整而且独立的基于认知无线电的空中接口标准。IEEE 802.22 也被称为无线区域网络，选择电视的 VHF/UHF 频段给农村和偏远地区提供宽带接入服务。

1.3.5 认知无线网络的主要研究内容

认知无线网络涉及的主要研究内容包括频谱感知技术、频谱管理技术、动态资源分配技术、频谱决策技术、物理层传输技术、无线资源管理、路由技术、跨层优化、网络安全技术等[47,48,54]。

1. 频谱感知技术

频谱感知技术是认知无线网络中的重要技术之一。频谱感知是认知无线网络功能实现的前提和基础，也是保护授权用户免受有害干扰、提高频谱资源利用率的前提[59,60]。认知无线网络中，认知用户需要发现并有机会使用无线环境中存在的可用频谱机会，实现对空闲授权频谱的动态接入。频谱感知能够实现对潜在频谱接入机会和再次出现授权用户的准确和快速检测，为后续的网络配置和无线资源管理提供基础。频谱感知技术是通过具体的频谱检测算法和检测机制实现的。

目前，频谱感知的研究主要集中在以下几方面：检测有效性和检测准确性的合理折中；微弱检测信号的有效检测；隐终端的检测等。

2. 物理层传输技术

认知无线网络的主要任务是发现频谱机会并利用频谱机会[61]。利用频谱机会时，物理传输技术非常关键。如何生成对授权用户无干扰的认知无线电信号，是物理传输层必须关注的首要问题。对认知无线网络的物理传输技术的研究，主要在于如何避免对授权用户造成干扰，同时满足系统的吞吐量性能要求。已有的研究主要有认知 OFDM 技术、认知 MIMO 技术、认知 UWB 技术等。

3. 无线资源管理

无线资源管理围绕对频谱资源的有效利用展开。认知无线网络中，由于频谱的"二次利用"，使得可用频谱资源动态变化。因此，高效的无线资源管理是提高可靠通信服务的关键。

4. 路由技术

如何准确地选择从源端到目的端的路由是一个非常重要的研究课题。传统的路由协议并不适用于频谱可变的认知无线网络。认知无线网络中的可用频谱集具有节点差异性和时变性，并且拓扑结构动态可变。因此，设计快速收敛、开销小、简单实用的路由协议，对提高网络性能非常关键。

5. 网络安全技术

认知无线网络在提高频谱利用率的同时，也有很多新的安全问题。而安全问题是网络中不可缺少的要素，如果无法保证网络的安全，则实际应用会大大受限。认知无线网络面临着传统无线网络的很多安全问题，同时存在着新的安全隐患。例如，认知用户对授权用户信号高度灵敏带来的安全隐患；认知用户无法得知授权用户接收机位置带来的安全隐患；缺乏公共控制信道带来的安全隐患等。如何在设计初期，部署认知无线网络的安全机制，同样是非常重要的研究课题。

1.3.6　认知无线网络中的无线资源管理问题

认知无线网络的出现为频谱资源的高效利用、异构网络多种标准的共存、泛在接入和服务、网络的自主管理等问题的解决提供了一种新的思路和方法。认知无线网络能够利用环境认知来获得环境信息，并对信息进行挖掘学习和处理，为智能决策提供依据，并通过网络重构实现对无线环境的动态适应。

无线资源管理就是对无线通信系统的空中接口资源的规划和调度[62]。认知无线网络的主要特点是：认知用户机会式接入授权网络，使用授权用户的频谱资源。认知用户首先需要进行频谱感知来获取可用频谱资源，而授权用户是否使用频谱资源是动态随机过程。因此，可用频谱资源随授权用户（主用户）的出现与否而呈现出时变的动态特性。由于频谱资源的异质性和时变性，因此，必须对无线频谱资源进行有效管理，进而提高频谱资源的利用率。认知无线网络中，可用频谱、网络结构和用户需求都是动态变化的。此外，授权用户对频谱的使用具有绝对的优先权，即认知用户对授权用户是透明的。所有这些特点都对频谱分配等无线资源管理算法提出了更高的要求。

认知无线网络资源管理主要围绕如何高效地进行动态频谱管理的关键技术展开，包括频谱分析、频谱决策、接入控制、频谱分配、功率控制、频谱移动性、资源调度等问题[47,63]。本书主要研究频谱分配、基于认知引擎的频谱决策优化、认知正交频分复用技术（orthogonal frequency division multiplexing，OFDM）资源分配。

1. 频谱分析

认知无线网络中，频谱感知阶段发现的可用频谱通常在一个很宽的频带范围内，并且具有不同的特征参数。频谱分析主要对各种特征参数进行分析，为频谱决策等资源管理算法提供必要依据。

2. 频谱决策

频谱决策是无线资源管理的主要研究内容之一，是接入控制和频谱分配的基本前提。其目标是在频谱分析过程中得到的各种可用特征参数的基础上，根据当前认知用户的传输需求，从中优化选择合适的工作频谱。

3. 接入控制

认知无线网络中，接入控制的主要功能是确定认知用户是否可以接入授权网络以及采用何种参数进行接入，以满足用户 QoS 需求，同时，又不能影响授权用户的其他认知用户的服务质量，是进行有效频谱分配的基本前提。

4. 频谱分配

频谱分配主要研究如何对感知到的频谱资源进行优化分配。由于频谱资源有限，不同的次用户需要竞争使用这些资源，如何分配资源才能得到最大的收益以及如何保证次用户的服务质量需求都是值得研究的问题。

5. 功率控制

认知无线网络中，功率控制的主要目标是最小化对主用户的干扰，最大化系统的吞吐量。

6. 频谱移动性管理

由于频谱各种特征参数不断变化，针对用户特定需求的最优频谱也是动态变化的。为了确保频谱的最优化使用，认知用户通常需要经常改变工作频谱，称为频谱移动性管理。频谱移动性管理的主要目标是保证快速、平稳的频谱切换，尽可能避免对授权用户的有害干扰并保证认知用户的通信质量。

7. 资源调度

认知无线网络中，使用机会频谱接入时，物理层传输技术是一个关键技术。OFDM 技术由于其自身的优势，是认知无线网络传输技术的一个主流技术。如何对认知多用户 OFDM 系统中的子载波和功率进行分配，最大化系统总的吞吐量，以提高频谱利用率，是一个值得研究的问题。

1.3.7　频谱分配的研究进展

在感知到可用频谱后，频谱分析完成对各种频谱特征参数的分析，为频谱决策提供必要依据。频谱决策的主要功能就是从可用频谱中选择满足要求的合适频谱。频谱分配关注如何为认知用户分配可用频谱，满足优化目标，是有效提高频谱利用率的关键技术之一。

1. 频谱分配分类

目前，频谱分配技术的分类有多种。按照频谱接入分类，可以分为完全受限频谱分配和部分受限频谱分配；按网络结构分类，可以分为集中式频谱分配和分布式频谱分配；按合作方式分类，可分为合作式频谱分配和非合作式频谱分配[62]。下面做一简单介绍。

按照是否完全受限于授权用户，频谱分配可以分为完全受限频谱分配和部分受限频谱分配。完全受限频谱分配也称机会式频谱共享，属于"见缝插针"式接入。此接入方式下，认知用户的频谱分配完全受限于授权用户的频谱占用情况，一旦授权用户要使用该频谱，认知用户必须立即释放该频谱。部分受限频谱分配，也称为覆盖式频谱共享。在此方式下，次用户可以使用与授权用户完全相同的频谱资源，只是受限于其发射功率不能对主用户造成有害干扰。

按照网络结构分类，频谱分配分为集中式分配和分布式分配。集中式频谱分配中，由中心控制器协调和管理认知用户对空闲频谱的使用，建立可用频谱数据库，能够实现全局优化的频谱分配，但中心控制器需要过多的控制信道，运算量与负荷比较大，并且有可能成为整个网络性能的瓶颈。分布式频谱分配中，每个用户都是自私的，自己观察其周围环境中的授权用户，依据频谱检测结果进行频谱分配，方式比较灵活，但可能存在"隐终端"等问题，管理也比较复杂。

按照合作方式，频谱分配可以分为合作式频谱分配与非合作式频谱分配。合作式频谱分配是指多个认知用户之间交换分配信息、协商频谱分配，既考虑到本身的利益，也把对其他用户的影响考虑进去，目的是实现网络的整体效益最大化。其优点是可以逼近全局最优，但合作开销较大。非合作式频谱分配中，用户节点是自私的，用户使用不同的策略满足自身对资源的需要，基于自身对周围环境的观察进行频谱分配，不考虑其他用户的收益。这种方式通信开销比较低，但频谱利用率难以达到最优，因此，需要综合进行折中。

以上几种分配机制，经常需要联合起来考虑，针对特定的系统模型或具体的应用场景提出具体的解决方案。如集中式完全受限频谱，基于合作的分布式完全受限频谱分配。相比之下，每个认知用户都执行分配算法的分布式频谱分配技术，更适合于认知无线网络中空闲频谱时变的环境。因此，本书主要研究基于合作的分布式完全受限频谱分配算法，主要基于图着色模型实现。

2. 频谱分配的主要模型

频谱分配的模型主要有：基于频谱交易的频谱分配模型，基于博弈论的频谱分配模型，基于图着色理论的频谱分配模型等[64]。

1）基于频谱交易的频谱分配模型

该模型借鉴商品交易的思想，将频谱视为商品在用户之间进行交易[63-66]。提供频谱资源的主用户称为频谱卖家，需要使用频谱的认知用户称为频谱买家。买家和卖家可直接交易或通过经纪人交易。频谱交易中，需求函数决定买家所需频谱数量，供应函数决定卖家出售的频谱数量，买卖双方通过价格来协调供求关系，达到市场均衡，使卖家利润和买家满意度均达到最优。

基于拍卖的频谱分配是频谱交易的一种，但交易方式为拍卖[67]。拍卖竞价目的是对资源更加合理地利用与分配。拍卖的一般场景是卖家将待拍卖商品告知拍卖商，由拍卖商组织拍卖。买家向拍卖商投标，拍卖商则根据某些原则（如利益最大化）确定商品的赢家，并向赢家索要费用。频谱拍卖将主用户视为卖家，认知用户视为买家，一般情况下，基站充当拍卖商，采用集中式网络架构。在每一次拍卖中，每个投标者为满足自己的最大化频谱效益，由拍卖人根据最大化网络效益来确定最终的中标者。

2）基于博弈论的频谱分配模型

博弈论也称为对策论。基于博弈理论的频谱资源分配，大部分是基于非合作的分布式完全受限频谱分配[60-63]。多个认知用户之间根据自己所能获取的资源进行博弈，寻找频谱资源分配的最优均衡点。基于博弈论的频谱分配方法将认知用户的实时交互过程映射为博弈模型，将认知用户视为博弈玩家，认知用户的行为集合视为节点的策略集合，根据优化目标的不同选择合适的效用函数。

3）基于图着色理论的频谱分配模型

基于图着色理论的分配方法将认知无线网络拓扑结构抽象成无向连接图。其中顶点表示参与分配的次用户，每个顶点有可用信道集合，图的边集则由干扰限制决定：当且仅当两认知用户节点不能同时使用某信道时，相应顶点用一条边连接，称为干扰图。

3. 频谱分配算法的设计目标

频谱分配问题是认知无线网络研究中的永恒问题，也是提高频谱利用率的关键技术。不同的研究者基于不同的准则和模型展开了适合不同应用情况的相关研究，取得了丰富的研究成果。

理想的频谱分配算法应该能够最大化频谱利用率或系统吞吐量。在实际应用中，还需权衡其他因素，如公平性、收敛性等。频谱分配算法一般需要考虑如下目标。

（1）高效性。频谱分配的最终目标是对可用频谱的合理分配，使得系统吞吐量和频谱利用率等性能达到最优。

（2）公平性。最大化认知用户的公平性，满足认知用户的通信需求。高效性与公平性通常难于兼顾，通常需要在高效性和公平性之间达到某种平衡。

（3）时效性。由于可用频谱随时间和地点而变化，频谱分配算法必须对感知到的空闲频段作出快速响应。

（4）扩展性。认知无线网络中参与频谱共享的节点较多且动态变化，因此算法需要具有良好的可扩展性，满足规模的可伸缩性。

4. 频谱分配的典型算法

本书主要研究基于合作的分布式完全受限频谱分配算法，主要基于图着色理论模型实现。文献[68]提出了一种基于 List 着色的频谱分配算法，没有考虑频谱效益的差异性；文献[69]给出了频谱分配的图着色模型和分配算法（CSGC），将该问题建模为图着色问题，即频谱分配问题等价于从节点的信道集合（每个信道对应一种颜色）中选择合适信道（颜色）为每个节点着色的图着色问题。图着色问题的最优解法属于 NP-Hard，因此设计算法一般采用启发式方法求次优结果，并对频谱分配的效益和公平性进行了较详尽的分析，但运算量较大；文献[70]在此基础上，将图分为多个简单子图。由于子图都是简单图，对原图的着色可以简化为对各子图的并行染色，进而提出了一种并行图着色频谱分配算法，降低了运算量；文献[71]提出了具有良好收敛性能（汇聚时间）的启发式动态频谱分配算法，提高了算法对系统变化的适应能力；文献[72]将遗传算法引入频谱分配，并证明了其可行性。文献[73]提出一种合作的本地议价策略以体现公平性。结果表明，算法性能不但能够逼近集中式着色图方法，而且减小了计算量。

基于图论的方法简单易行，然而其一般假设认知节点对频谱资源的需求无限大。在某些应用环境下，如空闲频谱的变化缓慢而不同认知节点对频谱资源的需求相差较大时，可能导致将较多的频谱资源分配给了频谱需求量较小的节点，使得频谱的利用率较低。本书的研究工作正是基于此展开[74-76]。

1.3.8　频谱决策的研究进展

1. 频谱决策问题描述

频谱决策是无线资源管理的主要研究内容之一，是接入控制和频谱分配的基本前提。其目标是在频谱分析过程中得到的各种可用特征参数的基础上，根据当前认知用户的传输需求，从中优化选择合适的工作频谱[77]。

根据优化方式所关注的用户范围不同，频谱决策可以分为本地频谱决策和全局频谱决策；根据网络结构，频谱可分为集中式频谱决策和分布式频谱决策；根据认知用户之间是否采用公共控制信道，可分为无公共控制信道频谱决策和有控制信道的频谱决策。本地频谱决策一般针对单个认知用户的优化目标进行，通常适用于非合作频谱决策方式，而全局频谱决策通过合作频谱决策实现。

2. 典型算法

非合作的本地频谱决策，最简单的方式是随机选择一个可用频谱，不依赖任何模型，也不需要作深入的分析，但无法保证算法的鲁棒性[78]。文献[79]提出了基于启发式的频谱扫描机制，但能量消耗较大。选择最佳的频谱进行接入，能够实现频谱接入优化。文献[78]～[80]介绍了频谱决策的规则，重点关注公平性和通信开销，但都假设所有频谱具有相同的容量。文献[81]针对不同的信道质量，提出了机会式频谱决策，实现了吞吐量增益。文献[82]考虑到主用户的影响，提出了一种优化频谱切换次数的频谱决策机制。文献[83]和[84]对频谱决策的通信开销和跨层决策进行了研究。

认知无线网络架构下，频谱的分配是通过认知引擎实现的。认知引擎在软件无线电平台上实现基于人工智能技术的推理与学习，实现并驱动整个认知环路，并及时对无线环境的变化与用户需要作出快速响应，进而自适应地配置传输参数（如调整方式、载波频率等），达到最优的通信性能。可见，认知引擎技术是使认知无线网络获得智能性的关键技术。如何优化认知引擎参数，以便更适合用户特定的传输需求，从而使认知无线网络获得更大的智能性，具有非常重要的意义。

为了更为智能地进行频谱决策，认知用户可以通过学习机制来选择频谱决策参数。认知无线网络可以根据无线网络环境、用户状态等因素进行频率、功率、调制方式等参数的自适应调整，其核心就是认知引擎。智能频谱决策的研究中，美国弗吉尼亚理工大学研究小组（http://www.research.vt.edu/）一直致力于基于认知引擎的智能频谱决策研究，通过建模、动作、反馈和知识描述等实现智能频谱决策过程，采用学习机制进行频谱决策参数的选择，使用遗传算法进行多个频谱决策参数的优化选择，并建立了相应的测试床。此认知引擎与人类的感知决策过程相类似，易于理解和实现，并灵活可靠，体现了频谱决策的智能性。在此基础上，国内外学者提出了不同的频谱决策优化方案，将遗传算法、量子遗传算法、粒子群算法、蚁群算法、免疫算法及混合智能算法引入其中，以改善 VT 引擎中遗传算法的性能[85-88]。频谱决策在本质上是一个多目标优化问题（multi-objective optimization problem，MOP），这些成果均是将多目标问题通过加权转换为单目标问题进行求解。由于难以确定合适的权值，并且加权法处理多目标优化问题时，每次只能得到一种权值情况下的最优解且容易漏掉一些最优解，求解效果还有待提高。

1.3.9　认知 OFDM 资源分配的研究进展

1. 认知 OFDM 资源分配的主要内容

在认知无线网络中，最重要的是对资源从不同角度进行理解和划分，如对空间域、时间域、频率域进行多重复用，进而根据不同的环境变化和用户需求，提高对资源的利用率，达到增加系统容量的目的。OFDM 技术是认知无线网络传输层的主要实现技术之一。认知 OFDM 资源分配技术主要有基于 OFDM 的子载波分配技术、功率控制技术、联合资源分配技术等[89-97]。

1）基于 OFDM 的子载波分配技术

认知 OFDM 网络中，当感知到可用的频谱资源后，将同时获取所有认知用户在可用频谱上的信道衰落特性及整个功率覆盖范围内的授权用户信息。使用 OFDM 技术可以把信道划分为许多子载波。在频率选择性衰落信道中，不同的子信道受到不同的衰落而具有不同的传输能力，因此，在多用户系统中，某个用户不适用的子信道对于其他用户可能是条件很好的子信道。因此，可根据信道衰落信息充分利用信道条件较好的子载波，以合理利用资源，获得更高的频谱效率。

2）功率控制技术

认知无线网络下实现频谱共享的基本前提是不能干扰主用户的正常通信。在分布式的架构下每个次用户都想使用频谱资源，发射的功率就会对主用户产生干扰。对次用户进行功率控制的目的是在不干扰主用户正常通信的基础上，提供更大的系统容量，提高频谱资源的利用率。

3）联合资源分配技术

在混合业务中，认知 OFDM 网络中多用户资源分配涉及子载波、功率的联合分配问题，子载波和功率进行联合分配才能获得最优解。如何联合子载波和功率资源的分配，降低算法的时间复杂度，以及满足认知用户的速率需求，是提高物理层传输性能的关键。

2. 典型算法

根据不同的优化准则[92,96]，认知 OFDM 资源分配可以分为两种：一种为速率自适应（rate adaptive，RA），即在一定的误码率及性能限制下，调整功率分配，最大化系统传输速率，适应于可变数据业务；另一种为余量自适应（margin adaptive，MA），即在一定的传输速率和误码率限制下，调整各个子载波的分配方式，最小化系统发射功率，适用于固定数据业务。针对不同的优化准则，已有不同的学者提出了不同的解决方法，如 RA 下的解决方案[97-102]，MA 下的解决方案[103-106]。

文献[92]对已有的资源分配方案进行了总结，验证了认知 OFDM 分配是一个非线性优化问题，求得最优解是 NP-Hard 问题。传统的数学优化方法或者贪婪算法计算复杂度和求解难度都较高。许多学者提出了不同的次优子载波分配算法，获得了与最优算法相近的性能，但复杂度大大降低。文献[100]提出了 MA 准则下基于遗传算法的子载波分配算法，取得了较好的求解效果，但并未克服遗传算法易陷入局部最优的缺点，并且没有考虑认知用户对主用户的干扰，求解效果和实用性还有待进一步优化。

认知无线网络中的功率控制算法，比较经典的就是利用注水算法的思想提高系统容量，并利用此算法衍生出一系列功率控制算法[103]。此外，利用注水算法与博弈论思想相结合的机制也能极大地提高系统功率利用率。文献[104]考虑了基于 OFDM 技术的功率分配，其中认知用户对主用户的干扰被作为一个约束条件，使得最优化问题不易求解。文献[105]中，提出一个受约束的最优化模型来最大化系统的吞吐量，其中主用户所受的干扰被当做一个约束条件，并对非凸优化问题进行了严格的求解。文献[106]中，采用干扰温度模型并利用受约束的最优化模型实现了功率分配。文献[107]中，采用了一种新颖的迭代注水算法来实现功率分配，介绍了一种距离模型将认知用户对主用户干扰的约束转化为对认知用户发射功率的约束。文献[108]中，提出了一个网络模型来考虑在衰落信道中最大化认知用户的各态历经容量，其中认知用户的发射功率和干扰功率被看做是约束条件，而主用户对认知用户的干扰没有在模型中加以考虑。文献[109]将最优化问题变换为几何规划问题，最终得到了全局最优解，但算法复杂度较高。

为了得到更好的求解效果，需要将子载波和功率资源进行联合分配。文献[110]提出一种基于贪婪策略的最优算法，求解效果较好但复杂度过高。为了降低算法的复杂度，文献[111]~[119]均采用次优的两阶段资源分配方法，即先将子载波分配给用户，然后分配功率给不同的子载波，取得了与最优分配算法接近的性能，但由于减少了变量个数，复杂度大大降低。此外，为了满足认知用户的速率需求，文献[120]和[121]对比例公平资源分配问题进行了研究，在系统吞吐量和认知用户的公平性之间取得了较好均衡。

参 考 文 献

[1] 蔡曙山. 认知科学框架下心理学, 逻辑学的交叉融合与发展[J]. 中国社会科学, 2009 (2): 25-38.

[2] WALKER E. Cognitive science[R]. Report of the State of the Art Committee to the Advisors of the Alfred P. Sloan Foundation. 1978.

[3] NORMAN D A. Perspectives on Cognitive Science[M]. New York: Ablex Publishing Corporation, 1981.

[4] PYLYSHYN Z W. Computation and Cognition[M]. Cambridge: MIT Press, 1984.

[5] 蔡曙山. 认知科学: 世界的和中国的[J]. 学术界, 2007 (4): 7-19.

[6] 武秀波, 苗霖, 吴丽娟, 等. 认知科学概论[M]. 北京: 科学出版社, 2007.

[7] 魏屹东. 认知科学与哲学关系的历史审视[J]. 文史哲, 2005, 2: 134-140.

[8] HUSSERL E. The Crisis of European Sciences and Transcendental Phenomenology: An Introduction to Phenomenological Philosophy[M]. Evaston: Northwestern University Press, 1970.

[9] SKINNER B F. About behaviorism[R]. 1974.

[10] MITCHELL D B, JACKSON F. Philosophy of Mind and Cognition[M]. New Jersey: Blackwell Publishers, 1996.

[11] PUTNAM H. Mind, Language and Reality[M]. Cambridge: Cambridge University Press, 1980.

[12] DENNETT D C. Brainstorms: Philosophical Essays on Mind and Psychology[M]. Cambridge: MIT Press, 1981.

[13] HINTON G E, ANDERSON J A. Parallel Models of Associative Memory: Updated Edition[M]. Psychology Press, 2014.

[14] THAGARD P. Theory and experiment in cognitive science[J]. Artificial Intelligence, 2007, 171(18): 1104-1106.

[15] 冯康. 认知科学的发展及研究方向[J]. 计算机工程与科学, 2014, 36(5): 906-916.

[16] ROBERT C, CUMMINS D D. Minds, Brains, and Computers: the Foundations of Cognitive Science[M]. New Jersey: Blackwell Publishers, 2000.

[17] PINKER S. Mind and brain revisited: Forestalling the doom of cognitivism[J]. Behavioral and Brain Sciences, 1978, 1(02): 244-245.

[18] GAZZANIGA M S. The Cognitive Neurosciences[M]. Cambridge: MIT press, 2004.

[19] 熊少华. 雷达与雷达对抗综述[J]. 电子世界, 2001 (12): 63-64.

[20] 苗玉杰. 试析雷达信号处理系统的关键技术[J]. 电子世界, 2013 (11): 22-23.

[21] NEWELL A. Unified Theories of Cognition[M]. Cambridge: Harvard University Press, 1994.

[22] HAYKIN S. Cognitive radar: A way of the future[J]. IEEE Signal Processing Magazine, 2006, 23(1): 30-40.

[23] HAYKIN S, ZIA A, ARASARATNAM I, et al. Cognitive tracking radar[C]//2010 IEEE Radar Conference. 2010: 1467-1470.

[24] XUE Y B. Cognitive Radar: Theory and Simulations[D]. Hamilton: McMaster University, 2010.

[25] 杨小军, 闫了了, 彭珲, 等. 认知雷达研究进展[J]. 软件, 2012, 33(3): 6-8.

[26] WICKS M. Cognitive radar: A way forward[C]//2011 IEEE RadarCon (RADAR). 2011:012-017.

[27] GUERCI J R. Cognitive Radar : The Knowledge-Aided Fully Adaptive Approach[J]. The Aero Nautical Journal, 2011,115(1168):390.

[28] CORKISH R P. A survey of the effects of reflector surface distortions on sidelobe levels[J]. IEEE Antennas and

Propagation Magazine, 1990, 32(6): 6-11.

[29]　袁赛柏, 金胜, 朱天林. 认知雷达技术与发展[J]. 现代雷达, 2016, 38(1): 1-4.

[30]　邹鲲, 廖桂生, 李军. 复合高斯杂波中知识辅助检测器的先验信息感知方法[J]. 中国科学: 信息科学, 2014, 8: 004.

[31]　江涛, 王盛利. 认知雷达系统概念和体系架构研究[J]. 航天电子对抗, 2014, 30(2): 30-32.

[32]　孙俊. 智能化认知雷达中的关键技术[J]. 现代雷达, 2014, 36(10): 14-19.

[33]　GUERCI J R, GRIEVE P G. Optimum matched illumination waveform design process: US, US 5121125 A[P]. 1992.

[34]　KAY S. Optimum radar signal for detection in clutter[J]. IEEE Transactions on Aerospace & Electronic Systems, 2007, 43(3): 1059-1065.

[35]　HAYKIN S, XUE Y, DAVIDSON T N. Optimal waveform design for cognitive radar[C]//2008 42nd Asilomar Conference on Signals, Systems and Computers. Pacific Grove, 2008: 3-7.

[36]　ROMERO R A. Matched Waveform Design and Adaptive Beam steering in Cognitive Radar Applications[D]. Pacific Grove: The University of Arizona, 2010.

[37]　陈芸芸. 认知雷达技术及其发展研究[J]. 电子技术与软件工程, 2015 (14): 124-126.

[38]　Federal Communications Commission. Facilitating opportunities for flexible, efficient, and reliable spectrum use employing cognitive radio technologies[J]. Et docket, 2003 (3-108): 5-57.

[39]　Federal Communications Commission. FCC adopted rules for unlicensed use of television white spaces[R]. Technology Report ET Docket.

[40]　MAHARJAN S, ZHANG Y, GJESSING S. Economic approaches for cognitive radio networks: A survey[J]. Wireless Personal Communications, 2011, 57(1): 33-51.

[41]　魏急波, 王杉, 赵海涛. 认知无线网络: 关键技术与研究现状[J]. 通信学报, 2011, 32(11): 147-158.

[42]　HAYKIN S. Cognitive radio: Brain-empowered wireless communications[J]. IEEE Journal on Selected Areas in Communications, 2005, 23(2): 201-220.

[43]　AKYILDIZ I F, LEE W Y, VURAN M C, et al. Next generation/dynamic spectrum access/cognitive radio wireless networks: A survey[J]. Computer Networks, 2006, 50(13): 2127-2159.

[44]　WANG B B, LIU K J R. Advances in cognitive radio networks: A survey[J]. IEEE Journal of Selected Topics in Signal Processing, 2011, 5(1): 5-23.

[45]　王钦辉, 叶保留, 田宇, 等. 认知无线电网络中频谱分配算法[J]. 电子学报, 2012, 40(1): 147-154.

[46]　焦李成, 杜海峰, 刘芳, 等. 免疫优化、计算学习与识别[M]. 北京: 科学出版社, 2006.

[47]　郭彩丽, 冯春燕, 曾志民. 认知无线电网络技术及应用[M]. 北京: 电子工业出版社, 2010.

[48]　王金龙, 吴启晖, 龚玉萍, 等. 认知无线网络[M]. 北京: 机械工业出版社, 2010.

[49]　DEVROYE N, VU M, TAROKH V. Cognitive radio networks[J]. Signal Processing Magazine IEEE, 2008, 25(6): 12-23.

[50]　AKYILDIZ I F, LEE W Y, VURAN M C, et al. A survey on spectrum management in cognitive radio networks[J]. Communications Magazine IEEE, 2008, 46(4): 40-48.

[51]　LEE W Y, AKYILDIZ I F. A spectrum decision framework for cognitive radio networks[J]. IEEE Transactions on Mobile Computing, 2010, 10(2): 161-174.

[52]　党建武, 李翠然, 谢健骊. 认知无线电技术与应用[M]. 北京: 清华大学出版社, 2012.

[53]　温志刚. 认知无线电频谱检测理论与实践[M]. 北京: 北京邮电大学出版社, 2011.

[54]　冯志勇. 认知无线网络理论与关键技术[M]. 北京: 人民邮电出版社, 2011, 2.

[55]　HE A, BAE K K, NEWMAN T R, et al. A survey of artificial intelligence for cognitive radios[J]. IEEE Transactions on Vehicular Technology, 2010, 59(4): 1578-1592.

[56]　NEWMAN T R, BARKER B A, WYGLINSKI A M, et al. Cognitive engine implementation for wireless multicarrier transceivers[J]. Wireless Communications & Mobile Computing, 2007, 7(9): 1129-1142.

[57]　刘玉涛, 蒋梦雄, 徐聪, 等. 认知无线电中的联合准则频谱分配算法[J]. 西安电子科技大学学报, 2012, 39(2):

45-50.

[58] ZOU C, JIN T, CHIGAN C X, et al. QoS-aware distributed spectrum sharing for heterogeneous wireless cognitive networks[J]. Computer Networks, 2008, 52(4): 864-878.

[59] JI Z, LIU K J R. Cognitive radios for dynamic spectrum access-dynamic spectrum sharing: A game theoretical overview[J]. IEEE Communications Magazine, 2007, 45(5): 88-94.

[60] NIYATO D, HOSSAIN E. Competitive pricing for spectrum sharing in cognitive radio networks: Dynamic game, inefficiency of Nash Equilibrium, and collusion [J]. IEEE Journal on Selected Areas in Communications, 2008, 26(1): 192-202.

[61] WU J S, JIAO L C, JIN C, et al. Overlapping community detection via network dynamics[J]. Physical Review E, 2012, 85(1): 016115.

[62] 黄丽亚, 刘臣, 王锁萍. 改进的认知无线电频谱共享博弈模型[J]. 通信学报, 2010, 31(2): 136-140.

[63] JI Z, LIU K J R. Multi-stage pricing game for collusion resistant dynamic spectrum allocation[J]. IEEE Journal on Selected Areas in Communications, 2008, 26(1): 182-191.

[64] GANDHI S, BURAGOHAIN C, CAO L L, et al. A general framework for wireless spectrum auctions[J]. IEEE Wireless Communications, 2007, 26(8): 22-33.

[65] WANG F, KRUNZ M, CUI S. Price-based spectrum management in cognitive radio networks[J]. IEEE Journal of Selected Topics in Signal Processing, 2008, 2(1): 74- 87.

[66] GANDHI S, BURAGOHAIN C, CAO L L, et al. Towards real time dynamic spectrum auctions [J]. Computer Networks, 2008, 52(4): 879-897.

[67] 徐friendly云, 高林. 基于步进拍卖的认知无线网络动态频谱分配[J]. 中国科学技术大学学报, 2009, 39(10): 1064-1069.

[68] WANG W, LIU X. List-coloring based channel allocation for open-spectrum wireless networks[C]//IEEE Vehicular Technology Conference, 2005, 62(1): 690-694.

[69] PENG C Y, ZHENG H T. Utilization and fairness in spectrum assignment for opportunistic spectrum access[J]. Mobile Networks and Applications, 2006, 11(4): 555-576.

[70] 廖楚林, 陈劼, 唐友喜, 等. 认知无线电中的并行频谱分配算法[J]. 电子与信息学报, 2007, 29(7): 1608-1611.

[71] 赵知劲, 彭振, 郑仕链, 等. 基于量子遗传算法的认知无线电频谱分配[J]. 物理学报, 2009, 58(2): 1358-1363.

[72] MUSTAFA Y, NAINAY E. Island Genetic Algorithm-Based Cognitive Networks[D]. Blacksburg, USA: Virginia Polytechnic Institute and State University, 2009.

[73] HUR Y, PARK J, WOO W, et al. A cognitive radio(CR) system employing a dual-stage spectrum sensing technique: A multi-resolution spectrum sensing(MRSS) and a temporal signature detection(TSD) technique[C]//Global Telecommunications Conference. San Francisco, 2006: 200-212.

[74] HAN N, SHON S H, CHUNG J H, et al. Spectral correlation based signal detection method for spectrum sensing in IEEE 802.22 WRAN systems[C]//Advanced Communication Technology, the 8th International Conference, Phoenix, 2008.

[75] 柴争义, 刘芳. 基于免疫克隆选择优化的认知无线网络频谱分配[J]. 通信学报, 2010, 31(11): 92-100.

[76] 孙杰, 郭伟, 唐伟. 认知无线多跳网中保证信干噪比的频谱分配算法[J]. 通信学报, 2011, 32(11): 111-117.

[77] MATINMIKKO M, MUSTONEN M, RAUMA T, et al. Decision-making system for obtaining spectrum availability information in opportunistic networks[C]// Cogart 2011, International Conference on Cognitive Radio and Advanced Spectrum Management, Barcelona, 2011: 1-6.

[78] RODRIGUEZ-COLINA E, RAMIREZ P C, CARRILLO A C E. Multiple attribute dynamic spectrum decision making for cognitive radio networks[C]// International Conference on Wireless and Optical Communications Networks, Wocn 2011. Paris, 2011: 1-5.

[79] PEH E C Y A, LIANG Y C B, GUAN Y L A, et al. Cooperative spectrum sensing in cognitive radio networks with weighted decision fusion scheme[J]. IEEE Transactions on Wireless Communications, 2010, 9(12): 3838-3847.

[80] WANG L C, WANG C W, ADACHI F. Load-balancing spectrum decision for cognitive radio networks[J]. IEEE

Journal on Selected Areas in Communications, 2011, 29(4): 757-769.

[81]　LI H S, QIU R C. A graphical framework for spectrum modeling and decision making in cognitive radio networks[C]//2010 IEEE Global Telecommunications Conference. Miami, 2010: 1-6.

[82]　GE Y M, SUN Y, LU S, et al. A distributed decision making method in cognitive radio networks for spectrum management[J]. Chinese Journal of Electronics, 2010, 19(2): 195-200.

[83]　LUO X D, JENNINGS N R. A spectrum of compromise aggregation operators for multi-attribute decision making[J]. Artificial Intelligence, 2007, 171(2): 161-184.

[84]　LEE W Y, AKYILDIZ I F. A spectrum decision framework for cognitive radio networks[J]. IEEE Transactions on Mobile Computing, 2010, 10(2): 161-174.

[85]　赵知劲, 郑仕链, 尚俊娜. 基于量子遗传算法的认知无线电决策引擎研究[J]. 物理学报, 2007, 56(11): 6760-6766.

[86]　赵知劲, 徐世宇, 郑仕链, 等. 基于二进制粒子群算法的认知无线电决策引擎[J]. 物理学报, 2009, 58(7): 5118-5125.

[87]　ZHAO Z J, ZHENG S H, Xu C Y. Cognitive engine implementation using genetic algorithm and simulated annealing[J]. WSEAS Transactions on Communications, 2007, 6(8): 773-777.

[88]　NEWMAN T R, Barker A, Alexander M. Cognitive engine implementation for wireless multi-carrier transceivers [J]. Wireless Communications and Mobile Computing, 2008, 7(9): 1129-1142.

[89]　ALMALFOUH S M, STUBER G L. Interference-aware radio resource allocation in OFDMA-based cognitive radio networks[J]. IEEE Transactions on Vehicular Technology, 2011, 60(4): 1699-1713.

[90]　MITOLA J I, MAGUIRE G Q. Cognitive radio: Making software radios more personal[J]. IEEE Pers Commun, 1999, 6(4): 13-18.

[91]　ARSLAN H, MAHMOUD H A, YÜCEK T. OFDM for cognitive radio: Merits and challenges[J]. IEEE Wireless Communications, 2009, 16(2): 6-14.

[92]　MACIEL T F, KLEIN A. On the performance, complexity, and fairness of suboptimal resource allocation for multiuser MIMO–OFDMA systems[J]. IEEE Transactions on Vehicular Technology, 2010, 59(1): 406-419.

[93]　RAHULAMATHAVAN Y, CUMANAN K, LAMBOTHARAN S. Optimal resource allocation techniques for MIMO-OFDMA based cognitive radio networks using integer linear programming[C]//IEEE Workshop on Signal Processing Advances in Wireless Communications. Marrakech, 2010.

[94]　ZHANG Y, LEUNG C. A distributed algorithm for resource allocation in OFDM cognitive radio systems[J]. IEEE Transactions on Vehicular Technology, 2008, 60(2): 546-554.

[95]　MITRAN P. Queue-aware resource allocation for downlink OFDMA cognitive radio networks[J]. IEEE Transactions on Wireless Communications, 2010, 9(10): 3100-3111.

[96]　ALMALFOUH S M, STUBER G L. Interference-aware radio resource allocation in OFDMA-based cognitive radio networks[J]. IEEE Transactions on Vehicular Technology, 2011, 60(4): 1699-1713.

[97]　WANG S, HUANG F, YUAN M, et al. Resource allocation for multiuser cognitive OFDM networks with proportional rate constraints[J]. International Journal of Communication Systems, 2012, 25(2): 254-269.

[98]　RENK T, KLOECK C, BURGKHARDT D, et al. Bio-inspired algorithms for dynamic resource allocation in cognitive wireless networks[J]. Mobile Networks and Applications, 2008, 13(5): 431-441.

[99]　MALATHI P, VANATHI P T. Optimized multi-user resource allocation scheme for OFDM - MIMO system using GA & OGA[J]. IETE Technical Review, 2008, 25(4): 175-185.

[100]　SHARMA N, ANUPAMA K R. A novel genetic algorithm for adaptive resource allocation in MIMO-OFDM systems with proportional rate constraint[J]. Wireless Personal Communications, 2011, 61(1): 113-128.

[101]　SHARMA N, ANUPAMA K R. On the use of NSGA-II for multi-objective resource allocation in MIMO-OFDMA systems.[J]. Wireless Networks, 2011, 17(5): 1191-1201.

[102]　SHARMA N, TARCAR A K, THOMAS V A, et al. On the use of particle swarm optimization for adaptive resource allocation in orthogonal frequency division multiple access systems with proportional rate constraints[J].

Information Sciences, 2012, 182(1): 115-124.

[103] KIM I, PARK I S, LEE Y H. Use of linear programming for dynamic subcarrier and bit allocation in multiuser OFDM[J]. IEEE Transactions on Vehicular Technology, 2006, 55(4): 1195-1207.

[104] ZHANG Y, LEUNG C. Resource allocation in an OFDM-based cognitive radio system[J]. IEEE Transactions on Communications, 2009, 57(7): 1928-1931.

[105] AKTER L, NATARAJAN B. QoS constrained resource allocation to secondary users in cognitive radio networks[J]. Computer Communications, 2009, 32(18): 1923-1930.

[106] WANG S. Efficient resource allocation algorithm for cognitive OFDM systems[J]. Communications Letters IEEE, 2010, 14(8): 725-727.

[107] QIN T, LEUNG C. Fair adaptive resource allocation for multiuser OFDM cognitive radio systems[C]// International Conference on Communications and NETWORKING in China. Shanghai, 2007: 115-119.

[108] FAN B, WU W, ZHENG K, et al. Proportional fair-based joint subcarrier and power allocation in relay-enhanced orthogonal frequency division multiplexing systems[J]. IETE Communications, 2010, 4(10): 1143-1152.

[109] HE A, BAE K K, NEWMAN T R, et al. A survey of artificial intelligence for cognitive radios[J]. IEEE Transactions on Vehicular Technology, 2010, 59(1-4): 1578-1592.

[110] NEWMAN T R, BARKER B A, WYGLINSKI A M, et al. Cognitive engine implementation for wireless multicarrier transceivers[J]. Wireless Communications and Mobile Computing, 2007, 7(9): 1129-1142.

[111] KANG X, LIANG Y C, NALLANATHAN A, et al. Optimal power allocation for fading channels in cognitive radio networks: Ergodic capacity and outage capacity[J]. IEEE Transactions on Wireless Communications, 2009, 8(2): 940-950.

[112] ZHANG R, CUI S G, LIANG Y C. On ergodic sum capacity of fading cognitive multiple-access and broadcast channels[J]. IEEE Transaction on Infomation Theory, 2009, 55(11): 5161-5178.

[113] JIANG Y Q, SHEN M F, ZHOU Y P. Two-dimensional water-filling power allocation algorithm for MIMO-OFDM systems[J]. Science China Information Sciences, 2010, 53(6): 1242-1250.

[114] WANG W, WANG W B, LU Q X, et al. An uplink resource allocation scheme for OFDMA-based cognitive radio networks[J]. International Journal of Communication Systems, 2009, 22(5): 603-623.

[115] 周杰, 俎云霄. 一种用于认知无线电资源分配的并行遗传算法[J]. 物理学报, 2010, 59(10): 7508-7515.

[116] ZU Y X, ZHOU J, ZENG C C. Cognitive radio resource allocation based on coupled chaotic genetic algorithm[J]. Chinese Physical B, 2010, 19(11): 119501 -119508.

[117] KANG X, LIANG Y C, NALLANATHAN A, et al. Optimal power allocation for fading channels in cognitive radio networks: Ergodic capacity and outage capacity[J]. IEEE Transaction on Wireless Communication, 2009, 8(2): 940-950.

[118] ZHANG R, CUI S Y, LIANG Y C. On ergodic sum capacity of fading cognitive multiple-access and broadcast channels[J]. IEEE Transaction on Information Theory, 2009, 55(11): 5161-5178.

[119] ARSLAN H, MAHMOUD H A, YÜCEK T. OFDM for cognitive radio: Merits and challenges[J]. IEEE Wireless Communications, 2009, 16(2): 6-15.

[120] MAHARJAN S, ZHANG Y, GJESSING S. Economic approaches for cognitive radio networks: A survey[J]. Wireless Personal Communications, 2011, 57(1): 33-51.

[121] SHAAT M, BADER F. Fair and efficient resource allocation algorithm for uplink multicarrier based cognitive networks[C]//IEEE International Symposium on Personal, Indoor and Mobile Radio Communications. Istanbul, 2010: 1212-1217.

第 2 章　多目标优化问题

2.1　多目标优化问题介绍

相比于只考虑一个目标的单目标优化问题，多目标优化问题（multi-objective optimization problem，MOP）同时优化多个目标，更加接近于实际问题，因此具有实际应用意义[1]。

对于一个具有 m 个目标的最小化多目标优化问题，其数学表达式见式（2.1）。其中，x 是决策空间 Ω 里的 n 维决策变量，经函数 F 映射成 m 维目标向量 y[2]。

$$\begin{aligned} \min \quad & y = F(x) = (f_1(x), \cdots, f_m(x)) \\ \text{s.t.} \quad & x \in \Omega \end{aligned} \tag{2.1}$$

若 $x_1, x_2 \in \Omega$，且 $f_i(x_1) \leqslant f_i(x_2), F(x_1) \neq F(x_2)(i \in 1, 2, \cdots, m)$，则称 x_1 支配 x_2，记为 $x_1 \succ x_2$。对于 $x^* \in \Omega$，在 Ω 中没有任何一个 x 可以支配 x^*，则称 x^* 是 Pareto 最优解（或称非支配解）。由于多个目标间的复杂关系，很难使得所有目标同时达到各自的最优值，往往一个目标的提高会导致另外一个目标的损失，所以 Pareto 最优解不止一个。所有 Pareto 最优解组成的集合称为 Pareto 最优解集（Pareto set，PS），将 PS 按照函数 F 映射到目标空间所得集合称为 Pareto 前端（Pareto front，PF）[2]。

2.2　多目标进化算法简介

古典求解多目标优化问题的算法有加权法和约束法两种。前者分配不同权重于各个目标，通过加权和将多目标优化问题转化成单目标优化问题。后者选取一个目标作为优化目标，其他目标作为约束条件求解约束单目标标优化问题。两者的缺点是单次运算不能获得整个 Pareto 最优解集，并且权重和约束参数难以设定和调节[3]。

20 世纪 80 年代提出的进化算法（evolutionary algorithm，EA）是一种基于种群的模拟自然进化的随机搜索算法。进化算法在没有任何先验知识的情况下，通过迭代循环搜索黑盒问题的解或解集。进化算法一般范式如下：随机初始化种群，在每一次迭代的过程中以父代种群生成子代种群，再通过适应度函数筛选优秀个体作为下一代父代种群，直至终止条件。进化算法以其搜索的全局性逐步成为解决多目标优化问题的有效工具[4]。多目标进化算法（multi-objective evolutionary

algorithm，MOEA）以其"单次运算可获得整个解集"的优良特性得以广泛应用[5-16]。

经过近 30 年的发展，多目标进化算法蓬勃发展，优秀算法不断涌现。多目标进化算法的目标是获得具有良好收敛性和多样性的解集[17]。目前，已有的多目标进化算法可分为三类[18]：基于 Pareto 的多目标进化算法、基于指标的多目标进化算法和基于分解多目标进化算法。

2.2.1　基于 Pareto 的多目标进化算法

基于 Pareto 的多目标进化算法是最直接最主流的方法，以 Pareto 占优筛选个体是其核心思想，并结合不同类型的进化算法。除了狭义的进化算法以外，不乏基于 Pareto 的多目标进化算法以其他广义进化算法为基础，如人工免疫系统（atificial immune system）（MISA[19]、I-PAES[20]、VAIS[21]、NNIA[22]和 NNIA2[23]）、粒子群优化（particle swarm optimization，PSO）（MOPSO[24]）、协同进化算法（co-evolutionary algorithm）（CCEA[25]、COEA[26]、SPEA2-CE-KR[27]和 NSCCGA[28]）及密母算法（memetic algorithm，MA）[29-33]。由于多目标优化问题的特殊性，经常存在两个解相互不支配的情况，因此基于 Pareto 的多目标进化算法筛选个体一般通过以下两种方式：Pareto 占优和多样性维持策略。

通过 Pareto 占优关系，基于 Pareto 的多目标进化算法可得到种群间支配关系，从而对种群进行筛选，淘汰在 Pareto 占优意义下差的个体，这样所得解集的收敛性得到保证。MOGA[34]、NPGA[35]和 NSGA[36]都是早期著名基于 Pareto 的多目标进化算法。文献[37]最早提出使用非支配排序筛选个体，即将种群分层排序，同层个体互不支配，非支配解排在最优先层，优先级高层内个体支配优先级低层内个体。基于非支配排序的多目标进化算法最著名的算法是 NSGA-Ⅱ[38]（第二代 NSGA[36]）。NSGA-Ⅱ中的快速非支配排序（fast non-dominated sort）将原本 $o(mN^3)$ 复杂度的非支配排序降为 $o(mN^2)$，其中 m 为目标个数，N 为种群大小，因而 NSGA-Ⅱ在实际问题中被广泛应用[1,33,39]。然而快速非支配排序并非目前最快的排序方法，很多关于降低其复杂度的研究也相继被提出，例如，非支配等级排序（non-dominated rank sort）[40]和演绎排序（deductive sort）[41]。此外，SPEA2[42]（改进的 SPEA[43]）也是一种著名的基于 Pareto 的多目标进化算法。不同于以上所述算法应用非支配排序，SPEA2 应用一种表示被支配次数的 Pareto 强度作为适应度筛选个体。

多样性和收敛性在多目标优化问题中同样重要[44,45]，一方面多样性好的解集能够提供给决策者更丰富的信息，另一方面也在进化搜索中促进种群收敛[46]。多样性维持策略的主旨是尽可能保存不相似个体。NPGA 中的小生境技术（niched technology）[35]利用分享函数（sharing function）描述种群分布情况，从而维持多样性，但其分享函数含有敏感参数影响维持效果。SPEA[43]利用聚类方法将种群划分成若干类并从每类中筛选个体来保持多样性，但其复杂度过高。而 SPEA2 应用复杂度高达 $o(mN^3)$ 的环境选择（environment selection）删除多余个体。NNIA2[23]每次迭代只删除具有最小 k 近邻距离乘积的个体，直至多余个体删除完毕。NSGA-II[38]的拥挤距离（crowding distance）计算与邻居间的距离一次性删除多余相似个体，其复杂度仅有 $o(mN1bN)$。在目标空间划分超格（hypergird）的方法在 PESA-II[47]中作为其多样性维持策略，可是超格尺寸影响多样性保持效果。TDEA[48]中自适应的划分领地区域的方法在一定程度上弥补超格方法不灵活的缺点。此外 ε 支配[49]以牺牲严格意义 Pareto 支配关系来获取更好的多样性。

2.2.2　基于指标的多目标进化算法

基于指标的多目标进化算法将单个指标作为算法的适应度函数进行求解。最早的该类多目标进化算法源于 IBEA[50]，此文献提出两种指标 $I_{\varepsilon+}$ 和 I_H，前者是收敛性的指标，后者是超体积（hypervolume[43]）指标。基于 $I_{\varepsilon+}$ 的 IBEA 过于强调收敛性因此其在 PF 上的多样性并不好[51]。超体积同时关注收敛性和多样性，目前多数基于指标的多目标进化算法都是基于超体积指标[52, 53]，如 HypE[54]、HypE*[55]和 SMS-EMOA[56, 57]。此外，基于 R2[58]指标的 R2-IBEA[59]是最新的基于指标的多目标进化算法。

2.2.3　基于分解的多目标进化算法

MOEA/D[60]是最早的基于分解的多目标进化算法。其核心是将多目标优化问题通过一组权重向量转化成为多个单目标子优化问题，利用子问题间的合作从而一次性输出整个解集。预先在目标空间分配的均匀分布的权重向量使得 MOEA/D具有比 NSGA-II 优良的多样性[61]。此外，MOEA/D 在解决含复杂 PS 的多目标优化问题时具有很好的收敛性和多样性，获得了 2009 年 IEEE CEC 会议竞赛冠军[62]。

基于分解的多目标进化算法开辟了古典算法同进化算法结合的先河。目前，对于分解的多目标进化算法的研究逐渐发展。聚合函数[63]（aggregation function）将多目标优化问题转化为为多个单目标子优化问题，因此如何选择合适的聚合函数也是基于分解的多目标进化算法一个重要问题，相关研究有 NBI-Tchebycheff方法[64]、自适应聚合函数方法[65]、广义分解方法[66]、T-MOEA/D[67]。其次，权向量的分配决定了解集的多样性，对于不同形态的 PF，权向量的动态调整尤为重要，因此不同的权向量调整方法相继被提出[68-71]。此外，在子问题和个体间的配对选择[72, 73]、相似子问题邻居关系[74, 75]、引入差分进化算子（differential evolution，DE）[76]以及转化为多个多目标优化问题[77]方面均有研究。

2.3 多目标优化测试问题与度量指标研究

多目标优化测试问题和度量指标随着进化多目标优化算法的发展而不断丰富，它们对于综合考查和评价多目标优化算法具有重要意义。在此对它们进行必要的分析和总结。

2.3.1 多目标优化测试问题

多目标优化测试问题的构造与分析是多目标优化领域的一个研究热点。由于多目标进化算法很难从理论上分析出其性能参数，研究者只能通过仿真实验来验证算法的性能[77]，因此，有效的多目标优化测试问题对该领域非常重要。随着越来越高效的多目标优化算法的出现，已有的多目标优化测试问题已经显得过于简单，不能很好地检验算法的性能，也无法真实地反映现实世界中多目标优化问题的复杂性。为此，Zitzler 等和 Deb 等陆续构造了著名的 ZDT 问题[78]和 DTLZ 问题[79]，并被学者广泛采用。ZDT 问题由 6 个具有不同性质的两目标优化问题组成，其 Pareto 前沿端已知，是目前采用得最多的测试问题之一[80-85]。DTLZ 问题能够扩展到任意多个目标，从而能够很好地扩展为高维多目标优化问题，也是目前采用得最多的测试问题之一[86-91]。本书也多采用这些测试函数来度量算法性能。

为了在测试问题中引入变量链接关系和构建更加复杂形状的 Pareto 前沿，华人学者 Li 等先后构造了具有不同性质的多目标优化测试问题[80]。在文献[80]中，Li 等提出了一组变量之间有关联且 Pareto 前沿端复杂的连续测试问题，并在文献[89]中用于新算法的性能测试与比较。实验结果表明，复杂的 Pareto 前沿端会给多目标进化算法带来较大的寻优困难。但是，这些测试问题的 Pareto 前沿端均为线性或二次曲面，还不能体现现实世界中多目标优化问题的复杂性。为此，他们在文献[92]中提出了一类 Pareto 前沿端具有任意复杂性的测试问题，并用于 MOEA/D-DE 和 NSGA-II 性能的比较。

文献[81]对目前常用的多目标函数优化问题进行了搜集整理，主要包括 2000 年以前比较常用的低维多目标优化问题、Zitzler 等提出的 ZDT 问题[78]、Deb 等提出的 DTLZ 问题[79]，并给出了他们的 Pareto 最优解集和理想 Pareto 前沿端，这些测试问题可以从 http://www.cs.cinvestav.mx/～emoobook/下载。另外，Zitzler 等整理了 12 个多目标背包问题及常用的多目标函数优化问题，并给出其理想 Pareto 前沿端，这些测试问题可以从 http://www.tik.ee.ethz.ch/sop/download/下载。Li 等提出了复杂的变量联结多目标优化测试问题[80]，可以从他们的个人主页 http://cswww.essex.ac.uk/staff/qzhang/下载。

设计一种多目标优化算法不是要对所有测试问题都有效，而是要有特定的针对性。例如，RM-MEDA[88]对变量之间有链接关系和欺骗问题的测试函数具有较好的性能，但是对于 ZDT 和 DTLZ 问题却不如传统的 NSGA-Ⅱ和 SPEA2，因此，算法的设计不是针对所有问题，而是要针对原有算法的缺点或者提出新的策略。

2.3.2　多目标优化算法度量指标

度量指标要回答的问题是如何比较一组多目标优化算法，或者什么样的多目标优化算法是理想的算法模型。当前多目标优化算法的度量指标可以分为以下三类。

1. 度量算法所得解收敛性的指标

算法所得的估计解集要尽可能收敛到已知 Pareto 全局最优解附近。如图 2.1（a）所示，所得估计解集没有收敛到真实的 Pareto 最优前沿，这种情况对应着较差的收敛性指标。van Veldhuizen 等提出了世代距离（generation distance，GD）和转化的世代距离（inverted generation distance，IGD）的概念[82]，前者用来度量所得估计解集与真实 Pareto 最优前沿之间距离总和，后者计算方式与前者相反，因此后者不仅可以度量估计解集的收敛性，还可以度量宽广性。Deb 等提出了收敛性测度（convergence metric）[86]，该指标与世代距离计算方式类似，只是加入了在目标维的归一化操作，被定义为估计集合中所有解的归一化距离的平均值。上述指标需参考真实 Pareto 最优解集，它有两个不足之处：一方面，对于复杂的多目标优化问题以及实际优化问题，往往较难获得其真实 Pareto 最优解集；另一方面，真实 Pareto 最优解集的数量影响着度量的精度。超体积被认为是较为合理的指标，由 Zitzler 提出[91]，用来计算由多目标算法所得的非支配解在目标空间所覆盖的空间大小。该指标由于兼具收敛性和多样性的度量性能，并且满足 Pareto 相容性（Pareto compliant），而获得了广泛的关注和应用。

2. 度量算法所得解展布的指标

这类指标用于度量算法所得估计解集分布情况，包括解分布的宽广性和均匀性。如图 2.1（b）所示，虽然收敛到 Pareto 最优前沿，但是它们不具备较好的宽广性和均匀性，其较为合理的分布如图 2.1（d）所示。间距度量指标（spacing）由 Schott 提出[83]，用于衡量估计解集上解分布的均匀性，该指标利用估计解集之间最近邻关系来度量它们之间相对均匀性。Zitzler 提出了最大展布（maximum spread）指标[91]，用于衡量估计解集分布的宽广性，最大展布利用最优全局解集的极端解和估计解集的极端解，来计算其所覆盖的空间超立方体。该空间超立方体越大，估计解集越能够逼近最优解集；相反该值越小，说明算法的多样性越差。Deb 等提出了非均匀性指标[86]，它不仅可以度量估计解集分布的均匀性，还可以衡量算法分布的广度。该指标首先对估计解集进行排序操作,然后计算排序后解之间的欧氏距离。因为非均匀性指标需要目标域的排序,所以只能用于两目标优化问题。

3. 度量算法获得非支配解数量的指标

算法所得的估计集合不仅要满足上述两个要求,还要搜索到足够多的解来逼近已知 Pareto 全局最优解。如图 2.1(c)所示,算法所得解集虽然收敛到 Pareto 最优前沿,并且具有相对较好的宽广性和均匀性,但是解的数量较少,无法较好地逼近真实 Pareto 最优前沿。在图 2.1(d)中,给出了较好地覆盖真实 Pareto 最优前沿的解分布情况,它不仅具有较好的收敛性,并且分布均匀,数量合适。关于估计解的数量问题,往往无法给出具体明确的数字来衡量其好坏,不同的用户可能对于解精度的要求不同,对应着不同数量的解,精度越小,需要更多的解,反之,则需要较少的解。因此,在评价算法搜索解数量时,往往设定具体的数值上限,或者在满足该数值上限情况下,用其他指标来度量。

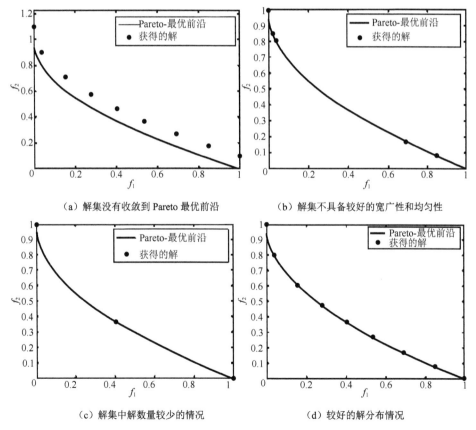

(a)解集没有收敛到 Pareto 最优前沿　　　　　　　(b)解集不具备较好的宽广性和均匀性

(c)解集中解数量较少的情况　　　　　　　　　　(d)较好的解分布情况

图 2.1　四种估计解集与 Pareto 最优前沿的相对关系分布图

　　Tan 等提出非支配个体比例指标[84]，该指标可以衡量估计解集或者种群中非支配解的数量，但是不能够保证所得非支配解收敛到 Pareto 最优前沿附近。van Veldhuizen 提出误差比例（error ratio，ER）用于表示估计解集中的非支配解被已知 Pareto 最优解支配的个数[85]。该指标可以较好地度量估计解集中收敛解的数目，但是不能确定不收敛解距离最优 Pareto 前沿的程度。Zitzler 提出了解集之间覆盖率（coverage of two sets，简称 C）[91]，用于衡量两个估计解集之间的相互支配关系，该指标需要不同算法之间的相互支配关系，对于多算法比较情况，统计比较结果较为繁琐。

　　迄今为止，还没有见到较好地、全面地度量算法性能的指标，度量多目标优化的指标往往随着多目标优化算法而发展。这些指标往往仅能度量估计解集分布的某些方面，实际操作中，需要选取不同方面的组合指标来综合衡量算法性能。例如，可以选取间距指标、解集之间的覆盖率和超体积指标，来分别度量解集分布的均匀性、相对收敛关系以及综合反应收敛性和解分布广度的支配空间大小[92]。当然，最直观的辨别算法性能的方式是观察所得估计解集分布图，但是对于目标维数大于 3 的多目标优化问题，较难获得其 Pareto 前沿分布图。

2.4　研究难点及现状

　　尽管多目标优化算法蓬勃发展至今，仍有很多瓶颈问题尚未解决。多目标优化问题的复杂性源于两个方面：决策和目标空间的复杂性。

2.4.1　决策空间复杂的多目标优化问题

　　对于一个多目标优化问题，其决策变量间的关联会增加问题的难度[93]，但是，目前主流的多目标测试问题都忽略了这点，例如，ZDT[17]和 DTLZ[94]问题的决策变量是相互独立。2008 年，两组考虑决策变量间关联的测试问题（LZ08[76]和 UF[89]问题）被提出。LZ08 和 UF 问题均具有复杂的 PS，主流多目标进化算法都无法有效地解决，只有 MOEA/D 能获得可接受的结果[62]。

　　至此，决策空间复杂的多目标优化问题才被关注。通常，只有目标空间的情况作为评价标准，为了兼顾目标空间和决策空间，MMEA[95]利用分布式估计算法（estimation of distribution algorithm，EDA）平衡两个空间的关系。由于 EDA 可以学习到决策变量之间的关系，另一种基于 EDA 的算法 RM-MEDA[96]也是致力于解决决策空间复杂的多目标优化问题的。但是，目前仍然鲜有相关研究，且相关成果未从根本上解决该类复杂问题。

2.4.2 目标空间复杂的多目标优化问题

对于多目标优化问题，其目标空间的复杂性主要来自于目标函数的数量。通常情况下，具有三个以上目标的多目标优化问题被称为高维多目标优化问题（many-objective optimization problem，ManyOP）[97, 98]。可是，目前基于 Pareto 的多目标进化算法均不能解决高维多目标优化问题，见文献[18]实验结果。如图 2.2 所示，随着目标数量的增加，种群中的个体几乎均互不支配[99,100]。甚至当目标数量增加到 12 个的时候，种群全是非支配解[101]。对于以 Pareto 占优来筛选个体的算法，其选择机制失效，这正是基于 Pareto 的多目标进化算法不能解决高维多目标优化问题的原因。尽管很多不同类型的支配方式（如支配[49, 102, 103]、控制支配区域[104]、等级[105]、模糊 Pareto 支配[106, 107]以及数据结构表示[108, 109]）致力于定义一种对高维多目标优化问题有效的支配关系，但是仍然不能得到满意的结果。

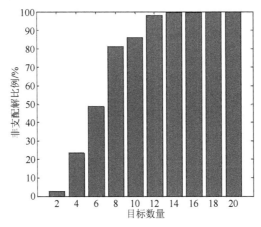

图 2.2 目标数量与非支配解在随机种群中的比例关系

目标数量的增加除了给结果可视化带来了困难（平行坐标[13]、自组织映射图[110]及热度图[111]均不能良好地表达高维多目标优化问题的 PF）之外，也增加了非支配排序的复杂度。快速非支配排序[38]、非支配等级排序[40]和演绎排序[41]在高维多目标优化问题上均需要较多的比较次数。

对于高维多目标优化问题，其目标函数之间的关系往往是复杂的。其中，有一种具有冗余目标的特殊高维多目标优化问题，忽略那些冗余目标后并不改变原问题的 PF[112]。通过目标约减后，基于 Pareto 的多目标进化算法便可求解这类问题[112-114]。目前主要的目标约减方法分为三类：基于支配结构保持的方法[115]、Pareto 角搜索[116]和基于机器学习的方法[117-120]。

然而，上述含有冗余目标的问题太特殊，求解一般的高维多目标优化问题仍然具有相当重要的意义。既然基于 Pareto 的多目标进化算法不能解决，那么基于非 Pareto 的多目标进化算法(基于指标和分解的多目标进化算法)并不应用 Pareto 支配关系筛选个体,因此理论上基于非 Pareto 的多目标进化算法可以应用于高维多目标优化问题,但实际情况却难以令人满意。例如,基于指标 I 的 IBEA[50]过于强调收敛性,并不能得到具有较好多样性的解集[51];而基于超体积指标的多目标进化算法(HypE[54]、HypE*[55]和 SMS-EMOA[56, 57])由于超体积指标的高计算复杂度不能应用于高维多目标优化问题;MOEA/D[60]需要在目标空间分配权重向量,但是随着目标空间维数变大,其分配难度也增大,改进的广义分解方法[66]不能彻底解决上述问题[121,122]。综上所述,令求解高维多目标优化问题的算法同时具有优秀的收敛性、良好的多样性以及能够接受的复杂度是具有挑战性的。目前,只有基于参考点的 NSGA-III[123]利用 Pareto 支配关系和距离参考点的垂直距离筛选个体,对高维多目标优化问题在上述三方面上可得到满意的结果,但是 NSGA-III 需要预先输入在目标空间均匀分布的参考点集。

决策者在一定情况下并不需要完整的 PF[124],多目标进化算法可以只关注决策者的偏好区域[125]。目前这方面的研究分为:交互式偏好多目标算法[126-128]和非交互式偏好多目标算法[48, 129, 130]。

此外,在实际应用中,目标函数值往往通过观测而得到,那么存在一定的观测噪声会降低算法性能。目前解集含噪多目标优化问题的方法有三种:多次观测一个解的目标值取平均值来去噪[131]、针对含噪问题设计相应的排序方法[132-134]以及建模去噪方法[135, 136]。

参 考 文 献

[1] MARLER R T, ARORA J S. Survey of multi-objective optimization methods for engineering[J]. Structural and Multidisciplinary Optimization, 2004, 26(6): 369-395.

[2] MIETTINEN K. Nonlinear Multiobjective Optimization[M]. New York: Springer Science & Business Media, 1999.

[3] RUNARSSON T P, YAO X. Stochastic ranking for constrained evolutionary optimization[J]. IEEE Transactions on Evolutionary Computation, 2000, 4(3): 284-294.

[4] SCHAFFER J D. Multiple objective optimization with vector evaluated genetic algorithms[C]//Proceedings of the 1st international Conference on Genetic Algorithms. New Jersey: Lawrence Erlbaum Associates Incorporated, 1985: 93-100.

[5] DEB K. Scope of stationary multi-objective evolutionary optimization: a case study on a hydro-thermal power dispatch problem[J]. Journal of Global Optimization, 2008, 41(4): 479-515.

[6] ZUO X Q, MO H W, WU J P. A robust scheduling method based on a multi-objective immune algorithm[J]. Information Sciences, 2009, 179(19): 3359-3369.

[7] WANG J, PENG H, SHI P. An optimal image watermarking approach based on a multi-objective genetic algorithm[J]. Information Sciences, 2011, 181(24): 5501-5514.

[8] SAHA S, BANDYOPADHYAY S. A new multiobjective simulated annealing based clustering technique using stability and symmetry[C]//The 19th International Conference on Pattern Recognition. Tampa, 2008: 1-4.

[9] ZHAO S Z, IRUTHAYARAJAN M W, BASKAR S, et al. Multi-objective robust PID controller tuning using two

lbests multi-objective particle swarm optimization[J]. Information Sciences, 2011, 181(16): 3323-3335.

[10] SEN S, TANG G G, NEHORAI A. Multiobjective optimization of OFDM radar waveform for target detection[J]. IEEE Transactions on Signal Processing, 2011, 59(2): 639-652.

[11] ISHIBUCHI H, MURATA T. A multi-objective genetic local search algorithm and its application to flowshop scheduling[J]. IEEE Transactions on Systems, Man, and Cybernetics, Part C, 1998, 28(3): 392-403.

[12] FACELI K, DE SOUTO M C P, DE ARAÚJO D S A, et al. Multi-objective clustering ensemble for gene expression data analysis[J]. Neurocomputing, 2009, 72(13): 2763-2774.

[13] FLEMING P J, PURSHOUSE R C, Lygoe R J. Many-objective optimization: An engineering design perspective[C]// International Conference on Evolutionary Multi-Criterion Optimization. Berlin: Springer, 2005: 14-32.

[14] HOROBA C. Exploring the runtime of an evolutionary algorithm for the multi-objective shortest path problem[J]. Evolutionary Computation, 2010, 18(3): 357-381.

[15] YANG D D, JIAO L C, GONG M G, et al. Artificial immune multi-objective SAR image segmentation with fused complementary features[J]. Information Sciences, 2011, 181(13): 2797-2812.

[16] NERI F, TOIVANEN J, CASCELLA G L, et al. An adaptive multimeme algorithm for designing HIV multidrug therapies[J]. IEEE/ACM Transactions on Computational Biology and Bioinformatics, 2007, 4(2): 264-278.

[17] ZITZLER E, DEB K, THIELE L. Comparison of multiobjective evolutionary algorithms: Empirical results[J]. Evolutionary Computation, 2000, 8(2): 173-195.

[18] WAGNER T, BEUME N, NAUJOKS B. Pareto-, aggregation-, and indicator-based methods in many-objective optimization[C]//International Conference on Evolutionary Multi-Criterion Optimization. Berlin: Springer, 2007: 742-756.

[19] COELLO COELLO A C, CORTÉS N C. An approach to solve multiobjective optimization problems based on an artificial immune system[C]//First International Conference on Artificial Immune Systems. Canterbury, 2002: 212-221.

[20] CUTELLO V, NARZISI G, NICOSIA G. A class of Pareto archived evolution strategy algorithms using immune inspired operators for ab-initio protein structure prediction[C]//Workshops on Applications of Evolutionary Computation. Berlin: Springer, 2005: 54-63.

[21] LANARIDIS A, STAFYLOPATIS A. An artificial immune network for multi-objective optimization[C]// International Conference on Artificial Neural Networks. Berlin: Springer Heidelberg, 2010: 531-536.

[22] GONG M G, JIAO L C, DU H F, et al. Multiobjective immune algorithm with nondominated neighbor-based selection[J]. Evolutionary Computation, 2008, 16(2): 225-255.

[23] YANG D D, JIAO L C, GONG M G, et al. Adaptive ranks clone and k‑nearest neighbor list–based immune multi-objective optimization[J]. Computational Intelligence, 2010, 26(4): 359-385.

[24] COELLO COELLO A C, LECHUGA M S. MOPSO: A proposal for multiple objective particle swarm optimization[C]// Proceedings of the 2002 Congress on Evolutionary Computation. Hawaii, 2002: 1051-1056.

[25] TAN K C, YANG Y J, GOH C K. A distributed cooperative coevolutionary algorithm for multiobjective optimization[J]. IEEE Transactions on Evolutionary Computation, 2006, 10(5): 527-549.

[26] GOH C K, TAN K C. A competitive-cooperative coevolutionary paradigm for dynamic multiobjective optimization[J]. IEEE Transactions on Evolutionary Computation, 2009, 13(1): 103-127.

[27] TAN T G, TEO J, LAU H K. Augmenting SPEA2 with K-random competitive coevolution for enhanced evolutionary multi-objective optimization[C]//2008 International Symposium on Information Technology, 2008, 3: 1-6.

[28] IORIO A W, LI X D. A cooperative coevolutionary multiobjective algorithm using non-dominated sorting[C]// Genetic and Evolutionary Computation Conference. Berlin: Springer, 2004: 537-548.

[29] TANG K, TAN K C, Ishibuchi H. Guest editorial: Memetic algorithms for evolutionary multi-objective optimization[J]. Memetic Computing, 2010, 2(1): 1.

[30] SCHUETZE O, SANCHEZ G, COELLO COELLO A C. A new memetic strategy for the numerical treatment of multi-objective optimization problems[C]//Proceedings of the 10th Annual Conference on Genetic and

Evolutionary Computation. Atlanda, 2008: 705-712.

[31] LARA A, SANCHEZ G, COELLO COELLO A C, et al. HCS: A new local search strategy for memetic multiobjective evolutionary algorithms[J]. IEEE Transactions on Evolutionary Computation, 2010, 14(1): 112-132.

[32] KNOWLES J D, CORNE D W. M-PAES: A memetic algorithm for multiobjective optimization[C] //Proceedings of the 2000 Congress on Evolutionary Computation, 2000, 1: 325-332.

[33] KUMAR P, SHARATH S, SEKARAN K C. Memetic NSGA-a multi-objective genetic algorithm for classification of microarray data[C]//International Conference on Advanced Computing and Communications. Guwahati, 2007: 75-80.

[34] FONSECA C M, FLEMING P J. Genetic algorithms for multiobjective optimization: Formulation discussion and generalization[C]//International Computer Games Association. Munich, 1993, 93: 416-423.

[35] HORN J, NAFPLIOTIS N, GOLDBERG D E. A niched Pareto genetic algorithm for multiobjective optimization[C]//Proceedings of the First IEEE Conference on Evolutionary Computation, IEEE World Congress on Computational Intelligence. Orlando, 1994: 82-87.

[36] SRINIVAS N, DEB K. Muiltiobjective optimization using nondominated sorting in genetic algorithms[J]. Evolutionary Computation, 1994, 2(3): 221-248.

[37] DEB K, AGRAWAL R B. Simulated binary crossover for continuous search space[J]. Complex Systems, 1994, 9(3): 1-15.

[38] DEB K, PRATAP A, AGARWAL S, et al. A fast and elitist multiobjective genetic algorithm: NSGA-II[J]. IEEE Transactions on Evolutionary Computation, 2002, 6(2): 182-197.

[39] ARIAS-MONTANO A, COELLO C A C, MEZURA-MONTES E. Multiobjective evolutionary algorithms in aeronautical and aerospace engineering[J]. IEEE Transactions on Evolutionary Computation, 2012, 16(5): 662-694.

[40] DEB K, TIWARI S. Omni-optimizer: A procedure for single and multi-objective optimization[C]//International Conference on Evolutionary Multi-Criterion Optimization. Berlin: Springer, 2005: 47-61.

[41] MCCLYMONT K, KEEDWELL E. Deductive sort and climbing sort: New methods for non-dominated sorting[J]. Evolutionary Computation, 2012, 20(1): 1-26.

[42] ZITZLER E, LAUMANNS M, THIELE L. SPEA2: Improving the strength Pareto evolutionary algorithm[R]// Zurich, 2001, 3242(103): 95-100.

[43] ZITZLER E, THIELE L. Multiobjective evolutionary algorithms: A comparative case study and the strength Pareto approach[J]. IEEE transactions on Evolutionary Computation, 1999, 3(4): 257-271.

[44] SANGKAWELERT N, CHAIYARATANA N. Diversity control in a multi-objective genetic algorithm[C]//The 2003 Congress on Evolutionary Computation, 2003, 4: 2704-2711.

[45] BOSMAN P A N, THIERENS D. The balance between proximity and diversity in multiobjective evolutionary algorithms[J]. IEEE Transactions on Evolutionary Computation, 2003, 7(2): 174-188.

[46] KONAK A, COIT D W, SMITH A E. Multi-objective optimization using genetic algorithms: A tutorial[J]. Reliability Engineering & System Safety, 2006, 91(9): 992-1007.

[47] CORNE D W, KNOWLES J D, OATES M J, et al. PESA-II: Region-based selection in evolutionary multiobjective[C]// Proceedings of the 3rd Annual Conference on Genetic and Evolutionary Computation, 2001:283-290.

[48] KARAHAN I, KOKSALAN M. A territory defining multiobjective evolutionary algorithms and preference incorporation[J]. IEEE Transactions on Evolutionary Computation, 2010, 14(4): 636-664.

[49] MISHRA S, DEB K, MOHAN M. Evaluating the ε-domination based multi-objective evolutionary algorithm for a quick computation of pareto-optimal solutions[J]. Evol Comput, 2005, 13(4): 501-526.

[50] ZITZLER E, KÜNZLI S. Indicator-based selection in multiobjective search[C]//International Conference on Parallel Problem Solving from Nature. Berlin: Springer, 2004: 832-842.

[51] HADKA D, REED P. Diagnostic assessment of search controls and failure modes in many-objective evolutionary optimization[J]. Evolutionary Computation, 2012, 20(3): 423-452.

[52] BROCKHOFF D, FRIEDRICH T, NEUMANN F. Analyzing hypervolume indicator based algorithms[C]// International Conference on Parallel Problem Solving from Nature. Berlin: Springer, 2008: 651-660.

[53] BADER J, ZITZLER E. Robustness in hypervolume-based multiobjective search[R]. Tech. Rep. TIK 317, Computer Engineering and Networks Laboratory, ETH Zurich, 2010.

[54] BADER J, ZITZLER E. HypE: An algorithm for fast hypervolume-based many-objective optimization[J]. Evolutionary Computation, 2011, 19(1): 45-76.

[55] BADER J, ZITZLER E. A hypervolume-based optimizer for high-dimensional objective spaces[M]//New Developments in Multiple Objective and Goal Programming. Berlin: Springer, 2010: 35-54.

[56] EMMERICH M, BEUME N, NAUJOKS B. An EMO algorithm using the hypervolume measure as selection criterion[C]//International Conference on Evolutionary Multi-Criterion Optimization. Berlin: Springer, 2005: 62-76.

[57] NAUJOKS B, BEUME N, EMMERICH M. Multi-objective optimisation using S-metric selection: Application to three-dimensional solution spaces[C]//2005 IEEE Congress on Evolutionary Computation, 2005, 2: 1282-1289.

[58] BROCKHOFF D, WAGNER T, TRAUTMANN H. On the properties of the R2 indicator[C]//Proceedings of the 14th Annual Conference on Genetic and Evolutionary Computation. Philadelphia, 2012: 465-472.

[59] PHAN D H, SUZUKI J. R2-IBEA: R2 indicator based evolutionary algorithm for multiobjective optimization[C]// 2013 IEEE Congress on Evolutionary Computation. Cancun, 2013: 1836-1845.

[60] ZHANG Q F, LI H. MOEA/D: A multiobjective evolutionary algorithm based on decomposition[J]. IEEE Transactions on Evolutionary Computation, 2007, 11(6): 712-731.

[61] ISHIBUCHI H, SAKANE Y, TSUKAMOTO N, et al. Evolutionary many-objective optimization by NSGA-II and MOEA/D with large populations[C]//International Conference on Systems, Man and Cybernetics, 2009: 1758-1763.

[62] ZHANG Q F, LIU W, LI H. The performance of a new version of MOEA/D on CEC09 unconstrained MOP test instances[C]//IEEE Congress on Evolutionary Computation, 2009, 1: 203-208.

[63] ISHIBUCHI H, SAKANE Y, TSUKAMOTO N, et al. Simultaneous use of different scalarizing functions in MOEA/D[C]//Proceedings of the 12th Annual Conference on Genetic and Evolutionary Computation, 2010: 519-526.

[64] ZHANG Q F, LI H, MARINGER D, et al. MOEA/D with NBI-style Tchebycheff approach for portfolio management[C]//IEEE Congress on Evolutionary Computation. Atlanda, 2010: 1-8.

[65] ISHIBUCHI H, SAKANE Y, TSUKAMOTO N, et al. Adaptation of scalarizing functions in MOEA/D: An adaptive scalarizing function-based multiobjective evolutionary algorithm[C]//International Conference on Evolutionary Multi-Criterion Optimization. Berlin: Springer, 2009: 438-452.

[66] GIAGKIOZIS I, PURSHOUSE R C, FLEMING P J. Generalized decomposition and cross entropy methods for many-objective optimization[J]. Information Sciences, 2014, 282: 363-387.

[67] LIU H L, GU F Q, CHEUNG Y M. T-MOEA/D: MOEA/D with objective transform in multi-objective problems[C]// Information Science and Management Engineering, 2010 International Conference of IEEE, 2010, 2: 282-285.

[68] QI Y T, MA X L, LIU F, et al. MOEA/D with adaptive weight adjustment[J]. Evolutionary Computation, 2014, 22(2): 231-264.

[69] LI H, LANDA-SILVA D. An adaptive evolutionary multi-objective approach based on simulated annealing[J]. Evolutionary Computation, 2011, 19(4): 561-595.

[70] GU F Q, LIU H L. A novel weight design in multi-objective evolutionary algorithm[C]//2010 International Conference on Computational Intelligence and Security. Sanibel Island, 2010: 137-141.

[71] JIANG S W, CAI Z H, ZHANG J, et al. Multiobjective optimization by decomposition with pareto-adaptive weight vectors[C]//2011 International Conference on Natural Computation. Shanghai, 2011: 1260-1264.

[72] LI K, ZHANG Q F, KWONG S, et al. Stable matching-based selection in evolutionary multiobjective optimization[J]. IEEE Transactions on Evolutionary Computation, 2014, 18(6): 909-923.

[73] LI K, KWONG S, ZHANG Q F, et al. Interrelationship-based selection for decomposition multiobjective

optimization[J]. IEEE Transactions on Cybernetics, 2015, 45(10): 2076-2088.

[74] ZHAO S Z, SUGANTHAN P N, ZHANG Q F. Decomposition-based multiobjective evolutionary algorithm with an ensemble of neighborhood sizes[J]. IEEE Transactions on Evolutionary Computation, 2012, 16(3): 442-446.

[75] LU H, ZHU Z, WANG X T, et al. A variable neighborhood MOEA/D for multiobjective test task scheduling problem[J]. Mathematical Problems in Engineering, 2014, 2014(3): 1-14.

[76] LI H, ZHANG Q F. Multiobjective optimization problems with complicated Pareto sets, MOEA/D and NSGA-II[J]. IEEE Transactions on Evolutionary Computation, 2009, 13(2): 284-302.

[77] HUBAND S, HINGSTON P, BARONE L, et al. A review of multiobjective test problems and a scalable test problem toolkit[J]. IEEE Transactions on Evolutionary Computation, 2006, 10(5): 477-506.

[78] ZITZLER E, DEB K, THIELE L. Comparison of multiobjective evolutionary algorithms: Empirical results[J]. Evolutionary Computation, 2000, 8(2): 173-195.

[79] DEB K, THIELE L, LAUMANNS M, et al. Scalable multi-objective optimization test problems[C]. Proceedings of the 2002 Congress on Evolutionary Computation, 2002, 1: 825-830.

[80] LI H, ZHANG Q F. A multiobjective differential evolution based on decomposition for multiobjective optimization with variable linkages[C]//Parallel problem solving from nature-PPSN IX. Berlin: Springer, 2006: 583-592.

[81] COELLO COELLO A C, LAMONT G B, VAN VELDHUIZEN D A. Evolutionary Algorithms for Solving Multi-Objective Problems[M]. New York: Springer Science & Business Media, 2007.

[82] VAN VELDHUIZEN D A, LAMONT G B. On measuring multiobjective evolutionary algorithm performance[C]//Proceedings of the 2000 Congress on Evolutionary Computation, 2000, 1: 204-211.

[83] SCHOTT J R. Fault Tolerant design using single and multicriteria genetic algorithm optimization[J]. Cellular Immunology, 1995, 37(1):1-13.

[84] TAN K C, LEE T H, KHOR E F. Evolutionary algorithms for multi-objective optimization: performance assessments and comparisons[C]//Proceedings of the 2001 Congress on Evolutionary Computation, 2001, 2: 979-986.

[85] VAN VELDHUIZEN D A. Multiobjective evolutionary algorithms: Classifications, analyses, and new innovations[J]. Evolutionary Computation, 1999, 8(2):125 - 147.

[86] DEB K, PRATAP A, Agarwal S, et al. A fast and elitist multiobjective genetic algorithm: NSGA-II[J]. IEEE Transactions on Evolutionary Computation, 2002, 6(2): 182-197.

[87] SHANG R H, JIAO L H, LIU F, et al. A novel immune clonal algorithm for MO problems[J]. IEEE Transactions on Evolutionary Computation, 2012,16(1): 35-50.

[88] ZHANG Q F, ZHOU A M, JIN Y C. RM-MEDA: A regularity model-based multiobjective estimation of distribution algorithm[J]. IEEE Transactions on Evolutionary Computation, 2008, 12(1): 41-63.

[89] ZHANG Q F, LI H. MOEA/D: A multiobjective evolutionary algorithm based on decomposition[J]. IEEE Transactions on Evolutionary Computation, 2007, 11(6): 712-731.

[90] 丁永生. 基于生物网络的智能控制与优化研究进展[J]. 控制工程, 2010, 17(4):13-18,33.

[91] ZITZLER E. Evolutionary algorithms for multiobjective optimization: Methods and applications[D]. Switzerland, 1999.

[92] ZHANG Q F, ZHOU A M, ZHAO S Z, et al. Multiobjective optimization test instances for the CEC 2009 special session and competition[C]//Special Session on Performance Assessment of Multi-Objective Optimization Algorithms, Singapore, 2008, 264.

[93] DEB K, SINHA A, KUKKONEN S. Multi-objective test problems, linkages, and evolutionary methodologies[C]// Proceedings of the 8th Annual Conference on Genetic and Evolutionary Computation. Washington, 2006: 1141-1148.

[94] DEB K, THIELE L, LAUMANNS M, et al. Scalable multi-objective optimization test problems[C]// Proceedings of the 2002 Congress on Evolutionary Computation, 2002, 1: 825-830.

[95] ZHOU A M, ZHANG Q F, JIN Y C. Approximating the set of Pareto-optimal solutions in both the decision and objective spaces by an estimation of distribution algorithm[J]. IEEE Transactions on Evolutionary Computation, 2009, 13(5): 1167-1189.

[96] ZHANG Q F, ZHOU A M, JIN Y C. RM-MEDA: A regularity model-based multiobjective estimation of distribution algorithm[J]. IEEE Transactions on Evolutionary Computation, 2008, 12(1): 41-63.

[97] KHARE V, YAO X, DEB K. Performance scaling of multi-objective evolutionary algorithms[C]//International Conference on Evolutionary Multi-Criterion Optimization. Berlin: Springer, 2003: 376-390.

[98] PRADITWONG K, YAO X. How well do multi-objective evolutionary algorithms scale to large problems[C]//2007 IEEE Congress on Evolutionary Computation. Tokyo, 2007: 3959-3966.

[99] ISHIBUCHI H, TSUKAMOTO N, HITOTSUYANAGI Y, et al. Effectiveness of scalability improvement attempts on the performance of NSGA-II for many-objective problems[C]//Proceedings of the 10th Annual Conference on Genetic and Evolutionary Computation, 2008: 649-656.

[100] PURSHOUSE R C, FLEMING P J. On the evolutionary optimization of many conflicting objectives[J]. IEEE Transactions on Evolutionary Computation, 2007, 11(6): 770-784.

[101] ISHIBUCHI H, TSUKAMOTO N, NOJIMA Y. Evolutionary many-objective optimization: A short review[C]// IEEE Congress on Evolutionary Computation. Hong Kong, 2008: 2419-2426.

[102] BRINGMANN K, FRIEDRICH T, NEUMANN F, et al. Approximation-guided evolutionary multi-objective optimization[C]//IJCAI Proceedings-International Joint Conference on Artificial Intelligence. 2011, 22(1): 1198-1203.

[103] WAGNER M, NEUMANN F. A fast approximation-guided evolutionary multi-objective algorithm[C]// Proceedings of the 15th Annual Conference on Genetic and Evolutionary Computation. Amsterdam, 2013: 687-694.

[104] SATO H, AGUIRRE H E, TANAKA K. Controlling dominance area of solutions and its impact on the performance of MOEAs[C]//International Conference on Evolutionary Multi-Criterion Optimization. Berlin: Springer, 2007: 5-20.

[105] AGUIRRE H, TANAKA K. Space partitioning with adaptive ε-ranking and substitute distance assignments: A comparative study on many-objective mnk-landscapes[C]//Proceedings of the 11th Annual Conference on Genetic and Evolutionary Computation. Montreal, 2009: 547-554.

[106] KÖPPEN M, VICENTE-GARCIA R, NICKOLAY B. Fuzzy-pareto-dominance and its application in evolutionary multi-objective optimization[C]//International Conference on Evolutionary Multi-Criterion Optimization. Berlin: Springer, 2005: 399-412.

[107] KÖPPEN M, VEENHUIS C. Multi-objective particle swarm optimization by fuzzy-Pareto-dominance meta-heuristic[J]. International Journal of Hybrid Intelligent Systems, 2006, 3(4): 179-186.

[108] SCHÜTZE O. A new data structure for the nondominance problem in multi-objective optimization[C]// International Conference on Evolutionary Multi-Criterion Optimization. Berlin: Springer, 2003: 509-518.

[109] LUKASIEWYCZ M, GLAß M, HAUBELT C, et al. Symbolic archive representation for a fast nondominance test[C]//International Conference on Evolutionary Multi-Criterion Optimization. Berlin: Springer, 2007: 111-125.

[110] OBAYASHI S, SASAKI D. Visualization and data mining of Pareto solutions using self-organizing map[C]//International Conference on Evolutionary Multi-Criterion Optimization. Berlin: Springer, 2003: 796-809.

[111] PRYKE A, MOSTAGHIM S, NAZEMI A. Heatmap visualization of population based multi objective algorithms[C]// International Conference on Evolutionary Multi-Criterion Optimization. Berlin: Springer, 2007: 361-375.

[112] GAL T, HANNE T. Consequences of dropping nonessential objectives for the application of MCDM methods[J]. European Journal of Operational Research, 1999, 119(2): 373-378.

[113] DEB K. Multi-Objective Optimization Using Evolutionary Algorithms[M]. New Jersey: John Wiley & Sons, 2001.

[114] FONSECA C M, FLEMING P J. An overview of evolutionary algorithms in multiobjective optimization[J]. Evolutionary Computation, 1995, 3(1): 1-16.

[115] COELLO COELLO A C. Recent trends in evolutionary multiobjective optimization[M]//Evolutionary Multiobjective Optimization. London: Springer, 2005: 7-32.

[116] BROCKHOFF D, ZITZLER E. Are all objectives necessary? On dimensionality reduction in evolutionary multiobjective optimization[M]//Parallel Problem Solving from Nature-PPSN IX. Berlin: Springer, 2006: 533-542.

[117] SINGH H K, ISAACS A, RAY T. A Pareto corner search evolutionary algorithm and dimensionality reduction in many-objective optimization problems[J]. IEEE Transactions on Evolutionary Computation, 2011, 15(4): 539-556.

[118] LÓPEZ JAIMES A, COELLO COELLO A C, CHAKRABORTY D. Objective reduction using a feature selection technique[C]//Proceedings of the 10th Annual Conference on Genetic and Evolutionary Computation, 2008: 673-680.

[119] SAXENA D K, DEB K. Non-linear dimensionality reduction procedures for certain large-dimensional multi-objective optimization problems: employing correntropy and a novel maximum variance unfolding[C]// International Conference on Evolutionary Multi-Criterion Optimization. Berlin: Springer, 2007: 772-787.

[120] DEB K, SAXENA D K. On finding pareto-optimal solutions through dimensionality reduction for certain large-dimensional multi-objective optimization problems[R]. Kangal Report, 2005.

[121] ISHIBUCHI H, AKEDO N, OHYANAGI H, et al. Behavior of EMO algorithms on many-objective optimization problems with correlated objectives[C]//2011 IEEE Congress of Evolutionary Computation. Luxembourg, 2011: 1465-1472.

[122] ISHIBUCHI H, HITOTSUYANAGI Y, OHYANAGI H, et al. Effects of the existence of highly correlated objectives on the behavior of MOEA/D[C]//International Conference on Evolutionary Multi-Criterion Optimization. Berlin: Springer, 2011: 166-181.

[123] DEB K, JAIN H. An evolutionary many-objective optimization algorithm using reference-point-based nondominated sorting approach, part I: Solving problems with box constraints[J]. IEEE Transactions on Evolutionary Computation, 2014, 18(4): 577-601.

[124] THIELE L, MIETTINEN K, KORHONEN P J, et al. A preference-based evolutionary algorithm for multi-objective optimization[J]. Evolutionary Computation, 2009, 17(3): 411-436.

[125] CVETKOVIC D, PARMEE I C. Preferences and their application in evolutionary multiobjective optimization[J]. IEEE Transactions on Evolutionary Computation, 2002, 6(1): 42-57.

[126] SINDHYA K, RUIZ A B, MIETTINEN K. A preference based interactive evolutionary algorithm for multi-objective optimization: PIE[C]//International Conference on Evolutionary Multi-Criterion Optimization. Berlin: Springer, 2011: 212-225.

[127] SAID L B, BECHIKH S, GHÉDIRA K. The r-dominance: A new dominance relation for interactive evolutionary multicriteria decision making[J]. IEEE Transactions on Evolutionary Computation, 2010, 14(5): 801-818.

[128] KOKSALAN M, KARAHAN I. An interactive territory defining evolutionary algorithm: iTDEA[J]. IEEE Transactions on Evolutionary Computation, 2010, 14(5): 702-722.

[129] WANG R, PURSHOUSE R C, FLEMING P J. Preference-inspired coevolutionary algorithms for many-objective optimization[J]. IEEE Transactions on Evolutionary Computation, 2013, 17(4): 474-494.

[130] KIM J H, HAN J H, KIM Y H, et al. Preference-based solution selection algorithm for evolutionary multiobjective optimization[J]. IEEE Transactions on Evolutionary Computation, 2012, 16(1): 20-34.

[131] BUCHE D, STOLL P, DORNBERGER R, et al. Multiobjective evolutionary algorithm for the optimization of noisy combustion processes[J]. IEEE Transactions on Systems, Man, and Cybernetics, Part C, 2002, 32(4): 460-473.

[132] ESKANDARI H, GEIGER C D. Evolutionary multiobjective optimization in noisy problem environments[J]. Journal of Heuristics, 2009, 15(6): 559-595.

[133] BABBAR M, LAKSHMIKANTHA A, GOLDBERG D E. A modified NSGA-II to solve noisy multiobjective problems[C]//2003 Genetic and Evolutionary Computation Conference, Late-Breaking Papers. Chicago, 2003: 21-27.

[134] BASSEUR M, ZITZLER E. A preliminary study on handling uncertainty in indicator-based multiobjective optimization[C]//Workshops on Applications of Evolutionary Computation. Berlin: Springer, 2006: 727-739.

[135] TANG H, SHIM V A, TAN K C, et al. Restricted Boltzmann machine based algorithm for multi-objective optimization[C]//IEEE Congress on Evolutionary Computation. Shanghai, 2010: 1-8.

[136] SHIM V A, TAN K C, CHIA J Y, et al. Multi-objective optimization with estimation of distribution algorithm in a noisy environment[J]. Evolutionary Computation, 2013, 21(1): 149-177.

第3章 基于等度规映射的 ε 支配机制用于求解多目标优化问题

3.1 引　言

新型支配机制的研究是进化多目标优化领域中的热点和难点之一。由于传统 Pareto 支配的计算复杂性以及快速增加的非支配解数量，非 Pareto 支配和松弛形式的 Pareto 支配开始被一些学者所重视[1-3]。其中，ε 支配就是一种代表性的松弛形式 Pareto 支配机制[4]，它不仅使传统算法，如 NSGA-II[5]，较快地收敛到最优 Pareto 前沿，且具有相对较好的估计解集均匀性保持能力。此外，还可以动态地调节估计解集的分布粒度大小。但是，它还有明显的缺点，由于没有考虑到多目标优化问题的 Pareto 前沿的几何分布形式，ε 支配可能丢失许多有效解和部分极端解，这类情况出现在多目标优化问题的 Pareto 前沿分布接近垂直或水平时。ε 支配的这种缺点会导致解集的分布对 Pareto 前沿形状的敏感，从而弱化其多样性保持能力，Deb 等在文献[6]以及 Hernández-Díaz 等在文献[7]中都得出相同的结论。

本章通过研究流形学习方法，根据流形学习可以发现高维观测数据中嵌入的子流形，能够找到数据的内在几何分布[8,9]，提出了改进 ε 支配机制的等度规映射方法[10]。该方法首先把当前代的 Pareto 非支配解映射到低阶子流形空间，在该空间进行 ε 支配的个体删减操作，通过每一代种群的进化，来不断更新外部个体种群。此外，为了克服传统 ε 支配易丢失极端解的情况，本书设计了极端解校验算子来保留丢失的极端解。通过系统的实验分析，与 NSGA-II[5]、SPEA2[11]、NNIA[12]和 εMOEA[6]相比，本书提出的基于等度规映射的 ε 支配和极端解校验算子克服了传统 ε 支配的不足，取得了预期的实验结果。

3.2　ε 支配的定义与分析

3.2.1　ε 支配与 Pareto 支配的关系

Laumanns 等最早提出了 ε 支配机制的概念[4]。在此为了推导传统 Pareto 支配和 ε 支配的关系，把它们的定义分别详细列出如下。

定义 3.1（Pareto 支配） 假设 x_A, x_B 属于本书中式（3.1）所示多目标优化问题的可行解集合 X_f，称 x_A Pareto 支配 x_B，记为 $x_A \succ x_B$，当且仅当满足

$$\forall i = 1, 2, \cdots, m\ f_i(x_A) \leqslant f_i(x_B) \wedge \exists j = 1, 2, \cdots, m\ f_j(x_A) < f_j(x_B) \quad (3.1)$$

定义 3.2（ε 支配）　假设 x_A, x_B 属于多目标优化问题的可行解集合 X_f，给定向量 $\varepsilon > 0$，称 x_A ε 支配 x_B，记为 $x_A \succ_\varepsilon x_B$，当且仅当满足

$$\forall i = 1, 2, \cdots, m, \quad f_i(x_A) - \varepsilon_i \leqslant f_i(x_B) \tag{3.2}$$

定义 3.3（ε 最优解）　所有 ε 最优解的集合构成 ε 最优解集，定义如下：

$$\mathrm{EP}^* \triangleq \left\{ x^* \mid \neg \exists x \in X_f : x \succ_\varepsilon x^* \right\}$$

ε 支配把目标函数空间划分为不同的区域，不同的区域内只允许一个解存在，这样决策者可以通过控制区域的大小和解在区域的存在规则来获得不同的解。一般规定，根据距离超格左边界、右边界或超格坐标点的远近来删除超格中的解。下面研究 Pareto 支配和 ε 支配的关系。

定理 3.1　假设 $x_A, x_B \in X_f$，且 $x_A \succ x_B$，则 $x_A \succ_\varepsilon x_B$。

证明　由定义 3.1 可以推导出，如果 $x_A \succ x_B$，则有如下列不等式存在 $\forall i = 1, 2, \cdots, m, f_i(x_A) \leqslant f_i(x_B) \wedge \exists j = 1, 2, \cdots, m, f_j(x_A) < f_j(x_B)$，经过简单变换，可得不等式 $f_i(x_A) - f_i(x_B) \leqslant 0$，所以，对于任意向量 $\varepsilon > 0$，有 $f_i(x_A) - f_i(x_B) \leqslant \varepsilon_i$，即式（3.2）成立，定理 3.1 得证。

定理 3.2　假设 $x_A, x_B \in X_f$，且 $x_A \succ_\varepsilon x_B$，则 $x_A \succ x_B$ 未必成立。

证明　为了证明该定理，不妨取反例证之。令 $f_i(x_A) = 0.5\varepsilon_i + f_i(x_B)$，$i = 1, 2, \cdots, m$，把该式代入不等式（3.2），化简得到 $0.5\varepsilon_i < \varepsilon_i, i = 1, 2, \cdots, m$，即对于任何 $\varepsilon > 0$ 不等式（3.2）恒成立，即有 $x_A \succ_\varepsilon x_B$。但是，把上述假设等式代入不等式（3.1），化简得到 $\forall i = 1, 2, \cdots, m, \varepsilon_i \leqslant 0 \wedge \exists j = 1, 2, \cdots, m, \varepsilon_i < 0$，与已知条件 $\varepsilon > 0$ 矛盾，所以不等式（3.1）不成立，即由 $x_A \succ_\varepsilon x_B$ 无法推出 $x_A \succ x_B$。

定理 3.3　假设 $x_A, x_B, x_C \in X_f$，且 $x_A \succ x_B$，$x_B \succ_\varepsilon x_C$ 则 $x_A \succ_\varepsilon x_C$ [13]。

由以上定理可知，ε 支配是 Pareto 支配的松弛形式，松弛的裕量是向量 $\varepsilon = (\varepsilon_1, \varepsilon_2, \cdots, \varepsilon_m)$，$\varepsilon_i > 0, i = 1, 2, \cdots, m$。结合这两种支配机制，在 Pareto 支配的前提下再进行 ε 支配，就是给解的目标向量一个松弛裕量，松弛裕量构成了解的目标生存空间，该解所有目标松弛裕量构成了一个空间超格。当空间超格的划分如果是均匀分布，最终解的分布也将会是均匀的。但是空间超格的均匀划分往往较难保证，它往往受 Pareto 前沿分布形状的影响。

3.2.2　传统 ε 支配的缺点分析

在传统的 ε 支配中，如果两个或多个解的某个目标函数差值小于相应的 ε 取值，这些解只能被保留一个，因为，如果这些解在某个目标上的差值小于相应的 ε 值，对决策者来说，这些解是无区别的。当然，决策者可以根据自己的需要设定相应大小的 ε 取值，ε 的取值决定着空间超格的粒度。Hernández-Díaz 等学者在文献[7]

中指出，由于没有考虑到实际问题 Pareto 前沿的几何分布，当 Pareto 前沿分布接近水平或垂直时，ε 支配机制将不能较好地保持非支配解的均匀性。如图 3.1 所示，对于两目标优化问题，其极端解只有两个（图中的箭头所示），而除去极端解剩余的所有以空心圆圈标志的解全是有效解。可以看出，极端解对应解的极值，有利于解的综合评价和选择，有效解的存在有利于解的均匀性保持。对于文献[7]所指出的传统 ε 支配的缺点，通过分析，其原因在于，传统的 ε 支配在 Pareto 前沿分布接近水平或垂直的区域内不能有效地保持有效解和极端解，造成了它们的大量丢失。为验证该结论，考虑下列多目标优化问题：

$$f_1(x) = x_1, \qquad f_2(x) = \left\{ g(x) \left[1 - \left(x_1 / g(x) \right)^p \right] \right\}^{1/p}$$

$$g(x) = 1 + 9 \left(\left(\sum_{i=2}^{n} x_i \right) \middle/ (n-1) \right)^{0.25}, \ x_i \in [0,1], \ i = 1, 2, \cdots n, \ n = 30 \tag{3.3}$$

该问题的 Pareto 最优前沿满足 $\left\{ x^p + y^p = 1 : 0 \leqslant x, \ y \leqslant 1, \ 0 < p < \infty \right\}$，当 p 分别取 3/4、1/2 和 1/3 时，对应 Pareto 前沿的曲率变化逐渐加剧。为了测试传统 ε 支配的性能，本书采用 Deb 等学者提出的基于 ε 支配的多目标进化算法：εMOEA[6]。图 3.1 给出了当 p 分别取 3/4、1/2 和 1/3 时，等式（3.3）定义的三个问题的最优 Pareto 前沿和 εMOEA 得到的最终结果。由图可知，当问题的 Pareto 前沿分布接近水平或垂直时，基于 ε 支配机制的多目标算法会丢失许多有效解和极端解，从而不能获得较好的均匀性。并且 p 值越小，在这些区域丢失的解越多。

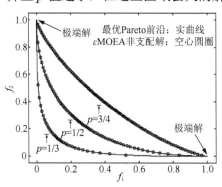

图 3.1　式（3.1）代表多目标优化问题的 Pareto 前沿及 εMOEA 非支配解分布情况

3.3　基于等度规映射的 ε 支配

从传统 ε 支配的不足可知，如果多目标优化问题的 Pareto 最优前沿是直线或平面时，那么基于 ε 支配的多目标算法就能够得到均匀分布的解。但是现实中的问题往往是复杂多变的，它们的 Pareto 最优前沿的分布形式是多种多样的。本书受流形学习能够把曲线或曲面伸展的启发，首先把它们伸展到低维流形空间，然后在伸展的对象上进行基于 ε 支配的选择操作。

3.3.1　等度规映射

　　流形定义为满足 Hausdorff 公理的拓扑空间，每个点的局部都同胚于高维欧氏空间[14]。流形学习主要研究数据的降维，流形学习能够发掘高维数据的几何结构和相关性，揭示其流形分布。数据降维的方法包括线性和非线性降维方法，其中，后者更具有普遍性。当今流形学习研究的焦点也集中在非线性降维。其中，等度规映射（isometric mapping，Isomap）[10]是一种有代表性、十分有效的非线性数据降维方法，该算法参数设定简单、能保证得到全局最优、可以计算出低维嵌入的维数且计算速度较快。图 3.2 是用 Isomap 解决瑞士卷问题的图例。表 3.1 是等度规映射的算法的基本流程。

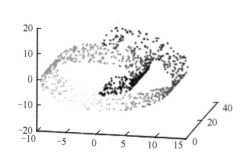
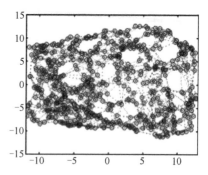

（a）原始瑞士卷的三维空间分布形式　　　（b）采用 Isomap 伸展得到的瑞士卷嵌入到两维空间的分布

图 3.2　用 Isomap 解决瑞士卷问题的图例

表 3.1　等度规映射基本流程

算法 3.1 等度规映射

输入：$X=(x_1,x_2,\cdots,x_e)$ 是原始流形空间的样本集合，e 是样本个数，K 是预先设定近邻的个数，d 是低维嵌入的本征维数；

输出：$Y=(y_1,y_2,\cdots,y_e)$ 是流形伸展后得到的结果；

步骤 1 构建近邻图 G：对于 X 中的每个样本，计算距离其最近的 K 个近邻样本，连接该样本与其 K 个近邻样本，连接权值定义为该样本与这些近邻样本的欧氏距离 $d(x_i,x_j)$；

步骤 2 计算近邻图 G 中样本的测地线距离：对于近邻图 G 中的任意两样本 x_i,x_j，$d_G(x_i,x_j)=d(x_i,x_j)$，如果 x_i,x_j 不属于各自的 K 近邻点，则 $d_G(x_i,x_j)=\infty$。然后，对于 $k=1,2,\cdots,e$，$d_G(x_i,x_j)=\min\{d_G(x_i,x_j),d_G(x_i,x_k)+d_G(x_k,x_j)\}$。样本间的最短路径值构成最短路径矩阵 $D_G=\{d_G(x_i,x_j)\},i,j=1,2,\cdots,e$；

步骤 3 计算低维流形嵌入：应用多维尺度变换获得最短路径矩阵 D_G 的特征值和特征向量，前 d 个大的特征值记为 $\lambda_i,i=1,2,\cdots,d$，对应的特征向量记为 $v_i,i=1,2,\cdots,d$，那么嵌入在高维空间的低维流形坐标表示为 $\sqrt{\lambda_i}v_i,i=1,2,\cdots,d$。这 d 个特征向量构成低维流行样本矩阵 Y

　　Isomap 是一种保持数据样本成对测地距离的方法。测地距离是流形上的两点沿流形曲线或曲面的最短距离。本章采用带标记（landmark）的 Isomap 算法，该算法选取 $h(h \ll e)$ 个标记点来估计它们的最短路径矩阵。测地线距离的计算采用 Dijkstra 算法，它的时间复杂度是 $O(Khe1be)$，多维尺度变换的时间复杂度是 $O(h^2e)$，Isomap 算法的时间复杂度是 $O(h^2e)$[10]。

3.3.2　改进ε支配机制的等度规映射方法

　　改进ε支配的等度规映射方法考虑到原始数据的流形几何分布，在流形嵌入空间进行解的ε支配操作。流形嵌入空间内的样本分布已经伸展开，不会丢失相应的有效解。从理论上分析，改进ε支配的等度规映射方法能够克服传统ε支配的缺点。

　　假设当前代外部种群的非支配解集为 $A = (a_1, a_2, \cdots, a_c)$，$c$ 是当前代外部种群中非支配解的数量。表 3.2 是本书提出的改进ε支配的等度规映射方法（Isomap based ε-dominance，IED）。本章采用文献[6]为解分配辨识向量的ε支配计算方法。为每一个解分配一个辨识向量，也就是给该解分配了一个空间超格或生存区域，这种划分超格的机制可以根据解本身的取值来自适应地分配。

表 3.2　基于等度规映射ε支配的算法流程

算法 3.2 基于等度规映射的ε支配机制（IED）

输入：　$A = (a_1, a_2, \cdots, a_c)$ 当前代种群的非支配解，c 是解的个数，K 是预先设定的近邻个数，d 是低维嵌入的本征维数，ε是向量取值；

输出：　$A' = (a_1, a_2, \cdots, a_{c'})$ 经过 IED 选择后得到的解；

步骤 1 调用等度规映射： 令 $X = A$, $e = c$，调用算法 3.1，得到映射到低维空间 R^{m-1}（m 是目标空间的维数）的坐标表示 $Y = (y_1, y_2, \cdots, y_c)$；

步骤 2 为低维流形空间的解分配辨识向量： 根据 $Y = (y_1, y_2, \cdots, y_c)$，给 y_i, $i = 1, 2, \cdots, c$ 分配辨识向量 $B_i = (b_1, b_2, \cdots, b_{m-1})$，其定义为 $b_j = \lfloor y_i^j / \varepsilon_j \rfloor$, $j = 1, 2, \cdots$，$m-1$，$\lfloor \ \rfloor$ 表示向下取整；

步骤 3 超格内的个体选择： 根据 Y 中每个元素的辨识向量，找到辨识向量相同的个体，辨识向量相同的个体表明它们位于同一超格内。同一超格内的个体，计算它们的嵌入向量距离共同的辨识向量的欧氏距离，距离小的元素被标记。这些被作标记的元素对应原始高维空间的个体被保留下来，未作标记的解被删除。保留下来的解构成集合 $A' = (a_1, a_2, \cdots, a_{c'})$

　　此外，从图 3.3 中还可得到，εMOEA 会丧失极端解，这是由于现有的基于ε支配的多目标算法多采用如下策略：距离共同的辨识向量近的个体被保留，较远的个体被删除。如图 3.3 所示，个体 1、2 和 3 位于同一个超格内，个体 1 距离它们共同的辨识向量 B 较近，因此被保留，而 3 和极端解 2 被删除。但是极端解对应着某一目标函数的极值，对于整个解集的分布和最终决策的选择具有重要意义，极端解不应该被删除。为克服该问题，本章设计了较为简单而有效的极端解检验算子。表 3.3 是极端解检验算子流程。

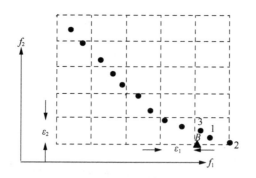

图 3.3　ε支配机制中极端解的分析图例

表 3.3　极端解检验算子流程

算法 3.3 极端解检验算子

输入：　$A = (a_1, a_2, \cdots, a_c)$ 当前代种群的非支配解集，c 是非支配解的个数；$A' = (a_1, a_2, \cdots, a_{c'})$ 是经过 IED 选择后得到的解集；

输出：　$A'' = (a_1, a_2, \cdots, a_{c''})$ 是极端解检验之后得到的解集；

步骤 1　找到 $A = (a_1, a_2, \cdots, a_c)$ 所有的极端解，对于多目标优化问题，m 个目标函数就对应着 m 个极端解。

　　　　　如果某个解的某一维函数值是所有解中的相应维目标函数最大值或最小值，那么该解一定是极端解；

步骤 2　检验 A' 中是否存在这些极端解，如果不存在，就加入 A' 中。操作完之后的集合 A' 定义为

$$A'' = (a_1, a_2, \cdots, a_{c''})$$

极端解检验算子会对均匀性保持有一定程度的削弱。每个超格内部只允许存在一个解，而极端解所在的超格可能存在两个解。但是，由于极端解的重要性，这种代价是值得的。此外，这种情况只发生在极端解所在的超格，并且，极端解的个数与目标函数值是相等的，因此这种削弱较为微弱。

由于本章提出了一种解的均匀性保持机制，一个外部种群的更新策略，不是一种全新的多目标优化算法，因此，需要和其他多目标优化算法结合来研究基于等度规映射的ε支配机制的有效性。为此，本书采用 Gong 等提出的 NNIA[12]作为 IED 的算法载体，采用 NSGA-II[5]、SPEA2[11]、εMOEA[6]，NNIA 作为比较算法。NNIA 是本书提出的一个典型的免疫多目标优化算法，它受免疫响应中多样性抗体共生、少数抗体激活的启发，只选择少数相对孤立的非支配个体作为活性抗体，根据活性抗体的拥挤程度进行比例克隆复制，达到了对稀疏区域的快速搜索。NNIA 是一种非常有效的进化多目标范例。为了有效地比较本书提出的支配机制，本书用等度规映射ε支配来替代 NNIA 中的基于拥挤距离的多样性保持机制，替代后的算法记为 NNIA+IED。

3.3.3　基于等度规映射的ε支配的时间复杂度分析

在 3.3.1 小节，已经得出等度规映射的时间复杂度是 $O(h^2 e)$，h 是带标记 Isomap

算法的标记点数，e 是等度规映射的样本数，本章指每一代得到的非支配解数目，一般小于或等于种群规模 N，且满足 $h \ll e$，即需要较少的标记点数就可以完成等度规映射。算法 3.2 中，为解分配辨识向量的时间复杂度是 $O(mc)$，c 是非支配抗体的数目，最坏情况是 $O(mN)$，寻找辨识向量相同解的最坏时间复杂度是 $O(N\text{1b}N)$，超格内解被标记的最坏时间复杂度为 $O(N\text{1b}N)$。算法 3.3 中，仅仅需要在非支配解集中寻找 m 个最大值以及在嵌入空间中的 m 个最大值的比较操作，它们的时间复杂度最坏是 $O(mN)$。因此，基于等度规映射的 ε 支配的时间复杂度由如下三项支配：$O(h^2 e) + O(N\text{1b}N) + O(mN)$。

3.4   基于等度规映射 ε 支配的实验分析

3.4.1   实验测试函数

为了测试 IED 的有效性，本书设计了 5 个两目标测试问题：F2、F3、F4、F5 和 F6。如下所示：

$$f_1(x) = x_1, \quad f_2(x) = g(x)\left[1 - \left(x_1/g(x)\right)^q\right], \quad x_1 \in [0,1]$$

$$g(x) = 1 + 10(n-1) + \sum_{i=2}^{n}[x_i^2 - 10\cos(4\pi x_i)], \quad x_i \in [-5,5], \, i = 2, \cdots, n, \, n = 10 \tag{3.4}$$

当 $q = 0.5$、2、5 和 0.2 时，对应的优化问题定义为 F1、F2、F3 和 F4。F2、F3 和 F4 是 ZDT4[15] 测试函数的变形，F1 和 F4 问题的 Pareto 最优前沿是凹的，而 F2 和 F3 问题的 Pareto 最优前沿是凸的，F3 和 F4 的 Pareto 前沿的曲率变化分别比 F2 和 F1 剧烈。F5 和 F6 是等式（3.1）定义的 p 分别等于 1/2 和 1/3 时的问题，F6 的最优 Pareto 前沿的曲率变化比 F5 剧烈。DTLZ1、DTLZ2 和 DTLZ3 是经典的测试多目标算法的三目标优化问题[15]，详细数学定义见表 3.4。通过参考文献 [16]，对于 DTLZ1，设定 $|x_k| = 5$；对于 DTLZ2 和 DTLZ3，$|x_k| = 10$。研究 EMO 的学者已经提出很多测试函数[16, 17] 及其变形[18]，并被广泛用于测试最新的优化算法。这些新的测试函数多是根据传统的 ZDT 和 DTLZ 提出的变形形式。

表 3.4   测试函数

测试问题	变量数目	变量范围	目标函数（最小）
F1～F4	10	$x_1 \in [0,1]$ $x_i \in [-5,5]$ $i = 2, \cdots, n$	$f_1(x) = x_1 \quad f_2(x) = g(x)\left[1 - \left(x_1/g(x)\right)^p\right]$ where $g(x) = 1 + 10(n-1) + \sum_{i=2}^{n}[x_i^2 - 10\cos(4\pi x_i)]$ F1:p=0.5; F2:p=2; F3:p=5; F4:p=0.2

测试问题	变量数目	变量范围	目标函数（最小）
F5	30	[0，1]	$f_1(x)=x_1,\quad f_2(x)=\left\{g(x)\left[1-\left(x_1/g(x)\right)^{0.5}\right]\right\}^2$ where $g(x)=1+9\left(\left(\sum\limits_{i=2}^{n}x_i\right)\middle/(n-1)\right)^{0.25}$
F6	30	[0，1]	$f_1(x)=x_1,\quad f_2(x)=\left\{g(x)\left[1-\left(x_1/g(x)\right)^{1/3}\right]\right\}^3$ where $g(x)=1+9\left(\left(\sum\limits_{i=2}^{n}x_i\right)\middle/(n-1)\right)^{0.25}$
DTLZ1	$k+\lvert x\rvert-1$	[0，1]	$f_1(x)=0.5x_1x_2(1+g(x))$ $f_2(x)=0.5x_1(1-x_2)(1+g(x))$ $f_3(x)=0.5(1-x_1)(1+g(x))$ where $g(x)=100\left[\lvert x_M\rvert+\sum\limits_{x_i\in X_M}\left((x_i-0.5)^2-\cos(20\pi(x_i-0.5))\right)\right]$
DTLZ2	$k+\lvert x\rvert-1$	[0，1]	$f_1(x)=\cos(0.5\pi x_1)\cos(0.5\pi x_2)(1+g)$ $f_2(x)=\cos(0.5\pi x_1)\sin(0.5\pi x_2)(1+g)$ $f_3(x)=\sin(0.5\pi x_1)(1+g)$ where $g(x)=\sum\limits_{i=3}^{n}(x_i-0.5)^2$
DTLZ3	$k+\lvert x\rvert-1$	[0，1]	$f_1(x)=\cos(0.5\pi x_1)\cos(0.5\pi x_2)(1+g)$ $f_2(x)=\cos(0.5\pi x_1)\sin(0.5\pi x_2)(1+g)$ $f_3(x)=\sin(0.5\pi x_1)(1+g)$ where $g(x)=$ $100\left[\lvert x_M\rvert+\sum\limits_{i=3}^{n}\left((x_i-0.5)^2-\cos(20\pi(x_i-0.5))\right)\right]$

3.4.2　实验参数设置与评价指标选择

本书采用 NSGA-Ⅱ、εMOEA、NNIA、SPEA2 与 NNIA+IED 算法进行实验比较，其参数设置如下。对于 NSGA-Ⅱ，εMOEA 和 SPEA2，在线进化种群大小是 100，外部种群大小是 100；对于 NNIA 和 NNIA+IED，抗体种群大小是 100，非支配活性抗体种群的大小为是 20。对于这五个算法，其进化代数均设定为 500。它们均采用模拟二进交叉和多项式变异，交叉概率为 0.9，变异概率是变量个数的倒数。此外，为了实验结果表示得简洁有效，本书采用简单的阿拉伯数字来表示不同的算法，如表 3.5 所示。在图 3.4 中，横坐标的阿拉伯数字均表示表 3.5 中的相应算法。

表 3.5　不同算法的索引值

索引	1	2	3	4	5
算法	NSGA-Ⅱ	εMOEA	NNIA	NNIA+IED	SPEA2

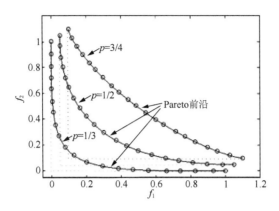

图 3.4　NNIA+IED 用于解决式（3.1）定义的多目标问题而得到的非支配解的分布情况

现有的度量标准多采用最优 Pareto 解的参考集合。一方面，当一个问题的最优 Pareto 前沿的曲率变化较大时，一般较难获得均匀分布的最优参考解；另一方面，Pareto 最优解的个数对最终的评价指标的影响较大，评价指标的精度往往受最优参考解个数的制约。因此，本书采用非参考集合的度量标准：两个解集之间的覆盖率（coverage of two sets）[19] 来度量不同算法得到解的相互支配关系，用间距（spacing）[20] 来度量解分布的均匀性，用最大展布（maximum spread）[21] 来度量解分布的宽广性。这些指标已经被进化多目标优化领域的学者广泛采用，获得了一致的认可。

3.4.3　对九个不同 Pareto 前沿问题的实验测试结果与分析

对于式（3.1）定义的函数，当 p 分别取 3/4、1/2 和 1/3 时，NNIA+IED 的实验结果如图 3.4 所示，为了清楚而不重叠地观察基于 IED 的算法得到解的均匀性和极端解保留情况，本书把部分问题的 Pareto 前沿坐标轴进行了一定量的平移，同时，采用较小的外部种群。从图 3.4 中可以看到，当 p 分别取 3/4、1/2 和 1/3 时，基于 IED 的 NNIA 算法不受问题的 Pareto 前沿曲率变化的影响，具有较好的均匀保持性和极端解保留能力，与图 3.1 相比，它克服了传统 ε 支配的不足。

五个算法的统计实验结果比较如图 3.5、图 3.6 和图 3.7 所示。实验结果是 30 次独立实验的统计平均，采用盒图来表示实验结果的统计分布。可以从盒图的凹口比较它们的统计平均，根据其长短，评价其统计分布的方差。

图 3.5 是 NSGA-II、εMOEA、NNIA、NNIA+IED 和 SPEA2 对 9 个测试函数的运算结果 Spacing 度量的盒图分布。Spacing 指标是衡量解分布均匀性的重要指标。由于本书研究的是如何保持解分布的均匀性，因此，该指标对于评价改进的 ε 支配至关重要。首先比较改进 ε 支配的 NNIA 与传统 ε 支配的进化多目标算法 εMOEA 的均匀性统计结果。可以发现，对于最优 Pareto 前沿曲率变化较小的问

题（图中的 F1），传统的ε支配能够取得较好的均匀分布度量值，但是，随着曲率的增大（图中的 F3、F4、F5 和 F6），盒图的统计均值较大，这说明传统的ε支配得出了较差的结果。这是由于它不能保持有效解的均匀性，也就是说，传统的ε支配对于 Pareto 前沿曲率较大的问题，丢失了部分有效解。基于等度规映射的改进型ε支配，对于具有不同曲率的 Pareto 前沿的多目标问题，表现出较好且稳定的性能。

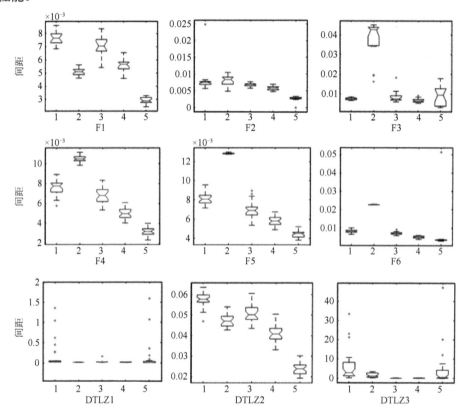

图 3.5　NSGA-Ⅱ（1）、εMOEA（2）、NNIA（3）、NNIA+IED（4）和 SPEA2（5）对 9 个测试函数的运算结果的间距度量的盒图统计分布

此外，通过对比图 3.5 中的 NNIA+IED 和 NNIA 统计盒图分布，对于 F1、F2、F3、F4、F5、F6 和 DTLZ2，NNIA+IED 获得了更加优秀的均匀性统计分布指标，说明基于改进ε支配的 NNIA 比基于经典拥挤距离的 NNIA 能够更好地保持解分布的均匀性。对于 DTLZ1 和 DTLZ3，两者具有十分接近的统计分布结果，这是由于它们对于这两个问题获得了明显优越的收敛性，图中需要在更加精细的数量级比较二者的均匀性指标。需要说明的是，对于 F1、F2、F4、F5 和 F6，SPEA2 获得最好的盒图统计分布结果，这说明 SPEA2 在本书 5 个算法中均匀性保持能力最

好。SPEA2 算法在当前进化多目标优化领域已获得公认的均匀性保持能力,但是,该算法的缺点在于需要进行一个复杂的个体选择操作,它的时间复杂度是 $O(N^3)$,N 是种群的大小。如果不考虑该算法,本书提出的基于等度规映射 ε 支配的均匀性保持能力最好,优于 NSGA-II、εMOEA、NNIA。

图 3.6 是 NSGA-II、εMOEA、NNIA、INNIA 和 SPEA2 对 9 个测试函数的运算结果的最大展布度量盒图分布。最大展布可以检验解集分布的宽广程度。最终得到的解分布越宽广越能给决策者更多的选择,有利于发现更加适合实际工程需要的解。从图 3.6 中可以得到,对于 F1、F3、F4、F5、F6、DTLZ1 和 DTLZ3 问题,εMOEA 的宽广程度不如其他算法,原因是该算法采用传统的 ε 支配机制,丢失了有效解和极端点处的解,而基于等度规映射的 ε 支配可以较好地保留这些失去的解。综合对比图 3.5 和图 3.6,改进的 ε 支配取得了预期的实验效果,对于实验中的九个问题,表现出了明显的多样性和均匀性保持能力。

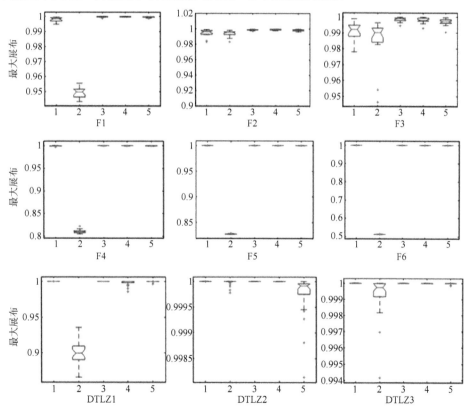

图 3.6　NSGA-II（1）、εMOEA（2）、NNIA（3）、NNIA+IED（4）和 SPEA2（5）对 9 个测试
函数的运算结果的最大展布度量的盒图统计分布

　　图 3.7 是 NSGA-Ⅱ、εMOEA、NNIA+IED 和 SPEA2 对 9 个测试函数的运算结果的集合之间覆盖率度量盒图分布。集合之间覆盖率能够定量反应出两个集合相互之间的支配关系，能够衡量解的相对收敛性[19]。对于该度量指标，如果 X' 和 X'' 分别是两个估计集合，则 $C(X', X'')$ 表示 X' 不劣于 X'' 中元素所占的比例，其中，C 表示集合之间覆盖率度量操作。$C(X', X'') = 1$ 表示对于集合 X'' 中所有解而言，均能在集合 X' 中找到一个解不劣于它；$C(X', X'') = 0$ 表示对于集合 X'' 中的所有解，无法在集合 X' 中找到一个不劣于它的解。值得注意的是 $C(X', X'') \neq 1 - C(X'', X')$，它们不存在严格的数量互补关系，在度量两个解集之间相互支配关系时，需要同时考虑它们。注意，本书并未给出 NNIA+IED 与 NNIA 的支配关系，这是因为，NNIA 是 IED 的算法载体，IED 从 NNIA 得到当前代的非支配解集，而未影响 NNIA，所以，NNIA+IED 的收敛性与 NNIA 是一致的，比较它们的相互支配关系是无意义的。

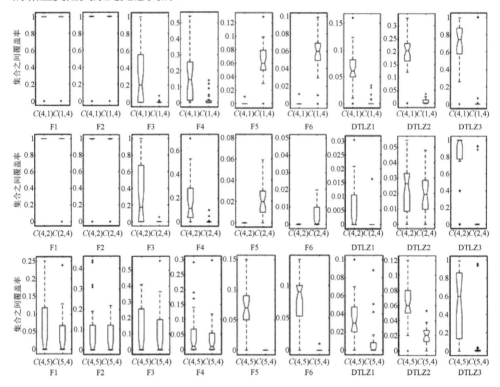

图 3.7　NSGA-Ⅱ（1）、εMOEA（2）、NNIA（3）、NNIA+IED（4）和 SPEA2（5）对 9 个测试
函数的运算结果的集合之间覆盖率度量的盒图统计分布

　　一个多目标算法要获得均匀分布的解，不仅要有较好的均匀性保持策略，还要有较好的收敛性。如果算法不能收敛到或接近 Pareto 最优前沿，那么该算法要

么不能够得到均匀分布的解，要么得到无意义的均匀解。图 3.7 中，除了 F5 和 F6 问题对应的 $C(1,4)$ 大于 $C(4,1)$ 和 $C(2,4)$ 大于 $C(4,2)$，对于其他七个问题的解集之间覆盖率度量，与其他三个算法相比，NNIA+IED 均获得了较好或近似的结果，这说明 NNIA+IED 的收敛性优于或等于 NSGA-II、εMOEA 和 SPEA2 的收敛性。特别地，对于 DTLZ3 问题、NSGA-II、εMOEA 和 SPEA2 均获得了较差的均匀性度量值，这是因为这些算法不能收敛到该问题的最优 Pareto 前沿附近，而 NNIA 可以收敛到该问题的最优 Pareto 前沿，所以 NNIA+IED 对该问题具有较好的收敛性和均匀性。

总而言之，通过实验比较，可以得出如下结论。

（1）当两个算法具有比较接近的收敛性能时，解集的均匀性由该算法的均匀性保持策略支配，均匀性保持策略好的算法能够得到较均匀的解集；如果两个算法具有较悬殊的收敛性能，收敛性能较差的算法一般不能得到均匀分布的解集或得到不收敛的均匀解。

（2）本书提出了改进 ε 支配机制的等度规映射方法，克服了传统 ε 支配对于 Pareto 前沿形状敏感的缺点，本书策略能够较好地维持解分布的均匀性，有利于解的有效进化和后期决策。

（3）极端解检验算子能够保持极端解的存在，克服了传统 ε 支配丢失极端解的不足，能够较好地维持解分布的宽广性。虽然多目标优化算法给决策者提供的是一组折中解集，但是极端解可以用于折中解的比较和选择。一旦决策者得到一组折中解，往往想知道这组解极端值，然后作出合适的选择，且决策者也很可能选择极端解。因此保持极端解对于多目标决策有很大参考和选择价值。

3.4.4 本征维数的估计

本征维数就是嵌入到流形空间的维数，在流形学习中，本征维数的估计问题是流形学习中的重要问题。对于本书所要解决的 2 目标和 3 目标问题，定性地看，需要考虑原始问题分别嵌入到一维和两维空间的集合分布情况，因为，对于两目标问题，直观地把曲线伸展成一条直线；对于 3 目标问题，把曲面伸展成一个平面。所以，本书采用了 $m-1$ 作为问题的本征维数。为了进一步研究上述本征维数的设定机制，在此采用嵌入向量的重构残差来验证本章的做法[10]。

图 3.8 是 2 目标优化问题 F5 和 3 目标优化问题 DTLZ2 问题的本征维数-残差曲线图。对于 F5，IED 的重构残差较小，当维数大于 1 时，重构残差的变化已经非常不明显，这说明对于两目标问题，取本征维数为 1，重构残差已经很小，因此本征维数取 1 是合适的。对于 3 目标优化问题 DTLZ2，IED 的重构残差比 2 目标优化问题的重构残差较大，当维数大于 2 时，残差已经相对较小，因此本征维数取 2 已经可以满足要求。这说明，把 2 目标和 3 目标优化问题得到的两维曲线

和三维曲面 Pareto 前沿端分别伸展成一维直线和两维平面是可行的。

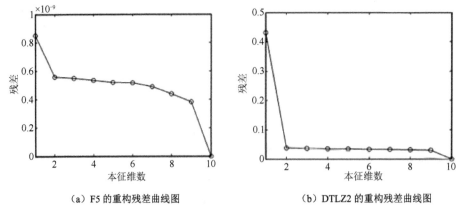

（a）F5 的重构残差曲线图　　　　　　　（b）DTLZ2 的重构残差曲线图

图 3.8　F5 及 DTLZ2 的重构残差曲线图

3.5　本章小结

　　ε 支配机制是较新的一种松弛形式的 Pareto 支配机制，根据传统 ε 支配机制的不足和流形学习的特点，本章研究了基于等度规映射的 ε 支配机制。实验分析表明，基于等度规映射的 ε 支配具有较好的均匀保持性，可以保证不同形状 Pareto 前沿有效解的存在，较好地克服了传统 ε 支配机制的不足，提高了其多样性保持能力。把每一代的非支配解映射到变换空间是一种很好地保持解均匀性的思路。但是，等度规映射只是非线性变换的一种方法，需要指出，如何设计出更加简单有效的非线性变换或映射是改进传统的 ε 支配机制一个可行而有效的方法。

　　此外，通过研究可以发现，本章研究的基于等度规映射的 ε 支配对于低维目标优化问题取得了满意的效果，该方法还无法扩展到高维目标优化问题。原因在于，对于多目标优化问题而言，高维空间的 Pareto 前沿形状分布还无法预测，并且等度规映射随着维数的降低而增加，其残差分布增加，误差率较高。因此，研究高维多目标优化的目标降维问题需要考虑更加有效的降维模型。

参 考 文 献

[1]　ISHIBUCHI H, TSUKAMOTO N, NOJIMA Y. Evolutionary many-objective optimization: A short review[C]// IEEE Congress on Evolutionary Computation. HongKong, 2008: 2419-2426.

[2]　DEB K, MOHAN M, MISHRA S. Evaluating the ε-domination based multi-objective evolutionary algorithm for a quick computation of Pareto-optimal solutions[J]. Evolutionary Computation, 2005, 13(4): 501-525.

[3]　SIERRA M R, COELLO C A C. Improving PSO-based multi-objective optimization using crowding, mutation and $\in$-dominance[C]//International Conference on Evolutionary Multi-Criterion Optimization. Berlin: Springer, 2005:

505-519.

[4]   LAUMANNS M, THIELE L, DEB K, et al. Combining convergence and diversity in evolutionary multiobjective optimization[J]. Evolutionary Computation, 2002, 10(3): 263-282.

[5]   DEB K, PRATAP A, AGARWAL S, et al. A fast and elitist multiobjective genetic algorithm: NSGA-II[J]. IEEE Transactions on Evolutionary Computation, 2002, 6(2): 182-197.

[6]   DEB K, MOHAN M, MISHRA S. Towards a quick computation of well-spread pareto-optimal solutions[C]// International Conference on Evolutionary Multi-Criterion Optimization. Berlin: Springer, 2003: 222-236.

[7]   HERNÁNDEZ-DÍAZ A G, SANTANA-QUINTERO L V, COELLO C A C, et al. Pareto-adaptive ε-dominance[J]. Evolutionary Computation, 2007, 15(4): 493-517.

[8]   DEMERS D, COTTRELL G W. N-linear dimensionality reduction[J]. Advances in Neural Information Processing Systems, 1993, 5: 580-587.

[9]   ROWEIS S T, SAUL L K. Nonlinear dimensionality reduction by locally linear embedding[J]. Science, 2000, 290(5500): 2323-2326.

[10]   SILVA V D, TENENBAUM J B. Global versus local methods in nonlinear dimensionality reduction[C]//Advances in Neural Information Processing Systems. Cambridge, 2002: 705-712.

[11]   ZITZLER E, LAUMANNS M, THIELE L. SPEA2: Improving the strength Pareto evolutionary algorithm[C]// Evolutionary Methods for Design, Optimization and Control with Application to Industrial Problems. Atuens, 2002:95-100.

[12]   GONG M G, JIAO L C, DU H F, et al. Multiobjective immune algorithm with nondominated neighbor-based selection[J]. Evolutionary Computation, 2008, 16(2): 225-255.

[13]   LIU L, LI M Q, LIN D. The ε-dominance based multiobjective evolutionary algorithm and an adaptive ε strategy[J]. Chinese Journal of Computers, 2008, 31(7): 1063-1072.

[14]   焦李成, 公茂果, 王爽, 等. 自然计算, 机器学习与图像理解前沿[M]. 西安: 西安电子科技大学出版社, 2008.

[15]   DEB K, THIELE L, LAUMANNS M, et al. Scalable multi-objective optimization test problems[C]// Proceedings of the 2002 Congress on Evolutionary Computation, 2002, 1: 825-830.

[16]   DEB K. Multi-objective genetic algorithms: Problem difficulties and construction of test problems[J]. Evolutionary Computation, 1999, 7(3): 205-230.

[17]   HUBAND S, HINGSTON P, BARONE L, et al. A review of multiobjective test problems and a scalable test problem toolkit[J]. IEEE Transactions on Evolutionary Computation, 2006, 10(5): 477-506.

[18]   ZHANG Q F, ZHOU A M, JIN Y C. RM-MEDA: A regularity model-based multiobjective estimation of distribution algorithm[J]. IEEE Transactions on Evolutionary Computation, 2008, 12(1): 41-63.

[19]   ZITZLER E, THIELE L. Multiobjective evolutionary algorithms: A comparative case study and the strength Pareto approach[J]. IEEE transactions on Evolutionary Computation, 1999, 3(4): 257-271.

[20]   SCHOTT J R. Fault Tolerant Design Using Single and Multicriteria Genetic Algorithm Optimization[R]. AIR FORCE INST OF TECH WRIGHT-PATTERSON AFB OH, 1995.

[21]   ZITZLER E. Evolutionary algorithms for multiobjective optimization: Methods and applications[J]. PhD thesis, Swiss Federal Institute of Technology (ETH), Zurich, Switzerland, November 1999.

第4章 基于在线非支配抗体的自适应多目标优化

4.1 引　言

第二代进化多目标优化算法以提高算法效率为主要特征，这也是当代多目标优化算法设计者考虑的主要因素之一。如何进一步提高算法的效率需要考虑算法存在的问题以及算法搜索过程对计算资源是否合理利用。进一步分析有代表性的进化多目标优化算法，包括 NPGA-II[1]、SPEA2[2]、PESA-II[3] 和 NSGA-II[4]，可以发现，它们均采用以 Pareto 支配为基础的适应度分配机制。也就是说，这些多目标优化算法均要建立在 Pareto 支配基础上的全序列量化机制，包括非支配排序[1,4]、支配强度计算[2]和非支配解辨识[3]等等。以 NSGA-II 和 SPEA2 为例进行分析，前者首先要对当前种群中的个体进行非支配排序，把它们分配到不同的等级，然后再计算每一等级个体的拥挤距离，从而实现全部个体的序列量化；后者要为所有个体计算支配个体和被其他个体支配的数目，然后为所有个体分配不同的支配强度信息，再加上个体的局部密度信息，完成全部个体的排序。总结上述算法，它们都是要执行基于 Pareto 支配的全部个体支配等级分配，它们的运算复杂度均不低于 $O(GmN^2)$[1,2,4]或者 $O(GmNA)$[3]，其中，G 是进化代数，m 是目标维数，N 是种群大小，A 是外部种群的大小。为了降低算法运算复杂度，Jensen 采用并行技术和高效的数据结构在一定程度上提高了运算效率[5]。本章主要研究的是如何构建新的策略来优化进化流程，提高搜索效率。在克隆选择理论中，往往仅采用较少的活性抗体完成下一代种群的增值再生和信息扩散，结合该理论，本书不禁要提出疑问，在下一代抗体更新过程中，有必要为全部抗体分配支配等级信息吗？是否有更加高效的适合人工免疫系统的进化过程范例？

提高算法的效率涉及不必要计算量的节省以及搜索资源的合理分配。在进化计算领域，搜索资源也称计算资源，往往对应着个体的总评价次数或者一定进化代数下种群中个体的克隆次数分配。本章通过实验研究发现，无论对于多目标优化问题，还是高维目标优化问题，种群的非支配解会随着搜索过程的深入而急剧增加，传统的为整个种群分配支配等级或者支配强度的策略显得冗余而复杂。为此，参考经典的克隆选择理论，本章提出了基于在线非支配抗体的自适应选择机制和自适应克隆策略，根据当前发现的非支配解数量，把整个搜索过程划分为三个不同的阶段，每个阶段采用不同侧重点的求解机制。本章算法可以自适应地调节算法流程，自适应地节省了不必要的个体支配等级分配机制，并实现了计算资源的合理有效分配。在提高算法效率的前提下，保证了求解过程的适应性和健壮性。

4.2　非支配等级划分方法和拥挤距离计算

从 1989 年 Goldberg[6]建议用非支配排序来解决多目标优化问题以来，基于该技术的算法已经大量涌现，并根据其效率发展为两代[7-9]。本节将详细讨论第二代算法中的快速非支配排序机制，解释非支配等级划分的思想。此外，给出用于估计解局部密度信息的拥挤距离的概念，为后文的自适应选择多目标优化算法的提出奠定基础。

4.2.1　非支配等级划分方法

非支配等级划分最早由 Goldberg 提出，他没有把该思想具体应用到进化多目标优化中，但是，以后的学者基于该思想提出了一系列的进化多目标优化算法，包括 MOGA[10]、NSGA[11]和 NPGA[12]，这些算法构成了第一代进化多目标优化算法。非支配等级划分的过程可以表述为：首先寻找当前种群的非支配个体，并分配等级 1，将其从种群中移去，然后从剩余种群中选出非支配个体，并对其分配等级 2，该过程一直持续到种群中所有个体都分配到等级次序后才结束。该过程可以表述为图 4.1 所示。

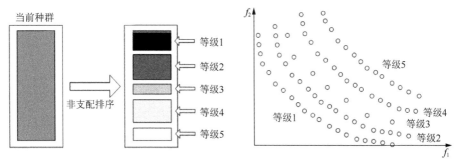

（a）非支配等级划分的基本思想　　　　（b）非支配等级划分在目标域的示意图

图 4.1　非支配等级划分的基本思想以及其在目标域的示意图

图 4.1 中，当前种群经过非支配排序被划分为不同等级的子种群，而其在目标域的分布图明显地表现出个体等级划分的特点。注意，图 4.1 假设种群被分为五个不同的等级，更多等级划分具有类似过程。第一代进化多目标优化算法采用的等级划分方法具有较高的运算时间复杂度，为 $O(N^3)$。第二代进化多目标优化

算法为了提高算法效率，提出了运算时间较少的快速非支配排序算法[4]，它的运算时间复杂度为 $O(mN^2)$。快速非支配排序可以用来对整个种群进行非支配等级划分，也可以用来寻找当前非支配抗体。如果快速非支配排序仅用来识别当前种群非支配抗体，那么它的计算复杂度大大降低。表 4.1 所示为快速非支配排序和非支配抗体识别的流程图。

表 4.1　快速非支配等级划分和非支配抗体辨识的伪代码流程

算法 4.1 快速非支配等级划分伪代码	算法 4.2 非支配抗体辨识伪代码

for each $p \in P$
　　$S_p = \varnothing$; %抗体 p 支配的抗体集合
$n_p = 0$;　%支配抗体 p 的抗体数量
　　for each $q \in P$
　　　if $p \succ q$ then %如果 p 支配 q
　　　　$S_p = S_p \bigcup \{q\}$;
　　　else if $q \succ p$ then %如果 q 支配 p
　　　　$n_p = n_p + 1$;
　　　end if
　　end for
if $n_p = 0$ then
　　$P_{\text{rank}} = 1$;
　　$F_1 = F_1 \bigcup \{p\}$; %非支配抗体集合
end if
　end for
　$i = 1$; %等级变量
While $F_i \neq \varnothing$
　　$Q = \varnothing$;
　　for each $p \in F_i$;
　　　for each $q \in S_p$;
　　　　$n_q = n_q - 1$;
　　　　if $n_q = 0$ then %q 属于下一等级
　　　　　$q_{\text{rank}} = q_{\text{rank}} + 1$;
　　　　　$Q = Q \bigcup \{q\}$;
　　　　end if
　　　end for
　$i = i + 1$;
　$F_i = Q$;
end
	for each $p \in P$
	　　$S_p = \varnothing$; %抗体 p 支配的抗体集合
	　$n_p = 0$;　%支配抗体 p 的抗体数量
	　　for each $q \in P$
	　　　if $p \succ q$ then %如果 p 支配 q
	　　　　delete q in P ; %删除 q
	　　　else if $q \succ p$ then
	　　　　$n_p = n_p + 1$;
	　　　　Break; %跳出内层循环
	　　　end if
	　　end for
	if $n_p = 0$ then
	　　$P_{\text{rank}} = 1$;
	　　$F_1 = F_1 \bigcup \{p\}$;%加入非支配抗体集
	else if $n_p > 0$ then
	　　delete p in P ; %删除支配抗体
	end if
	　end for

从表 4.1 中可以得到，算法 4.1 不仅可以完成非支配抗体等级的完全划分，还可以用于寻找当前种群中的非支配抗体，但是，即使要寻找当前种群的非支配抗

体，不进行全部等级划分，它仍要对种群中全部抗体进行两层的支配关系对比。算法 4.2 根据当前抗体的支配关系，采用"边比较，边删除"的策略，可以明显地减少整个种群的抗体支配关系比较次数。但是，算法 4.2 不能用于种群中全部抗体的非支配等级划分。在本章算法中，研究内容涉及自适应的非支配选择机制，根据当前发现的非支配抗体来完成搜索过程的自适应调控，完成在非支配等级划分和非支配抗体辨识之间的自适应选择。因此，在当进化过程只需要识别当前种群非支配抗体时，算法 4.2 具有更为高效的计算效率。

4.2.2　拥挤距离计算

多样性保持策略随着进化多目标优化算法的提出也经历了不同的发展阶段。在第一代进化多目标优化算法时期，MOGA[10]、NSGA[11]和 NPGA[12]等算法多采用基于共享函数的小生境策略来保持多样性，需要指定共享参数的大小，并且该参数对于多样性保持较为敏感。因此，第二代进化多目标优化算法迅速抛弃了该技巧，提出各种性能相对较好的多样性保持策略。NSGA-Ⅱ采用较为简单高效的拥挤距离的抗体多样性度量标准，它的运算时间复杂度仅为 $O(NlbN)$，N 为种群规模；SPEA2 采用动态的比较机制来保持抗体的多样性，如果两个抗体具有同样的强度信息，就是说，它们互不支配对方，那么比较它们的 $\sqrt{N}$ 个最近邻个体的稀疏程度，距离其前 $\sqrt{N}$ 个最近邻个体较远的个体具有较大的选择概率，该策略具有较好的多样性保持机制，但是，其平均运算时间复杂度为 $O((N+A)^2 lb(N+A))$，最坏情况为 $O((N+A)^3)$；PAES 和 PESA-Ⅱ采用基于目标函数值的自适应超格分配方法，目标函数空间划分为不同的格子，计算每个格子内个体的数目，它们采用不同的选择方式来删除密度大的格内的个体，该技巧与第 3 章介绍的 ε 支配较为相像，同样具有对 Pareto 前沿敏感的缺点，它们的整个外部种群更新需要的时间复杂度为 $O(mNA)$。

综合考虑上述算法中的多样性保持策略，本章采用 NSGA-Ⅱ中的拥挤距离用于本章算法外部种群抗体更新机制。因为本章主要研究在线非支配抗体对算法进程的自适应选择调节作用，所以在此，先不考虑对当前多样性保持机制的深入探索与改进。拥挤距离的图解表示见图 4.2。

从图 4.2 可以得到，拥挤距离被定义为抗体空间的所有目标近邻坐标相减之和。首先，需要所有抗体的每一维目标函数值进行升序排列，并进行归一化操作，然后计算每一维目标在相应坐标轴上投影的前后相邻点的差值，再对每个抗体的所有目标维的差值求和，即得抗体的拥挤距离。注意，边界抗体，即拥有某一目标最值的抗体，如图 4.2 中的个体 1 和个体 7，被分配无穷大的拥挤距离，从而使边界抗体具有最大的选择概率，保证下一代种群的抗体多样性。图 4.2 中给出了两目标优化问题的拥挤距离计算图例，个体 4 的拥挤距离被定义为 L_1+L_2，当然在计算前后个体目标之差前，需要进行相应维目标的归一化操作。

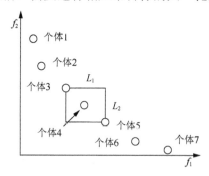

图 4.2　两目标优化问题下的拥挤距离度量（圆圈表示当前获得某一支配等级上的个体）

　　从图 4.2 中还可以看出，拥挤距离可以在一定程度上度量个体分布的稀疏程度。在实际算法设计中，需要先对个体进行非支配等级划分，然而同一非支配等级上的个体，需要采用度量拥挤信息的技巧区分，本章采用上述拥挤距离执行该项操作。此外，在克隆选择理论中，克隆分为均匀克隆和比例克隆，后者由于往往采用抗体的适应度值来成比例的分配计算资源而被广泛采用，为此，用于衡量抗体稀疏程度的拥挤距离也被用来完成计算资源的比例分配。从而使算法集中在稀疏区域进行有效的搜索，提高计算资源利用率。

4.3　基于在线非支配抗体的自适应多目标优化算法

　　本章算法主要包含自适应选择机制和自适应克隆策略，根据当前发现的非支配解数量，把整个搜索过程划分为三个不同的阶段，每个阶段采用不同侧重点的求解算法。此外，为了研究在线非支配解的分布规律，本章研究了六个低维目标优化问题的在线非支配解随进化代数的分布情况。对于高维目标优化问题中，还调查了随着目标维数增加，初始种群中非支配解的分布曲线。并且，对于进化算法的自适应策略进行了简单的总结与讨论。

4.3.1　进化计算中的自适应机制总结

　　进化计算本身就是一个内在动态自适应演化过程，由于可以动态调节进化搜索过程的行为，自适应优化算法在传统进化计算中已经获得了广泛的关注。Srinivas 等较早提出了交叉概率和变异概率适应性变化的自适应遗传算法[13]，他们推荐用交叉概率和变异概率的适应性变化来保持种群多样性和维持种群收敛，为此，他们采用当前个体的适应度值来调节两者概率，适应度值大的个体被保护，具有较小的变化概率；适应度值低于平均水平的个体被赋予较大的变化概率。Agapie 提出了非马尔可夫模型的全连接随机系统，并用于变异概率自适应遗传算法的收敛性分析[14]。Sugisaka 等研究了进化计算的不同适应性策略，提出了个体表示、参数控制、适应算子和种群规模等四种适应性，并设计了多个种群协同进化的遗传算法，不同种群采用了不同的适应性策略[15]。Liu 等研究了欺骗性选择的原理，提出了基于适应度等级的自适应遗传算法[16]，他们先把个体适应度变换分等级，然后再计算基于等级的自适应交叉概率和变异概率。Hinterding 等对进化计算中的适应性机制进行了总结[17]，根据参数或者算子的适应性类型，他们把当前算法分为静态适应性和动态适应性，后者又被分为确定性适应和自适应，划分的标准采用反馈信息的采纳与否以及反馈信息对参数或者种群的影响程度；根据个体表示适应性发生的规模，提出了四种等级的适应性：环境水平、种群水平、个体水平和成分水平。以上文献是单目标优化算法中的适应性策略。

多目标优化算法中的适应性技巧多继承于单目标优化算法。Tan 等认为较少的种群不利于个体的全局搜索，以致有陷入局部最优的可能，过大的种群会带来不必要的计算量，浪费评价次数，为此，提出了种群大小动态自适应变化的增量多目标进化算法[18]。种群规模随着当前发现非支配个体的分布区域和其密度信息来动态增加或减少，此外，他们还给出了不同连续代之间非支配解支配关系数目变化的指标，用于进化过程的停止准则。Chen 等采用克隆选择理论和免疫网络理论，提出了种群自适应的免疫多目标优化算法[19]，该算法对初始种群规模不敏感，并且种群规模和克隆大小随着搜索过程而自适应变化，种群的调节采用当前个体与其他个体的远近关系，如果较近，则忽略该个体，从而种群规模减小；反之，则种群规模增加。Cao 等提出了较为新颖的自适应进化多目标优化算法[20]，设计了新的个体密度估计和适应度分配方式，交叉概率和变异概率随着个体的当前适应值而自适应变化，较好的个体具有较小的概率值，较差的个体分配较大的概率值。Chang 等提出了用于求解印刷电路板制造中的钻孔调度操作的自适应进化两目标优化算法[21]，他们研究了交叉概率和变异概率随不同个体进化过程的自适应调节机制，个体当前适应度值与个体前一代的适应度值相比，如果减少，则减少概率取值；相反，则增加概率取值，增大搜索区域。

通过比较传统优化算法（往往是单目标优化算法）和多目标优化算法中的自适应技巧，可以发现，适应性发生的载体多是进化种群规模、交叉概率、变异概率、不同特点算子等。上述自适应策略对于算法的鲁棒性搜索和算法效率的提高确实能够起到一定的作用，但是，多目标优化算法由于其固有特点，应该具有更加高效的自适应机制。文献[18]中，Tan 等就已经采用不同代的非支配个体比例来调节进化过程，建立算法停止的条件。本章将继续研究在线发现的非支配解数量对经典算法性能的提高，建立更加高效的求解多目标优化问题的算法。

4.3.2　在线非支配抗体数量调查

非支配抗体随着进化过程的推进会表现出不同的分布规律，研究其数量的分布对于跟踪进化过程和理解当前进化多目标优化算法是有重要意义的。Coello Coello 等对当前进化多目标优化算法进行了总结，其中，他们认为 Deb 等学者提出的非支配排序进化多目标优化算法（NSGA-Ⅱ）是最具代表性的算法范例[4]。2007 年 9 月在新加坡召开的进化计算领域的年度盛会 IEEE Congress on Evolutionary Conference 上，NSGA-Ⅱ被认定为在进化计算的权威期刊 *IEEE Transactions on Evolutionary Computation* 从 1997 年创刊至 2010 年底发表的文章中，被 SCI 引用次数最多的文章，截至 2011 年 6 月，NSGA-Ⅱ在 Google 学术搜索上已经被引用 4595 次。为此，本章采用 NSGA-Ⅱ来研究其在线非支配解的分布规律。

图 4.3 描述了 NSGA-Ⅱ用于解决 ZDT1、ZDT4 和 ZDT6（图 4.3（a））以及 DTLZ1、DTLZ2 和 DTLZ3（图 4.3（b））等问题，获得的在线非支配解平均数量分布曲线。NSGA-Ⅱ的参数可以参考其原文设置方式，种群大小为 100，进化代数是 500，交叉概率取 0.85，变异概率为问题决策向量个数的倒数，个体重组操作采用模拟二进交叉和多项式变异，并取交叉指数 $\eta_c = 15$ 和变异指数 $\eta_m = 20$。每 10 代对当前的非支配解在整个种群所占的比例进行采样，500 代一共有 50 采样点。具体曲线如图 4.3 所示。

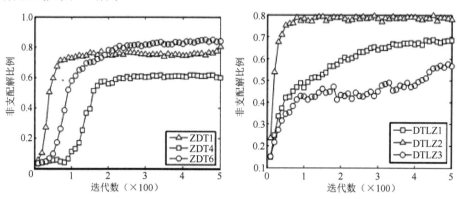

（a）ZDT1、ZDT4 和 ZDT6 在不同迭代次数下的　　（b）DTLZ1、DTLZ2 和 DTLZ3 在不同迭代次数下的
　　　　　非支配解比例　　　　　　　　　　　　　　　　　　非支配解比例

图 4.3　NSGA-II 用于解决（a）ZDT1、ZDT4 和 ZDT6 及（b）DTLZ1、DTLZ2 和 DTLZ3 时获得的在线非支配解的平均数量分布曲线

可以发现，随着进化过程的推进，非支配解在整个种群中所占的比例越来越大，对于 2 目标优化问题，如图 4.3（a）所示的 ZDT1、ZDT4 和 ZDT6，在 200 代左右算法已经具有足够多的非支配解，收敛到 Pareto 前沿端附近；对于 3 目标

优化问题，如图 4.3（b）所示的 DTLZ1、DTLZ2 和 DTLZ3，算法表现出不同的性能，由于 DTLZ2 问题较为复杂，在 100 代左右就收敛到已知 Pareto 前沿端，对于非常复杂 DTLZ3 问题，算法搜索过程表现出在不同局部最优前沿停滞的特点，然后又跳出该局部 Pareto 最优前沿，文献[4]已经指出，NSGA-II 不能在 500 代解决 DTLZ3 问题，因此，它无法收敛到全局 Pareto 最优前沿，其非支配的比例也在 50%左右。总体而言，对于这 6 个问题，在线发现的非支配解在进化的初期阶段就获得了一定数量的非支配解，一般在 150 代左右，其非支配解的数量都已经超过 20%。

非支配解的数量可以指示种群中个体的分布情况和多样性的集中保持部位。如果非支配解数量增加，那么整个种群的多样性分布在非支配解，被支配的解具有相对较少的多样性信息，因此，对于整个种群进行非支配排序变得用处不大或者无用。对于高维目标的函数优化问题，这种特点变得更加明显。

图 4.4 给出了 2～20 目标的 DTLZ1、DTLZ2 和 DTLZ6 问题的初始非支配解分布曲线图，每个问题在每维目标执行 100 次的初始化操作。这些问题的非支配比例随着目标维数的增加而迅速增加，一般而言，当目标维数大于 5 时，初始解的非支配解比例已经大于 35%。Wager 等[22]通过系统的实验对比，得出结论，随着目标维数的增加，NSGA-II 求解这些问题的性能类似于一个随机求解方法，失去其在低维目标优化问题求解时表现出的优良性能。原因在于，种群中的非支配解比例迅速增加，其原有的个体适应度分配方案基本上无法区分非支配解。并且，该算法最为著名的非支配排序显得多余。因此解决该类算法的一个思路是利用当前非支配解的数量来自适应地分配选择压力，使非支配个体具有明显的区分机制，设计不同侧重点的搜索阶段，保持进化过程的不退化。

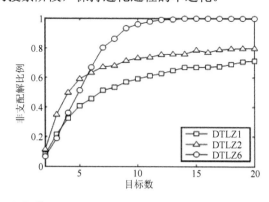

图 4.4　对于 2～20 目标的 DTLZ1、DTLZ2 和 DTLZ6 问题，其初始非支配解分布曲线图

4.3.3　基于在线非支配抗体的自适应多目标优化算法流程

正如上文所分析，在线非支配抗体不仅可以调节算法流程，还可以设计不同

的操作算子，动态调节抗体的选择压力，达到进化过程和抗体选择压力的自适应调节。根据在线非支配抗体的数量，本章提出了基于在线非支配抗体的自适应选择机制和自适应克隆策略，把整个搜索过程划分为三个不同的阶段，不同阶段调用不同选择压力的算子。

1. 第一阶段

本阶段主要处理当前种群中包含较少的非支配个体的情况。在这个阶段，需要引入一个参数来决定算法是否需要启动该阶段，不妨设定参数为 KPO（key point one）。如果当前非支配个体数量小于 KPO，表明种群多样性信息分布于支配抗体，需要选取非支配抗体和支配抗体进行全局搜索操作，并且搜索的重心在于支配抗体的参与。因此，本阶段采用对全部种群抗体进行快速非支配等级划分的方式，从当前种群和前一代种群中选取前 $N/2$ 个抗体进入下一代种群，并用 4.2.2 小节中介绍的拥挤距离来完成临界等级的部分选择，然后对这些个体进行 2 倍的克隆操作。本阶段算法与 NSGA-II 十分相似，只是选取半个种群大小的抗体进行克隆，增加抗体的选择压力。本阶段算法可以简称为半种群双倍克隆技术，其基本流程可用图 4.5 表示。

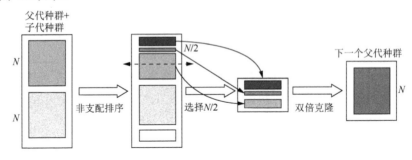

图 4.5　第一阶段的基本操作流程

2. 第二阶段

本阶段对应着较多的非支配抗体，其非支配抗体数目大于第一阶段的非支配抗体数目，但是算法还没有完全搜索到最优 Pareto 前沿，仍处于搜索的前进阶段。在此，需要引入另外一个临界点参数 KPT（key point two），并且 KPT>KPO。如图 4.6 所示，描述了 KPO 和 KPT 的分布和三个阶段的划分情况。可以看出，第一阶段是算法运行的初期阶段或者刚从局部 Pareto 前沿跳出的阶段，ZDT4 问题有一个非支配抗体比例下降的阶段，这是由于 ZDT4 有很多的局部 Pareto 前沿，算法流程刚从局部 Pareto 前沿跳出，往往对应着较少的抗体。第二阶段对应着算法搜索的中期阶段，此时，非支配抗体在种群的比例开始增加，可以给予它们较多的计算资源，引领算法的搜索进程。

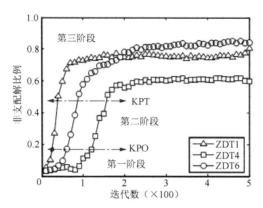

图 4.6 NSGA-Ⅱ用于解决 ZDT1、ZDT4 和 ZDT6 获得的在线非支配解的平均数量分布曲线

在第二阶段，本章提出了局部增量搜索算法（local incremental search algorithm，LISA），该算法利用当前非支配抗体完成比例克隆操作，克隆的依据是抗体的密度信息，密度信息的估计采用拥挤距离度量。此外，采用 sigmoid 函数映射的方式来完成密度信息到抗体克隆规模的转换。Tan 等提出了种群规模动态变化的自适应多目标算法[18]，除了其种群随着当前 Pareto 前沿规模的动态调节，还研究了一个模糊边界局部扰动操作，对于稀疏分布的个体分配该项操作，定义了 sigmoid 函数来分配稀疏个体扰动次数，并定义了单个个体扰动次数分配的边界最大值。本章同样采用该文献的 sigmoid 函数来为非支配抗体分配克隆资源，但是函数变量取本章研究的拥挤距离，而非小生境函数决定的变化概率值，并且单个抗体的最大克隆值定义为 $ud = \text{floor}\sqrt{KPT}$。其函数定义为式（4.1），分布图如图 4.7 所示，拥有较大拥挤距离的个体具有较多的克隆资源，图中下三角标志的曲线是公式（4.1）所示曲线，方块标志阶梯状曲线是对 y 下取整操作。

$$y = \begin{cases} (ud-1)\left(2d^2 + \dfrac{1}{ud-1}\right), & 0 \leqslant d \leqslant 0.5 \\ (ud-1)\left(1 - 2(d-1)^2 + \dfrac{1}{ud-1}\right), & 0.5 \leqslant d \leqslant 1 \end{cases} \tag{4.1}$$

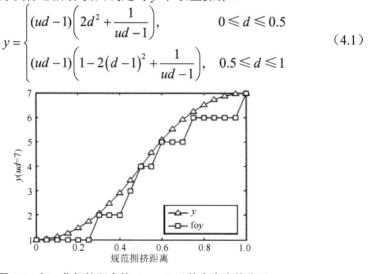

图 4.7 归一化拥挤距离的 sigmoid 函数克隆次数分配

局部增量搜索算法的算法流程表述见表 4.2。该算法的基本思想是选取非支配抗体，并对其进行增强的局部搜索操作，位于稀疏区域的抗体被分配较多的计算资源，加强对该区域的搜索，保证算法的全局多样性，加快搜索速度，因此局部增量搜索算法是一个高效的强调局部探索的强力搜索算法。但是，由于本阶段具有的在线非支配抗体数量还不足够代表种群的多样性信息，仅比第一阶段具有较多的抗体，因此，为了保证算法的鲁棒性和稳健性，第一阶段的全局搜索机制被采用来进行部分搜索。就是说，该阶段算法是融合本节提出的局部增量搜索算法和第一阶段的半种群双倍克隆算法的混合算法。本阶段算法就具有了局部搜索和全局搜索的特点，保证了算法过程的自适应折中调节。后期实验证明，本阶段算法本质上是过渡时期算法，具有较少调用次数，但是其存在意义明显。

表 4.2　局部增量搜索算法流程

算法 4.3 局部增量搜索算法
步骤 1 计算非支配抗体的拥挤距离：设定某一代在线非支配抗体种群 $D_t = (a_1, a_2, \cdots, a_e)$，$N$ 是克隆规模，计算非支配抗体的拥挤距离值，归一化该度量值，表示为 $\mathrm{CR} = (\mathrm{cr}_1, \mathrm{cr}_2, \cdots, \mathrm{cr}_e)$；
步骤 2 自适应克隆资源分配：完成非支配抗体的拥挤距离 $\mathrm{CR} = (\mathrm{cr}_1, \mathrm{cr}_2, \cdots, \mathrm{cr}_e)$ 到 sigmoid 函数的映射操作，分别得到 $Y_t = (y_1, y_2, \cdots, y_e)$，执行向下取整操作 $(\lfloor y_1 \rfloor, \lfloor y_2 \rfloor, \cdots, \lfloor y_e \rfloor)$，依旧用 $Y_t = (y_1, y_2, \cdots, y_e)$ 表示取整后函数值；
步骤 3 克隆操作 T_c^C：对当前种群中的非支配抗体执行克隆操作，可以表示为 $T_c^C (a_1, a_2, \cdots, a_e) = \{T_c^C(a_1), T_c^C(a_2), \cdots T_c^C(a_e)\}$，每个抗体的克隆规模采用步骤 2 得到的 sigmoid 函数映射值，即 $T_c^C(a_i) = (a_i^1, a_i^2, \cdots, a_i^{y_i})$，$a_i^j = a_i, j = 1, 2, \cdots, y_i$；$i = 1, 2, \cdots, e$，克隆之后的抗体表示为 CD_t；
步骤 4 亲和度成熟操作 T_m^c：对克隆之后的抗体种群 CD_t 运用模拟二进交叉和多项式变异进行亲和度成熟操作 $\mathrm{CD}(t) = T_m^c [\mathrm{CD}(t)]$；

3. 第三阶段

该阶段对应着当前发现足够多的在线非支配抗体，设定为大于临界参数 KPT。如图 4.6 所示，一般当前进化种群中 50% 的抗体均为非支配抗体，表示算法已经收敛到最优 Pareto 前沿或局部 Pareto 前沿，导致抗体的迅速成熟收敛。为此，本阶段只采用强调局部搜索的局部增量搜索算法，它可以在当前 Pareto 前沿进行增强的局部搜索。

如前所述，当在线非支配抗体在整个种群的比例增大到一定程度，种群的个体多集中在非支配 Pareto 前沿附近，因此，当前种群的多样性信息分布在非支配抗体之中。传统基于进化多目标算法对所有个体分配支配等级的策略显得复杂而且多余，因此，可以仅仅采用表 4.3 中描述的较为简单的非支配抗体辨识代码来提取当前种群中的非支配抗体，并进行增强的局部搜索，保证算法真正收敛到最优 Pareto 前沿。当算法确实收敛到局部 Pareto 前沿时，其种群的非支配解比例也迅速增加，但是在其跳出局部 Pareto 前沿的瞬间，种群的非支配抗体比例可能会迅速下降，如图 4.3 中，NSGA-Ⅱ用于解决 DTLZ3 问题时，其非支配抗体比例在不断地波动，此时，当非支配抗体比例下降到小于 KPO 或者 KPT，算法流程跳转到第一阶段或者第二阶段，保证算法的自适应稳健高效运行。

　　综合考虑三个阶段的算法，本章提出的基于在线非支配抗体的总体框架流程表述为表 4.3 中算法 4.4。从该算法可以看出，本章提出的算法可以根据在线发现的非支配抗体数量而自适应地选取不同的进化阶段，不同阶段分别设计了适合当时进化过程的算法，摒弃了传统算法对不同阶段采用不变策略的方式，实现了算法设计的灵活性。此外，考虑到非支配抗体迅速增加的情况在进化过程中占据主要的地位和进化时期，采用对全部抗体分等级的排序方法，显得复杂而且不必要，因此，本章设计了局部增量搜索算法，仅采用较为简单的非支配抗体辨识程序来寻找当前非支配抗体，节省了计算量，而且达到了算法的高效运行。

表 4.3　基于在线非支配抗体的自适应多目标优化算法流程

算法 4.4 基于在线非支配抗体的自适应多目标优化算法（AHMA）

输入： FE = 函数最大评价次数，N = 种群规模，KPO = 临界参数 1，KPT = 临界参数 2，P_c =交叉概率，P_m = 变异概率。

输出： D_{out} = 最后一代的输出 Pareto 前沿。

步骤 1　初始化操作： 产生正交初始化种群 P_0，并计算其适应度函数值，寻找非支配抗体种群 $D_t = (a_1, a_2, \cdots, a_e)$，初始化进化指针 $t = 0$；

步骤 2　搜索阶段的自适应选择： 如果当前非支配抗体数目 $e <$ KPO，第一阶段算法被调用；如果 $e \geqslant$ KPO 并且 $e <$ KPT，第二阶段算法被调用；如果 $e \geqslant$ KPT，第三阶段算法被调用；

步骤 3　不同搜索阶段的自适应动态运行： 如果第一阶段算法被激活，表明当前种群非支配抗体较少，则执行半种群双倍克隆技术，随着进化过程的成熟和非支配抗体的增加，算法流程可能转到第二阶段或者第三阶段；如果第二阶段算法被激活，则执行表 4.2 中的局部增量搜索和半种群局部增量搜索的混合算法，在强调局部增强搜索的同时，保证全局信息的稳健性，随着局部搜索的进行，进化过程要么跳出局部 Pareto 前沿，达到新的 Pareto 前沿，可能导致在线非支配抗体的暂时减少，则跳转到第一阶段，要么在当前 Pareto 前沿进一步成熟，跳转到第三阶段；如果第三阶段被激活，则只采用非支配抗体来进行增强局部搜索，进一步保证算法收敛于全局 Pareto 前沿，如果是局部 Pareto 前沿，则算法会跳出它，流转到第一阶段或者第二阶段；

步骤 4　更新下一代抗体种群： 计算新生成的抗体种群的适应度，寻找该种群和父代种群中非支配抗体，如果大于种群规模 N，则采用拥挤距离来选择前 N 个该度量值大的抗体；如果小于种群规模 N，则选取所有非支配抗体和部分支配抗体进入下一代种群，支配抗体可采取随机选择方式；

步骤 5　结束条件判断： 更新当前函数评价次数之和 $fe_t = fe_t +$ 本次循环评价次数，如果 $fe_t \geqslant$ FE，则输出当前代非支配抗体 D_t；否则，转到步骤 2，并设定 $t = t + 1$

4.3.4　在线非支配抗体自适应多目标优化算法的时间复杂度分析

　　在此，重新介绍一下用到的参数符号。进化种群大小为 N，优化目标数目为 m，在线非支配抗体数目为 e 以及最大进化代数 G_{max}。首先，考虑非支配抗体在数目满足 $e \leqslant N$ 时，非支配抗体辨识的最坏时间复杂度为 $O(mN^2)$，如果采用表

4.1 中算法 4.2 计算非支配抗体，其时间复杂度一般小于 $O(mN^2)$，这是由于它采用了"边比较，边删除"的策略，避免了支配抗体的重复比较；模拟二进交叉、多项式变异和比例克隆的时间复杂度均为 $O(N)$；拥挤距离计算的时间复杂度为 $O(mN\mathrm{lb}N)$；非支配排序的时间复杂度为 $O(mN^2)$。根据符号"O"的意义，整个算法的时间复杂度被 $O(mN^2)$ 所支配。

需要注意的是，由于本章研究的是不同阶段算法的自适应选择，并且不同阶段设计了具有不同时间复杂度的算法，因此，随着在线非支配抗体数量的动态出现，不能对整个算法给出其精确的运算时间复杂度描述方案。在此，可以对其时间复杂度给出极端的两种情况，最坏的情况是第一阶段一直被调用，其时间复杂度为 $O(G_{\max}mN^2)$；较好的情况是第三阶段一直被效用，其时间复杂度为 $O(G_{\max}meN)$，极端情况为当前种群均为非支配抗体，此时为 $O(G_{\max}mN^2)$。因此，较为理想的估计算法运算时间的方式是直接给出同等运算环境下的 CPU 计算时间。在实验部分，作者会对其进行详细分析。

4.4　仿真对比实验研究

4.4.1　测试函数选择与实验设置

本章选取十个测试函数：ZDT1、ZDT2、ZDT3、ZDT4 和 ZDT6，五个 3 目标的 DTLZ 问题：DTLZ1、DTLZ2、DTLZ3、DTLZ4 和 DTLZ6，以及 4～9 目标的扩展的 DTLZ1 和 DTLZ2 问题[23]。这些问题已经在进化多目标优化领域获得广泛的关注，被用来测试新算法的性能。一些成熟算法在测试这些问题时表现出的性能，已经被大家所熟知[2-4]。例如，NSGA-Ⅱ能够在种群大小 100 和进化代数 500 时，解决上述五个两目标的 ZDT 系列问题和除 DTLZ3 之外的其他四个 DTLZ 系列问题。因此，选用这些问题更加具有公开性和参考性，可以直接利用现有比较算法的公认参数设置，可以避免不适当参数设置带来的原始算法性能的丢失，保证比较的公平性。

实验对比中，采用了 MATLAB 7.01 编译环境，计算机配置为 HP Workstation xw9300（2.19GHZ，16GB RAM; Hewlett-Packard，Palo Alto，CA）。比较算法采用较为著名的 NSGA-Ⅱ、SPEA2 和 PESA-Ⅱ，本书算法和上述三个比较算法均采用模拟二进交叉和多项式变异，完成种群的重组和局部扰动操作。进化种群和外部种群均设定为 100。对于 PESA-Ⅱ，设定其每维超格数目为 10[3]。本书算法 AHMA 中，非支配抗体临界点 KPO 和 KPT 分别设定为 20% 和 50%，后面将对其临界点参数进行实验分析。值得注意的是，由于 AHMA 采用动态自适应的进化方式，每个阶段的函数评价次数不确定，因此，不能够采用同时固定种群大小和进化代数的方式设定停止条件，本章采用设定总评价次数的方式，如果算法达到了总的评价次数，强迫算法终止。而 NSGA-Ⅱ、SPEA2 和 PESA-Ⅱ 的进化代数为 500 代，因此总评价次数为 50000。本书涉及的其他参数列于表 4.4。此外，为了下文算法比较图形中的简单表示，本章给上述每个算法一个数字标号，如表 4.5 所示。

表 4.4　算法相关参数设置

参数	PESA-Ⅱ	SPEA2	NSGA-II	AHMA
交叉概率 p_c	0.85	0.85	0.85	0.85
SBX 分布索引	15	15	15	15
变异概率 p_m	$1/r$	$1/r$	$1/r$	$1/r$
多项式变异分布索引	20	20	20	20

表 4.5　本章算法和三个比较算法的数字标号

索引	1	2	3	4
算法	AHMA	NSGA-Ⅱ	SPEA2	PESA-Ⅱ

关于算法的性能度量，Zitzlerd 等认为，对于一个 m 目标的优化问题，至少需要 m 个或者更多的度量指标来衡量算法的性能[24,25]。因此，为了对算法运行结果进行有效的统计分析，本章采用世代距离（generation distance）[26]，最大展布（maximum spread）[27]和间距（spacing）[28]分别度量算法的收敛性、延展性和均匀性。采用 30 次独立运行的统计盒图分布来比较它们的统计结果[28]，盒图一直是经济学领域统计分析的重要工具，它可以很好地反映数据的统计分布情况。盒子的上下两条线分别表示样本的上下四分位数，盒子中间的水平线为样本的中位数，样本最大值为虚线顶端，样本最小值为虚线底端，"+"表示野值，盒子的切口为样本的置信区间。

4.4.2　对十个低维目标优化问题的实验结果对比与分析

图 4.8 是 AHMA、NSGA-Ⅱ、SPEA2 和 PESA-Ⅱ求解五个 2 目标 ZDT 系列问题时，30 次独立运行得到的世代距离、最大展布和间距的统计盒图分布。首先，考虑图 4.8 中的收敛性指标，AHMA 对于 ZDT1、ZDT4 和 ZDT6 问题取得较为优越的收敛性统计结果，PESA-Ⅱ 则获得了较好的 ZDT2 和 ZDT3 的统计结果。其次，对于图 4.8 中最大展布的指标，需要注意，该指标利用已知 Pareto 最优前沿边界值和估计集合边界值形成的超体积区域，理想的值是 1，如果小于该值表明算法收敛到 Pareto 最优前沿附近，但是不具备较好的宽广性。AHMA 对于这五个 ZDT 系列问题，均取得了较好的统计结果，而 PESA-Ⅱ取得较好的 ZDT2 和 ZDT3 收敛性统计结果，但是它们的最大展布指标较差，特别是 ZDT2 问题，该算法具有相对较差的多样性保持能力。对于间距指标，SPEA2 具有最好的统计分布结果，

然后是 AHMA。这是由于 SPEA2 采用动态聚类实现外部种群个体删除，其多样性保持是当前进化多目标优化领域最好的，但是其计算复杂度较大，最坏情况是 $O((N+A)^3)$，平均情况是 $O((N+A)^2 \text{lb}(N+A))$，均大于本章算法采用的拥挤距离，其复杂度是 $O(N \text{lb} N)$。而 PESA-II 用空间超格的机制来删减非支配解的数量，格子的大小是一个关键因素。

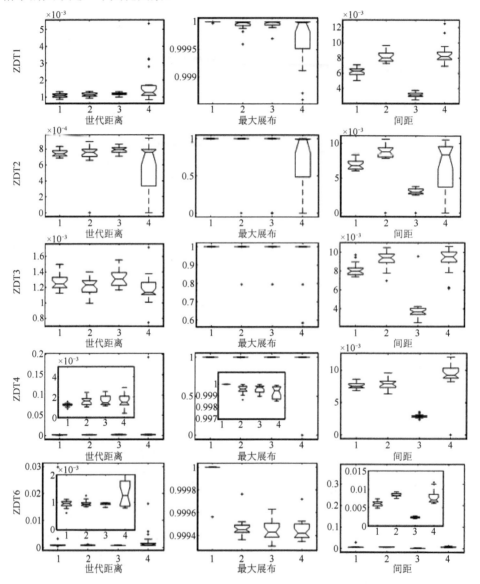

图 4.8　AHMA（1）、NSGA-II（2）、SPEA2（3）和 PESA-II（4）求解五个 2 目标 ZDT 系列问题时得到的世代距离、最大展布和间距的统计盒图分布

综合考虑上述统计结果,可以得出 AHMA 对于本章采用的五个两目标优化的 ZDT 系列优化问题,取得较为满意的实验结果。对于 ZDT1、ZDT4 和 ZDT6 问题在取得较好多样性保持能力下,具有较为优越的收敛性统计分布结果。此外,需要解释的是,由于 AHMA 对边界抗体和稀疏区域抗体分配相对较多计算资源,因此,该算法具有相对较好的多样性保持能力,同时,稀疏区域往往对应着未被深入搜索的 Pareto 前沿,可以引导搜索方向,合理分配搜索资源,达到快速收敛的目的。

图 4.9 是 AHMA、NSGA-Ⅱ、SPEA2 和 PESA-Ⅱ求解五个 3 目标 DTLZ 系列问题时,30 次独立运行得到的世代距离、最大展布和间距的统计盒图分布。首先分析算法的收敛性指标,AHMA 在求解 DTLZ1、DTLZ3、DTLZ4 问题时取得最好的世代距离统计分布结果,PESA-Ⅱ对于 DTLZ6 取得了最好的统计结果;对于最大展布指标,AHMA 均取得了最好的统计结果,值得注意的是虽然 PESA-Ⅱ对于 DTLZ6 取得最好的收敛性指标,但是其最大展布指标下降得太快,说明其仅仅进化到部分 Pareto 前沿;对于均匀性指标,AHMA 对于 DTLZ1 和 DTLZ3 问题,取得了最好的间距统计分布指标,SPEA2 对于 DTLZ2、DTLZ4 和 DTLZ6 取得了最好的间距统计指标。需要解释的是,DTLZ1 和 DTLZ3 问题是这本章采用的十个多目标问题中最复杂的问题,对于这两个问题,AHMA 明显优于其他三个算法。DTLZ1 和 DTLZ3 分别有($11^{|x_M|}-1$)和($3^{|x_M|}-1$)局部 Pareto 最优前沿端,其中$|x_M|$是自变量的个数,分别取 5 和 10。Zitzler 等[24]学者已经指出对于 DTLZ3 问题,在进化 500 代(50000 函数评价次数),NSGA-Ⅱ和 SPEA2 均不能收敛到真正的 Pareto 最优前沿端,在此可以看出 PESA-Ⅱ也不能收敛到真正的 Pareto 最优前沿端,而本章算法 AHMA 能取得较好的结果。

根据实验结果,总体来说,可以得到以下结论:

(1)对于 ZDT1、ZDT4、ZDT6、DTLZ1、DTLZ3 和 DTLZ4 问题,AHMA 在保持多样性的条件下取得相对较好的收敛性统计结果,特别是对于 DTLZ1 和 DTLZ3,其他三个算法不能收敛到真正 Pareto 最优前沿附近,只有 AHMA 可以较好地解决这些问题。表现出了本章提出的自适应分配计算资源和动态调节搜索进程的必要性和显著性;

(2)对于 ZDT2、ZDT3 和 DTLZ6 问题,PESA-Ⅱ虽然取得较好的收敛性统计分布值,但是其多样性保持能力相对较差,不能反映优良算法的真正特质;

(3)对于 ZDT1、ZDT2、ZDT3、ZDT4、ZDT6、DTLZ2、DTLZ4 和 DTLZ6,SPEA2 取得最好的间距统计分布指标,表明该算法获得最好的均匀分布的 Pareto 前沿,但是其复杂度相对较大。如果不考虑该算法,AHMA 对于五个 ZDT 系列问题和除 DTLZ6 外的四个 DTLZ 系列问题,取得最好的间距统计结果。

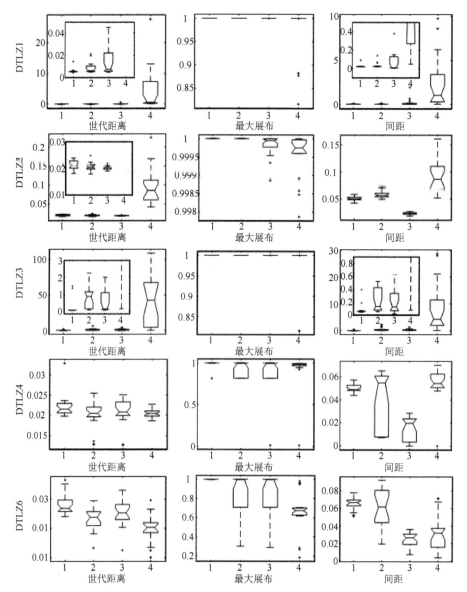

图 4.9　AHMA（1）、NSGA-Ⅱ（2）、SPEA2（3）和 PESA-Ⅱ（4）求解五个 3 目标 DTLZ 系列问题时得到的世代距离、最大展布和间距的统计盒图分布

　　因此，综合上述统计结果，可以较为明显地看出，本章算法在收敛性和多样性保持方面具有明显的优势，在抗体均匀分布方面具有一定的优势。为此，本章算法和当前代表性的进化多目标相比，取得了满意结果，是一个较为新颖和高效的进化多目标算法。

4.4.3 引入参数 KPO 和 KPT 的敏感性分析

本节主要研究 AHMA 中引入的把该算法划分为三个阶段的 KPO 和 KPT 两个参数。由于本书篇幅所限,只能选取部分测试函数,并对其敏感性进行分析。考虑到 DTLZ1 和 DTLZ3 问题的复杂性,本章算法在不同参数组合下,对于解决这两个问题表现出的性能最具有代表性。为此,本节选取 DTLZ1 和 DTLZ3 问题,对 AHMA 在不同 KPO 和 KPT 组合参数下的性能进行分析,得出有关 KPO 和 KPT 的有意义的结论。

图 4.10 是 AHMA 求解 DTLZ1 和 DTLZ3 问题时,在不同参数 KPO 和 KPT

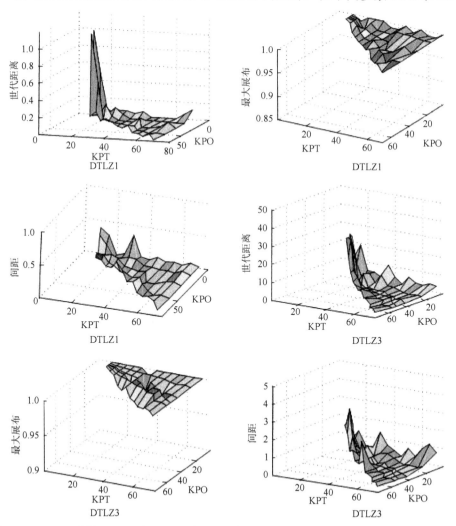

图 4.10 AHMA 求解 DTLZ1 和 DTLZ3 问题时,在不同参数 KPO 和 KPT 组合下得到的世代距离、最大展布和间距的统计均值分布

组合下，30 次独立运行得到的世代距离、最大展布和间距的统计均值分布。图中 KPT 的取值范围是[10%,75%]，KPO 的取值小于 KPT。本节认为[10%,75%]对研究 KPT 对 AHMA 性能影响是合适的，当前种群中非支配抗体比例小于 10%时，种群中的非支配抗体已经不能代表整个种群的多样性信息，需要支配抗体来参与运算；如果非支配抗体比例大于 75%，非支配抗体可以代表整个种群，支配抗体可以不用参与问题求解。

由图 4.10 可得，如果 KPO 和 KPT 取值都较小时，收敛性指标和间距指标取得较大的统计均值分布，最大展布取得较小的统计结果，表明 AHMA 不能较好地收敛到全局 Pareto 最优前沿，陷入了局部最优 Pareto 前沿。当 KPO 和 KPT 较小时，对应着 AHMA 过早地仅仅采用非支配抗体进行增量局部搜索操作，容易陷入局部最优。从图中可以得到，当 KPT 大于 40 以及 KPO 大于 15 时，AHMA 可以获得较好的统计分布结果，表明算法可以稳健而高效地收敛到全局 Pareto 最优前沿。

优化算法成功的关键在于如何能动态地在全局搜索和局部开采作出平衡操作。如果 KPO 和 KPT 过小，表明仅仅一小部分非支配抗体被用来作局部搜索，算法容易陷入局部最优，而无法找到全局解；如果它们过大，几乎种群中的所有非支配抗体被用来作局部搜索操作，抗体的选择压力过于平均，无法合理地分配有限的计算资源，导致进化过程的低效。通过实验分析，本章认为，在整个种群规模是 100 时，KPT 取 50 以及 KPO 取 20 是合适的。

4.4.4　AHMA 中三个阶段平均被调用次数

图 4.11 是 AHMA 求解 DTLZ3 问题时，在 30 次独立运行条件下，得到的算法流程激活三个阶段的次数。从图中可以得到，第三阶段被调用次数远大于第一阶段和第二阶段被调用的次数，说明第三阶段在算法整个搜索过程中起了最重要的作用，第一阶段和第二阶段往往用来处理特殊情况。在算法设计中，第一阶段

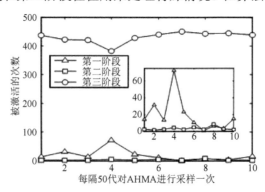

图 4.11　AHMA 求解 DTLZ3 问题时得到的三个阶段的平均被激活次数

算法类似于 NSGA-Ⅱ，但是 AHMA 把主要精力用于局部增量搜索阶段，这也是为什么 AHMA 对于 DTLZ1 和 DTLZ3 可以收敛到全局 Pareto 前沿附近，而传统算法 NSGA-Ⅱ、SPEA2 和 PESA-Ⅱ还远不能收敛到全局 Pareto 前沿。因此，本章提出的根据当前发现的非支配抗体数量来自适应地调控搜索过程，合理分配计算资源是有效的，提高了传统算法的进化效率。

4.4.5　AHMA 在求解高维目标优化问题的性能分析

Khare 等[29]已经指出，对于复杂的多目标优化问题，小种群不能够使算法获得足够的收敛性能，特别是对于目标维数大于 3 的高维目标优化问题。为了研究种群大小的影响，本章给出了 AHMA 在不同规模种群设定下对于 4~6 目标的 DTLZ1 和 DTLZ2 问题的性能分析，对 AHMA 在求解高维目标优化问题作出一定的调研和预测，为进一步求解高维多目标优化问题，提供合适的种群大小设置。

图 4.12 描述了 AHMA 求解 DTLZ1 和 DTLZ2 问题时，不同种群大小对于算法性能的影响曲线分布图。从图中可得，对于 4 目标和 5 目标的 DTLZ1 和 DTLZ2 问题，随着种群规模的增大，AHMA 获得的收敛性和间距统计分布曲线具有较为明显的下降趋势，这说明增大种群确实能够带来收敛性能的提高。但是，当目标维数是 6 时，虽然曲线走势有一定的降低，在种群规模是 1000 时，算法还未收敛到全局 Pareto 前沿附近。需要解释的是，参看纵坐标的数值可以在一定程度预测算法收敛性，如对于 6 目标的 DTLZ1 问题，在种群大小是 1000 时，其收敛性度量值是 200，比较其在求解 4 目标的 DTLZ1 问题获得的收敛性度量值，可以明显地发现算法在求解该问题时表现出的不收敛性。通过综合考虑图 4.12 和文献[29]，可以给出算法在求解高维目标时所需的种群大小和进化代数，如表 4.6 所示。

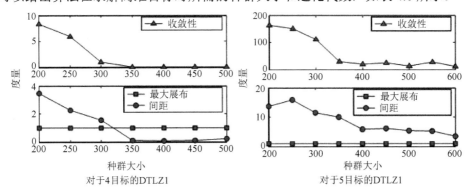

对于4目标的DTLZ1　　　　　对于5目标的DTLZ1

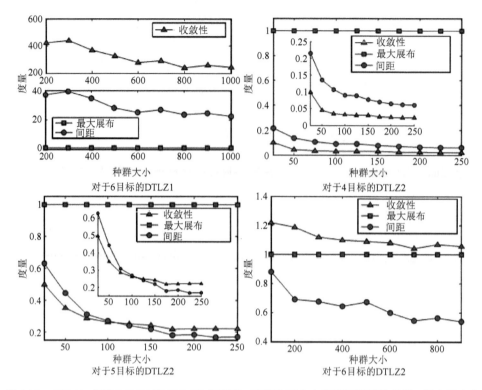

图 4.12　AHMA 求解 DTLZ1 和 DTLZ2 问题时,不同种群大小情况下得到收敛性、最大展布和
间距度量的平均度量值分布曲线

表 4.6　求解高维多目标优化问题所需的种群大小和进化代数

目标维数		3	4~5	6~7	8~9
DTLZ1	种群大小	200	400	600	800
	进化代数	300	600	800	1000
DTLZ2	种群大小	100	200	400	600
	进化代数	200	300	500	700

　　从表 4.6 中可得,随着目标维数的增大,算法所需的种群大小和进化代数在一直增加。因为 DTLZ1 比 DTLZ2 问题更加难于求解,求解前者需更多的计算资源,因此,其种群规模和进化代数更大。图 4.13 是 AHMA、NSGA-Ⅱ 和 SPEA2用于求解 3~9 目标的 DTLZ1 和 DTLZ2 问题获得的收敛性和间距度量的平均度量值分布曲线。在此没有考虑 PESA-Ⅱ 和最大展布指标,原因是该算法在求解低维目标函数时表现出的不稳定和较差的结果。最大展布指标用边界点来度量算法的多样性保持能力,但是,算法在不能收敛到全局 Pareto 前沿附近时,种群中的抗体已经完全覆盖最优解分布的区域,该指标表现出最优解覆盖的区域,不能较好地度量解分布的展布性。从图 4.13 可得,分析算法在求解 3~9 目标 DTLZ1 和

DTLZ2 问题获得的度量指标的纵坐标计量值，可以发现，对于不大于 5 目标的问题，AHMA 还能够取得较为满意的度量值，随着目标维数的增加，AHMA、NAGA-Ⅱ 和 SPEA2 均不能收敛到全局 Pareto 前沿附近。但是，AHMA 取得相对较好的收敛性结果。SPEA2 取得相对较好的间距度量值，这与前文对 SPEA2 的性能分析一致。

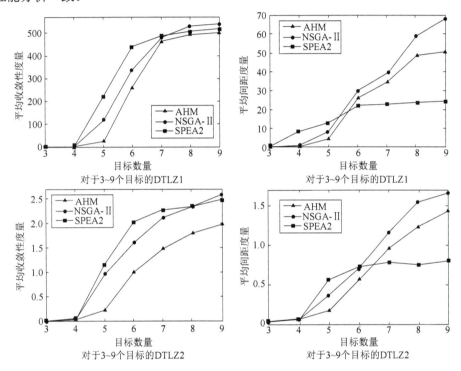

图 4.13　AHMA、NSGA-Ⅱ和 SPEA2 求解 3～9 目标的 DTLZ1 和 DTLZ2 问题获得的收敛性和间距度量的平均度量值分布曲线

　　当前的进化多目标优化算法的选择操作往往是将目标向量映射为反映适应度的等级函数值，从而建立个体的全序排列关系。第一个选择标准是 Pareto 支配操作，第二个标准是多样性保持操作。当目标维数增加到一定数目，Pareto 支配关系被弱化，即种群中几乎所有的个体均为非支配解，而第二个选择标准是为不同等级上的个体建立多样性度量值，不是为种群建立一个新的排序关系，因此传统算法中基于 Pareto 支配关系搜索算法的性能将迅速下降。对于高维多目标优化问题的研究是当前进化多目标优化领域中最复杂的未解决问题之一。本章算法在一定程度上提升了传统算法对于该类问题的求解，但是面对目标维数更高的问题（大于 5 目标的问题），本章算法也无法收敛到全局 Pareto 前沿附近。

4.4.6　AHMA 的运行时间分析

分析和比较算法在同一个编译器和同样配置的计算机上的运行时间可以进一步理解算法的实际运行效率。已在 4.4.1 小节交代了算法的编译环境和运行环境。图 4.14 是 AHMA、NSGA-Ⅱ 和 SPEA2 求解 3～9 目标的 DTLZ1 问题获得的平均运行时间分布曲线。AHMA 明显地获得了更少的运算时间,特别是在求解大种群和多进化代数的 9 目标 DTLZ1 问题,算法获得较为满意的运算时间。AHMA 需要较少的运行时间归结于其自适应地摒弃了复杂的为整个种群分配非支配等级的策略,采用不同复杂度的算法阶段。此外,表 4.3 中提出的更为高效的寻找非支配抗体的算法也在一定程度上提高了算法性能。

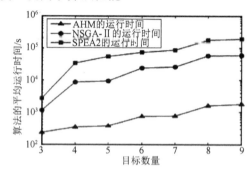

图 4.14　AHMA、NSGA-Ⅱ和 SPEA2 求解 3～9 目标的 DTLZ1 问题获得的
平均运行时间分布曲线

4.5　本章小结

本章研究了如何利用在线非支配抗体的数量来设计自适应的高效多目标优化算法,针对非支配抗体的动态信息,本章对当前多目标优化中采取的复杂非支配排序策略进行了深入分析,大胆地提出了抛弃该策略的思想。为了更加高效地利用搜索过程反馈的动态信息,本章提出了基于在线非支配抗体的自适应选择机制和自适应克隆策略,根据当前发现的非支配抗体数量,把整个搜索过程划分为不同的三个阶段,每个阶段采用不同侧重点的求解机制。其中,第二阶段和第三阶段,提出了高效的局部增量搜索算法,根据抗体的局部密度信息分配有限的计算资源,加强对局部稀疏区域的搜索,更加合理地调节了搜索过程,节省了计算资源,提高了搜索效率。

人工免疫系统中的克隆选择算法是本章的基础算法,本章就是受克隆选择算法中选取较少的活性非支配抗体来完成克隆增值和信息扩散的启发,提出了基于局部非支配抗体的增量搜索和调节机理。本书算法确实在运算效率获得了提升,对于复杂的 DTLZ1 和 DTLZ3 问题，传统算法在有限计算资源下，不能收敛到全局 Pareto 前沿附近，本章算法较好解决了这个问题。此外，在运算时间上也获得了明显的改进。

　　本章算法不足之处在于如何进一步提高非支配抗体的多样性保持能力。本章算法采取拥挤距离来保持外部种群中的非支配抗体，拥挤距离具有较小或低的运算时间复杂度，多样性保持能力也相对较好，但是，其也有明显的缺点，那就是对于目标维数较高的问题，其多样性保持能力会下降。其实高维目标优化问题中，算法收敛性和多样性保持是一对矛盾，多样性要求解分布的均匀性，也就是说，均匀分布的抗体需要具有同等重要的度量值或适应度。但是经典算法在求解高维目标优化问题时，正是缺乏对抗体或解的有效区分，而导致性能的迅速下降[30]。因此，我们可以提出猜想：在解决高维多目标优化问题时，是否可以牺牲解分布均匀性而到达较好的收敛性。

参 考 文 献

[1]　ERICKSON M, MAYER A, HORN J. The niched Pareto genetic algorithm 2 applied to the design of groundwater remediation systems[C]//International Conference on Evolutionary Multi-Criterion Optimization. Berlin: Springer, 2001: 681-695.

[2]　ZITZLER E, LAUMANNS M, THIELE L. SPEA2: Improving the strength Pareto evolutionary algorithm[C]// Eurogen, 2001, 3242(103): 95-100.

[3]　CORNE D W, JERRAM N R, KNOWLES J D, et al. PESA-II: Region-based selection in evolutionary multi-objective optimization[C]//Proceedings of the Genetic and Evolutionary Computation Conference San Francisco: Morgan Kaufmann Publishers, 2001. 283-290.

[4]　DEB K, PRATAP A, AGARWAL S, et al. A fast and elitist multiobjective genetic algorithm: NSGA-II[J]. IEEE Transactions on Evolutionary Computation, 2002, 6(2): 182-197.

[5]　JENSEN M T. Reducing the run-time complexity of multiobjective EAs: The NSGA-II and other algorithms[J]. IEEE Transactions on Evolutionary Computation, 2003, 7(5): 503-515.

[6]　GOLDBERG D E. Genetic algorithm for search, optimization, and machine learning[J]. MA: Addison-Wesley, 1989.

[7]　COELLO C A C. Evolutionary multi-objective optimization: A historical view of the field[J]. IEEE Computational Intelligence Magazine, 2006, 1(1): 28-36.

[8]　COELLO C C, LAMONT G B, VAN VELDHUIZEN D A. Evolutionary Algorithms for Solving Multi-Objective Problems[M]. Springer Science & Business Media, 2007.

[9]　DEB K. Multi-Objective Optimization Using Evolutionary Algorithms[M]. John Wiley & Sons, 2001.

[10]　FONSECA C M, FLEMING P J. Genetic algorithms for multiobjective optimization: formulation discussion and generalization[C]//ICGA, 1993, 93: 416-423.

[11]　SRINIVAS N, DEB K. Muiltiobjective optimization using nondominated sorting in genetic algorithms[J]. Evolutionary Computation, 1994, 2(3): 221-248.

[12]　HORN J, NAFPLIOTIS N, GOLDBERG D E. A niched Pareto genetic algorithm for multiobjective optimization[C]//Proceedings of the First IEEE Conference on Evolutionary Computation, 1994: 82-87.

[13]　SRINIVAS M, PATNAIK L M. Adaptive probabilities of crossover and mutation in genetic algorithms[J]. IEEE

Transactions on Systems, Man, and Cybernetics, 1994, 24(4): 656-667.

[14] AGAPIE A. Adaptive genetic algorithms - modeling and convergence[C]//Proceedings of the 1999 Congress on Evolutionary Computation. Washington DC , 1999: 729-735.

[15] SUGISAKA M, FAN X. Adaptive genetic algorithm with a cooperative mode[C]//IEEE International Symposium on Industrial Electronics, 2001, 3: 1941-1945.

[16] LIU Z M, ZHOU J L, LAI S. New adaptive genetic algorithm based on ranking[C]//2003 International Conference on Machine Learning and Cybernetics, 2003, 3: 1841-1844.

[17] HINTERDING R, MICHALEWICZ Z, EIBEN A E. Adaptation in evolutionary computation: A survey[C]//IEEE International Conference on Evolutionary Computation. Indianapolis, 1997: 65-69.

[18] TAN K C, LEE T H, KHOR E F. Evolutionary algorithms with dynamic population size and local exploration for multiobjective optimization[J]. IEEE Transactions on Evolutionary Computation, 2001, 5(6): 565-588.

[19] CHEN J, MAHFOUF M. A population adaptive based immune algorithm for solving multi-objective optimization problems[C]//International Conference on Artificial Immune Systems. Berlin: Springer, 2006: 280-293.

[20] CAO R, LI G, WU Y. A self-adaptive evolutionary algorithm for multi-objective optimization[C]//International Conference on Intelligent Computing. Berlin: Springer, 2007: 553-564.

[21] CHANG P C, HSIEH J C, WANG C Y. Adaptive multi-objective genetic algorithms for scheduling of drilling operation in printed circuit board industry[J]. Applied Soft Computing, 2007, 7(3): 800-806.

[22] WAGNER T, BEUME N, NAUJOKS B. Pareto-, aggregation-, and indicator-based methods in many-objective optimization[C]//International Conference on Evolutionary Multi-criterion Optimization. Berlin: Springer, 2007: 742-756.

[23] DEB K, THIELE L, LAUMANNS M, et al. Scalable multi-objective optimization test problems[C]//Proceedings of the 2002 Congress on Evolutionary Computation, 2002, 1: 825-830.

[24] ZITZLER E, THIELE L. Multiobjective evolutionary algorithms: A comparative case study and the strength Pareto approach[J]. IEEE Transactions on Evolutionary Computation, 1999, 3(4): 257-271.

[25] ZITZLER E, THIELE L, LAUMANNS M, et al. Performance assessment of multiobjective optimizers: An analysis and review[J]. IEEE Transactions on Evolutionary Computation, 2003, 7(2): 117-132.

[26] VAN VELDHUIZEN D A, LAMONT G B. On measuring multiobjective evolutionary algorithm performance[C]// Proceedings of the 2000 Congress on Evolutionary Computation, 2000, 1: 204-211.

[27] ZITZLER E. Evolutionary Algorithms for Multiobjective Optimization: Methods and Applications[D]. Zurich: Swiss Federal Institute of Technology (ETH), 1999.

[28] SCHOTT J R. Fault tolerant design using single and multicriteria genetic algorithm optimization [R]. Cambridge: Massachusetts Institute of Technology, 1995.

[29] KHARE V, YAO X, DEB K. Performance scaling of multi-objective evolutionary algorithms[C]//International Conference on Evolutionary Multi-Criterion Optimization. Berlin: Springer, 2003: 376-390.

[30] KUKKONEN S, LAMPINEN J. Ranking-dominance and many-objective optimization[C]//2007 IEEE Congress on Evolutionary Computation. Singapore, 2007: 3983-3990.

第5章 基于自适应等级克隆和动态 m 近邻表的克隆选择多目标优化

5.1 引　　言

多目标优化算法的设计目标是研究如何在较少的计算时间内，获得一组能够收敛到全局 Pareto 前沿，并且具有较好分布性的非支配解。较好的分布性要求算法获得的解能够估计整个全局 Pareto 前沿，即具有较好的展布性和均匀性。当前算法要么采用不同的优化范例来保证搜索过程的收敛性和外部种群的多样性，弱化对算法搜索效率和运算时间的考虑；要么采用过于偏激的搜索机制来达到对特定问题的求解，忽略算法运行过程的稳健性和鲁棒性。如何在较为合理的运算时间内，更加有效地求解多目标优化问题一直是多目标优化领域考虑的主要问题之一。以 SPEA2[1] 和 NSGA-II[2] 为例，该算法具有较好的多样性保持能力，但是其求解过程过于复杂，最坏情况为 $O((A+N)^3)$，N 是种群规模，A 是外部种群大小；而 NSGA-II 的多样性保持机制运算时间相对简单，为 $O(MbN)$，但是其无法较好地取得均匀分布的解。要想提高算法性能和降低运算时间，不仅需要采用新的更加高效的进化范例，还需要研究更好的多样性保持技术。

本章继续研究如何在人工免疫框架下，对多目标优化算法的收敛性和多样性保持能力作进一步的讨论。人工免疫系统是受生物免疫系统启发而发展起来的新计算模型，该理论已经被成功地应用于多目标优化算法设计。回顾人们采用人工免疫系统解决多目标优化的历程，从简单地把人工免疫系统部分概念引入问题求解到高效的非支配近邻免疫多目标优化算法的提出，免疫多目标优化算法的发展用了将近 10 年的时间。总结前人成果，可以得出，Coello Coello 等学者在 2002 年英国肯特大学举办的第一届人工免疫系统国际会议上最早提出的较为完整的免疫多目标优化算法（MISA）[3]，以及 Gong 等在进化计算的顶级国际期刊麻省理工学院的 *Evolutionary Computation* 上发表的非支配近邻免疫多目标优化算法（NNIA）[4] 是最具代表性的应用人工免疫系统解决多目标优化问题的算法。MISA 采用了变量空间的二进编码，选择可行非支配抗体进行克隆，设计针对克隆抗体的均匀变异和次优抗体的非均匀变异。MISA 算法的缺点在于其收敛的相对低效性和二进编码的有限精度[3]。NNIA 模拟了免疫响应中多样性抗体共生、少数抗体激活的现象，通过一种基于非支配邻域的个体选择方法，只选择少数相对孤立的非支配个体作为活性抗体，根据活性抗体的拥挤程度进行克隆增值操作，对克隆

后的抗体群采用了有别于进化计算的重组操作和变异操作，以此加强对当前
Pareto 前沿面中较稀疏区域的搜索。该算法的缺点在于其仅仅选取部分非支配抗
体参与克隆和亲和度成熟操作，而当前种群中的在线非支配抗体是动态变化的，
其数量较少时，不能够代表整个种群，很容易陷入局部 Pareto 前沿。此外，其采
用的拥挤距离也有待进一步提高，虽然它能够估计局部抗体的密度信息，但是其
不足以获得较好的均匀性指标。

如何利用人工免疫系统来设计高效的多目标优化算法？不仅需要对当前人工
免疫多目标优化算法的优缺点进行深入分析，还需要在此基础上设计更加有效的
策略。本章正是在对先前人工免疫多目标优化算法做深入研究的基础上，提出了
基于自适应等级克隆和动态 m 近邻表的克隆选择多目标优化算法，其中，m 是目
标的维数。自适应等级克隆根据当前发现的非支配抗体数量来动态选择活性抗体，
完成更加高效的克隆操作。所谓活性抗体，被定义为从当前种群中选出的一部分
用于克隆增值的代表抗体。克隆资源采用基于等级和抗体密度信息的二次自适应
分配机制。此外，为了提高 NNIA 中抗体的多样性保持机制，即如何获得均匀分
布的抗体，研究了基于新型抗体密度度量准则的近邻距离指标，提出了建立抗体
近邻表的动态删除机制，并证明了该机制在多样性保持方面的理论最优性，本章
算法是 NNIA 的升级版本，可称为 NNIA2。

5.2　传统免疫多目标优化算法的性能分析

引言中，本章对应用人工免疫系统求解多目标优化问题的两个代表性算法进
行了初步的分析。其中，Gong 等提出的非支配近邻免疫多目标优化算法（NNIA）
最具代表性，本章将对传统免疫多目标优化算法以及它们的不同特点进行深入总
结分析，并对 NNIA 中采用的抗体选择与繁殖、多样性保持机制进行深入讨论，
最后总结如何设计更加高效的免疫多目标优化算法。

Yoo 等第一个把人工免疫系统的抗体-抗原亲和度概念用于进化多目标优化
问题求解中[5]，他们随机选择抗体来与特定抗体匹配，计算其亲和度，该算法采
用二进制编码和基于效用函数的目标加权方式完成抗体适应度计算。Cui 等提出
了亲和度加权的免疫多目标优化算法[6]，采用信息熵来保持抗体的多样性。上述
算法是免疫多目标优化算法中较为简单、效率较低的早期算法，它们采用目标函
数加权求和的方式，每次仅能得到一个最优解，并且对 Pareto 前沿形状敏感。

Luh 等模拟了生物免疫系统的复杂实现，提出了复杂的免疫多目标优化算
法[7]，并用于求解约束优化问题。该算法首先根据抗体的适应度和约束关系，对
种群中抗体进行分等级操作，违反约束的抗体根据其违反约束的量转化为无约束
优化问题，然后提取非支配抗体进行克隆和超变异操作。该算法根据抗体的支配

关系和可行性来更新其建立的基因库，类似于外部归档集合。Freschi 和 Repetto 提出了向量免疫多目标优化算法，他们先对抗体进行固定数目的克隆操作，然后进行变异规模随着目标函数值变的局部扰动操作，选取克隆变异之后好的抗体来替代其父代抗体。此外，还设计了保持抗体多样性的亲和度压制操作，如果所有抗体之间的距离小于给定阈值，则进行亲和度压制。Lu 等采用免疫系统中的免疫耐受理论中的遗忘操作，提出了二元编码的免疫遗忘多目标优化算法[8]，其抗体亲和度使用简化的 SPEA2 个体强度信息，采用静态的三倍克隆机制来繁殖抗体，用免疫遗忘单元来提取部分遗忘抗体进入在线进化种群，以增加抗体多样性，防止早熟。Jiao 等建立免疫多目标优化的概念体系[9]，对于免疫支配、免疫差分度、抗体-抗原亲和度和抗体-抗体亲和度等进行了规范的定义，并提出了免疫支配克隆多目标优化算法，同样采用二进制编码和固定倍数克隆机制，此外，他们还对涉及的克隆规模、变异和交叉概率进行了深入分析，为以后的研究提供了有用参考。上述算法在 2003～2005 年被提出，它们采用了免疫系统的不同理论来构建算法框架，如克隆选择理论、免疫网络模型和免疫遗忘机制等，此外，该时期算法多采用二进制编码和静态克隆操作，较少见到新颖而高效的多样性保持机制，但是该时期算法奠定了免疫多目标优化算法研究的理论框架和概念模型。

　　Tan 等提出了效率较高的进化免疫多目标优化算法[10]，采用克隆选择机制和记忆细胞来提高传统进化的搜索效率，其抗体的选择机制采用一个新的衡量抗体进化种群多样性的指标表示，然后根据该指标动态地实施克隆资源的分配，其基本思想是对未被开发区域的抗体分配较多的克隆资源，抗体密集区域分配较少搜索资源。此外，他们还提出了基于信息熵的多样性保持机制。该算法与部分传统算法相比，在收敛性方面获得了提升，但是其抗体的均匀性相对较差。Zuo 等提出了用于求解车间调动问题的可变近邻免疫多目标优化算法[11]，抗体代表着资源分配机制，采用不确定环境调度的工作性能指标和方差作为优化目标。设计了多种群两层免疫网络机制来优化搜索过程，每个种群内个体相互作用形成内层网络，种群之间的相互激励和压制产生外层网络。根据抗体是否位于其局部近邻内而抑制或者激励，保证了其多样性分布，克隆机制采用了基于其近邻密度信息的比例克隆，有效地利用了抗体分布信息，提高了计算效率。Hu 提出了免疫多目标优化的多亲和度模型[12]，建立亲和度关系的因素包括可行性、变量空间、目标空间、Pareto 最优性、等级关系和拥挤距离等，抗体的亲和度被定义为反映上述问题的向量，抗体被选择的标准采用类似于 NNIA 中的非支配等级上的稀疏程度，并且该区域的抗体被赋予较多的克隆资源。Tavakkoli-Moghaddam 等提出了新颖的求解零等待车间调度问题的免疫多目标优化算法[13]，他们采用平均加权完成时间和平均加权延迟作为两个优化目标函数，用非支配排序对抗体划分等级，然后对同一等级上的抗体通过比较它和其最近邻抗体的距离来保持多样性，因此，位于非支配等级上的稀疏区域抗体可以优先进入外部精英种群和克隆池。本阶段算法大多在 2007 年以后被提出，它们多采用实数编码机制，根据抗体密度信息完成克隆资源分配，在算法效率和多样性保持机制均获得较大的提高，已经开始应用于实际优化问题的求解。

通过回顾人工免疫多目标优化算法的发展，可以得出如下有意义的结论。首先，人工免疫系统中的克隆选择理论获得最大的关注和应用，原因在于其能够根据当前抗体种群的搜索信息而迅速地克隆增值，达到信息扩散和快速收敛的目的；其次，免疫多目标优化算法的编码方式从二进制到十进制，搜索问题可以不受精度的限制；还有，如何利用搜索过程中获得的在线信息是提高算法效率的关键，把当前种群获得的抗体非支配信息和密度分布用于克隆资源分配是一个较好的例子；最后，如何保持抗体的多样性需要设计有效的技巧来衡量抗体的密度信息，而利用抗体的密度信息来衡量抗体分布的均匀性是另外一个值得深入探讨的问题。

5.3　基于自适应等级克隆和动态 m 近邻表的克隆选择多目标优化算法

本节通过对在线非支配抗体克隆策略和拥挤距离的分析，提出了性能更为高效的自适应等级克隆机制和多样性保持能力更好的动态删除抗体策略，并建立一个动态链表实现它，这两项技术和抗体的自适应选择机制构成了本章的免疫多目标优化算法的主要内容，下面将深入探讨。

5.3.1　基于动态近邻表的抗体删除机制

本小节主要讨论多样性保持技术，下一节研究不同等级上抗体的克隆选择机制。如何选择抗体进入下一代种群、外部记忆种群和克隆池，不仅涉及对抗体支配关系的识别，还需要考虑它们的动态密度信息，当前多目标优化算法的研究方向是如何选取非支配等级上的稀疏抗体进入上述三个种群，如图 5.1 所示。可以看出，图中箭头所示抗体位于最优 Pareto 前沿的稀疏区域，如果从保持抗体分布的均匀性和收敛性考虑，这些抗体显然应该被分配更多的搜索资源，以加强对未知区域的搜索。

Deb 等学者在 NSGA-Ⅱ提出的拥挤距离[2]已经广泛地被应用于抗体的多样性保持，对于低维目标的优化问题取得了一定的效果。但是，抗体的多样性保持不仅涉及抗体局部密度信息的估计，还要求保证其分布的均匀性。抗体的密度信息可以根据当前抗体种群分布形式进行有效估计，但是其密度信息不一定能够带来抗体的均匀分布，由于要求抗体的均匀分布是一个对当前抗体动态估计的过程，一次性的度量不能反映其相对位置关系的动态变化。如图 5.2 所示，给出了采用拥挤距离一次性度量带来的抗体分布的缺点。从图中可见，拥挤距离能够在一定程度上衡量抗体分布的局部密度信息，稀疏区域的抗体具有较大的拥挤距离值，拥挤区域抗体具有小的拥挤距离值。但是，它的一次性度量无法获得较好的均匀分布的抗体，图 5.2 右图中所有拥挤区域的抗体均被删除，导致其 Pareto 前沿的大片缺失。

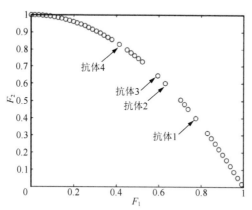

图 5.1　非支配前沿上的抗体分布情况（箭头所示四个抗体位于最优 Pareto 前沿的稀疏区域）

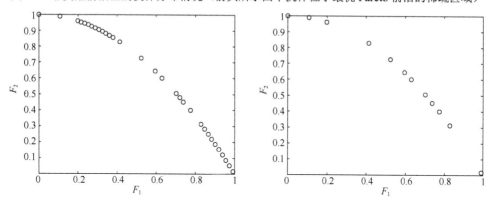

（a）非支配前沿上的抗体分布情况　　　　　（b）经过拥挤距离的一次度量得到的剩余抗体分布情况

图 5.2　非支配前沿上的抗体及经过拥挤距离的一次度量得到的剩余抗体分布情况

　　本章为了保证抗体分布的多样性和均匀性，研究基于动态删除机制的局部近邻距离估计，抗体的局部密度信息不再采用其近邻抗体的相应目标值之差，而是直接采用 m 个近邻抗体之间欧氏距离的乘积，其中 m 是目标的维数。首先给出抗体近邻距离（vicinity distance）的定义 $V_{mnn} = \prod_{i=1}^{m} L_2^{NN_i}$ 其中，$L_2^{NN_i}$ 是抗体距离第 i 最近抗体之间的欧氏距离，上式中表示对 m 个距离值 $L_2^{NN_1}, L_2^{NN_2}, \cdots, L_2^{NN_m}$ 进行乘积操作。为什么采用抗体与其 m 个近邻抗体之间欧氏距离的乘积作为衡量抗体密度信息的指标？如果把拥挤距离作一下延展，其抗体与其近邻抗体相应目标的差值之和可以扩展为抗体与其近邻抗体欧氏距离的和，如图 5.3 所示。可以发现两者在度量抗体密度信息时，较为相似，并且都不具备数学上的唯一性。例如，将图 5.3（b）中的近邻和和本章采用的近邻乘积做比较，进一步提取抗体 3,4,5 的位置关系列于图 5.4 中。可以发现，当抗体 9 在抗体 8 和抗体 10 之间移动时，$L = L5 + L6$，即抗体 9 基于近邻和的度量指标一直不变，而当且仅当抗体 9 分别距离抗体 8 和抗体 10 相等时，其近邻乘积可以达到唯一的最大值，因此，本章认为采用本章研究的基于近邻乘积的度量标准可以更好地衡量抗体之间的分布关系，能够进一步达到均匀分布。

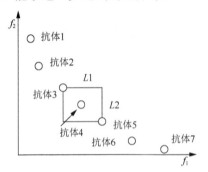 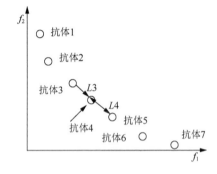

（a）抗体 4 的拥挤距离被定义为 $L1+L2$　　　　（b）抗体 4 的扩展拥挤距离被定义为 $L3+L4$

图 5.3　抗体 4 的拥挤距离被定义为 $L1+L2$ 及 $L3+L4$

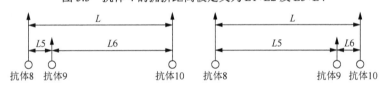

（a）抗体 9 距离抗体 8 较抗体 10 近　　　　（b）抗体 9 距离抗体 10 较抗体 8

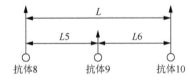

（c）抗体 9 分别距离抗体 8 和抗体 10 相等

图 5.4　抗体相互位置关系示意图

图 5.4 给出了两目标优化问题的情况，要保证抗体均匀分布，需要考虑抗体与其两个最近邻抗体的相互位置关系，这是由于两目标优化问题的 Pareto 前沿往

往往归结为求解一个两坐标系内的曲线。更为泛化的情况是 Kukkonen 等提出的基于目标数目的近邻距离乘积[14]，对于不同目标的优化问题，他们提取每个抗体的 m 个最近邻距离来比较抗体之间的拥挤程度。本章采用该文献的做法，因为随着目标维数的增加，度量个体之间的复杂程度变得更为复杂，两目标的优化问题至少需要考虑抗体与其最近邻和次最近邻抗体之间的距离，对于 3 目标优化问题，其 Pareto 前沿是分布在三维空间的曲面，至少需要考虑抗体与其 3 个近邻抗体的距离关系，以此类推，根据目标维数递增是合理的。下面给出定理 5.1，用抗体近邻距离乘积来度量抗体均匀分布的合理性。

定理 5.1　对于种群的任意一个非支配抗体而言，如果它与其 m 个最近邻抗体的距离满足 $L_2^{NN_1} + L_2^{NN_2} + \cdots + L_2^{NN_m} = L$，其中，$L_2^{NN_i} > 0$ 是抗体与其第 i 近邻抗体之间的距离以及 L 是正的实常数，当且仅当 $V_{mnn} = \prod_{i=1}^{m} L_2^{NN_i}$ 取得最大值时，该种群中的非支配抗体满足均匀分布。

证明　不妨令 $g(x) = -\ln(x), x \in \mathbb{R}^+$，则分别对 x 求一阶和二阶导数，可以得到 $\dfrac{\mathrm{d}g(x)}{\mathrm{d}x} = -\dfrac{1}{x}$ 和 $\dfrac{\mathrm{d}^2 g(x)}{\mathrm{d}x^2} = \dfrac{1}{x^2} > 0$，那么对于该典型的凸函数，利用有限集合下的 Jensen 不等式[15]，有如下式成立：

$$-\ln \frac{x_1 + x_2 + \cdots + x_n}{n} \leqslant \frac{-\ln x_1 - \ln x_2 - \cdots - \ln x_n}{n} \tag{5.1}$$

上述不等式中，当且仅当 $x_1 = x_2 = \cdots = x_n$，式（5.1）中"="成立。如果假设 $n = m$，并且 $x_i = L_2^{NN_i}, i = 1, 2, \cdots, m$，把它们分别代入式（5.1），可以得到下式：

$$-\ln \left(\sum_{i=1}^{m} \frac{1}{m} L_2^{NN_i} \right) \leqslant \sum_{i=1}^{m} \frac{1}{m} \left(-\ln L_2^{NN_i} \right) = -\frac{1}{m} \ln \left(\prod_{i=1}^{m} L_2^{NN_i} \right) \tag{5.2}$$

代入条件 $L_2^{NN_1} + L_2^{NN_2} + \cdots + L_2^{NN_m} = L$，可以得到如下等式：

$$-\ln \left(\frac{L}{m} \right) \leqslant -\frac{1}{m} \ln \left(\prod_{i=1}^{m} L_2^{NN_i} \right) \tag{5.3}$$

经过化简可以得到 $\prod_{i=1}^{m} L_2^{NN_i} \leqslant \left(\dfrac{L}{m} \right)^m$，当且仅当 $L_2^{NN_1} = L_2^{NN_2} = \cdots = L_2^{NN_m}$ 满足时 "=" 成立，即 $V_{mnn} = \prod_{i=1}^{m} L_2^{NN_i}$ 取唯一最大值 $\left(\dfrac{L}{m} \right)^m$ 时，种群中任意一个非支配抗体距离它的 m 个最近邻抗体之间的距离相等，这显然满足多目标优化中抗体均匀性的分布。

为了实现种群中抗体的均匀分布，前面研究了新的基于抗体与其近邻抗体的欧氏距离乘积的度量指标。该指标虽然在一定程度上改进了传统的拥挤距离，但是抗体之间的近邻关系随着抗体的被删除而动态变化，如果不能动态地衡量和及时更新其相互近邻关系，上述指标对于目标维数较高的优化问题性能将下降。为此，本章提出了基于动态近邻表的方式实现种群的动态更新，为每个非支配抗体搜索 m 个近邻抗体，计算近邻距离的乘积，删除具有最小值的抗体，然后寻找被删除的抗体是否位于某个抗体的 m 个近邻内，更新该抗体的 m 近邻距离和近邻表。该过程一直持续到抗体被删除到满足需要的数目。上述算法流程可表示在表 5.1 中的算法 5.1。

表 5.1　动态近邻表的抗体删除算法

算法 5.1 动态近邻表的抗体删除算法

输入： 设定某一代在线非支配抗体种群 $D_t = (a_1, a_2, \cdots, a_{n1})$ ，n_1 是当前获得的非支配抗体数量，n_2 是需要的非支配数量，n_2 一般为种群大小 N 或克隆池规模 CS，且 $n_1 > n_2$；

输出：
非支配抗体被删除之后的均匀分布抗体集合 $D_t = (a_1, a_2, \cdots, a_{n1})$；

步骤 1 构建近邻表： 建立一个 n_1 行 $m+1$ 列的空矩阵 L，寻找每个非支配抗体的 m 个近邻抗体，计算该抗体与其 m 个近邻抗体的欧氏距离乘积，把该值与其 m 个近邻抗体均保存在近邻表 L 中；

步骤 2 更新近邻表： 寻找近邻表 L 内抗体与其近邻抗体乘积最小的抗体，并删除它。遍历其他抗体的 m 个近邻抗体是否包含被删除的抗体，如果包含该抗体，标记出这些抗体。然后，重新寻找被标记抗体的 m 个近邻抗体，并计算其近邻距离，更新近邻表；

步骤 3 停止判断操作： 如果当前非支配抗体数量大于 n_2，则转到步骤 2；否则，停止操作，并输出当前非支配抗体

5.3.2　自适应等级克隆机制

Gong 等[4]根据进化过程中发现的非支配抗体数量，大胆地抛弃支配抗体种群，仅选用非支配抗体来完成克隆和亲和度成熟操作，该算法大大提高了算法的进化效率，但是，进化的初期往往具有较少的非支配抗体，较难进行抗体多样性的增值与扩散，该算法在理论上容易陷入局部最优。如何设计更加高效和鲁棒的抗体选择机制呢？克隆选择算法往往需要建立一个比在线进化种群较小的克隆池来保持克隆操作所需的抗体，一般在克隆选择优化算法中，对抗体执行 4~5 倍的克隆操作[4,16]，如进化种群大小是 100 时，仅需要 20 个优势抗体来完成克隆操作。这启发作者，可以选取非支配抗体来构建克隆池，如果非支配抗体不足时，提取部分支配抗体来填充克隆池。该策略不仅可以自适应地利用种群的非支配抗体，提高搜索效率，还可以保证进化过程的鲁棒性。为此，本书提出了自适应等级克隆机制，它先选取非支配抗体构建克隆池，如果其不满足克隆所需数目，继续选择种群的次最优非支配抗体来填充克隆池，此过程持续到克隆池被填满为止。其克隆过程的资源分配（每个抗体的克隆数目）采用两层分配策略，首先根据不同等级上抗体的数目来进行比例分配，抗体多的等级获得较多的克隆资源。然后，

在每一等级根据上文提出的近邻距离来比例分配计算资源。其算法思想可以用图 5.5 中简单例子来解释。

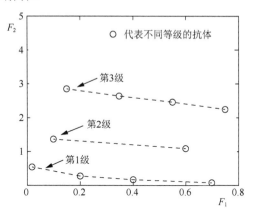

图 5.5　自适应等级克隆机制图例（圆圈表示处于三个非支配等级上的抗体）

图 5.5 中，10 个抗体处于三个不同的等级上，如果克隆池的规模是 10，即图中三个等级上抗体正好满足克隆的需要，克隆资源取为 40。第一等级上的抗体精确坐标为{（0.02，0.54），（0.2，0.275），（0.4，0.167），（0.75，0.068）}，第二等级上的抗体坐标为{（0.1，1.369），（0.6，1.09）}，第三等级上为{（0.15，2.85），（0.35，2.65），（0.55，2.45），（0.75，2.25）}。自适应等级克隆的操作为：先为不同等级分配计算资源，$\lceil 40*4/(4+2+4) \rceil=16$，$\lceil 40*2/(4+2+4) \rceil=8$，$\lceil 40*4/(4+2+4) \rceil=16$，然后根据每个等级获得计算资源，再为等级内的抗体分配克隆次数，如第一等级内的四个抗体的两最近邻距离的乘积值分别为：0.0827，0.0728，0.0827，0.0827，那么它们获得的克隆次数是：$\lceil 16*0.0827/(0.0827*3+0.0728) \rceil=5$，$\lceil 16*0.0728/(0.0827*3+0.0728) \rceil=3$，$\lceil 16*0.0827/(0.0827*3+0.0728) \rceil=5$ 和 $\lceil 16*0.0827/(0.0827*3+0.0728) \rceil=5$。因此，从其克隆资源分配方式可得，处于边缘区域的和相对稀疏区域的抗体获得较多的计算资源，且该机制可以根据不同等级上抗体数目来自适应分配，如果克隆只有非支配抗体，那么所有计算资源均被分配给它们；如果其他等级上的抗体较多，表明种群搜索过程还处于局部搜索阶段，为了防止算法早熟，给拥有较多抗体的等级分配较多计算资源。自适应等级可以根据当前进化过程自适应地分配计算资源，可以提高算法搜索效率。其算法详细流程参看表 5.2。

表 5.2　自适应等级克隆机制

算法 5.2 自适应等级克隆机制

输入：克隆池的规模是 CS，种群大小为 N，进化种群表示为 P_t；

输出：克隆之后的抗体集合 C_t；

步骤 1 寻找当前种群的非支配抗体：利用第 5 章算法 5.1 寻找当前种群中非支配抗体，表示为集合 D_t。如果集合 D_t 中非支配抗体小于 CS，则转到步骤 2，否则转到步骤 3；

续表

步骤 2　从不同等级选择抗体构建克隆池：首先把所有非支配抗体加入克隆池，然后从当前种群删除非支配抗体，从剩余种群中再次寻找非支配抗体，并加入克隆池。重复上述过程，一直到剩余种群中的非支配抗体加入克隆池，导致其溢出为止。然后，跳出上述循环，对最后一次循环中得到的非支配抗体求近邻距离操作，从中删除近邻乘积较小的抗体，使之刚好满足克隆池所需规模；

步骤 3　从非支配抗体集合选择抗体构建克隆池：由于非支配抗体数量较多，需要从其中选择有代表性的 CS 个抗体进入克隆池。为此，调用算法 5.1 采用的动态近邻表删除机制来选择 CS 个抗体构建克隆池；

步骤 4　执行抗体克隆操作：首先，计算克隆池中抗体分布于不同等级的数目，可以表示为 $S1, S2, \cdots, Sc$，假设总共有 c 个等级。然后，依据等级的规模分配计算资源于每个等级，即 $\left\lceil N \times S1 \middle/ \sum_{i=1}^{c} Sc \right\rceil$。其次，在每个等级内，计算抗体的 m 近邻抗体的乘积，依据该乘积值，进行比例克隆操作。约定边界点的抗体始终具有最大的近邻乘积值，保证它们具有较大概率被繁殖

5.3.3　基于自适应等级克隆机制和 m 近邻表的克隆选择多目标优化算法流程

　　优秀的多目标优化算法不仅需要具有较好的收敛性，还要具有较好的多样性保持机制。本章主要围绕算法迭代搜索过程中在线非支配抗体出现的数目，提出了自适应等级克隆机制，力图使算法搜索过程具有高效性和鲁棒性的特点。此外，为了获得较好的多样性保持能力，本章研究了基于近邻目标乘积的度量方式，提出了建立动态链表来删除拥挤抗体，以实现其动态更新。考虑上述技巧，结合人工免疫系统的克隆选择理论，本章提出了一个高效的克隆选择多目标优化算法。由于本章算法是 Gong 等提出的算法的升级版本，故取名为 NNIA2。其算法流程可以用表 5.3 描述。

表 5.3　基于自适应等级克隆机制和 m 近邻表的克隆选择多目标优化算法（NNIA2）

算法 5.3　基于自适应等级克隆机制和 m 近邻表的克隆选择多目标优化算法（NNIA2）

输入：克隆池的规模是 CS，种群大小为 N，进化种群表示为 P_t，函数评价次数 FE，交叉概率 P_c，变异概率 P_m，交叉参数指标 μ_c，变异参数指标 μ_m；

输出：最后一代的输出 Pareto 前沿 D_{out}；

步骤 1　初始化操作：产生初始化种群 P_0，并计算其适应度函数值 F_t，寻找非支配抗体种群 $D_t = (a_1, a_2, \cdots, a_e)$，初始化进化指针 $t = 0$；

步骤 2　自适应等级克隆操作 T_c^c：调用算法 5.2 执行自适应等级克隆操作 $C_t = T_c^c[P_t, F_t]$，克隆之后种群为 C_t；

步骤 3　亲和度成熟操作 T_m^C：对克隆之后的抗体种群 C_t 运用模拟二进制交叉和多项式变异进行亲和度成熟操作 $C_t' = T_m^C[C_t]$，并计算新产生抗体适应度；

步骤 4　自适应选择和动态 m 近邻表的抗体删除操作：首先，合并当前种群 P_t 和新产生抗体 C_t'，即 $U_t = P_t \bigcup C_t'$，计算 U_t 中非支配抗体，表示为 Uf_t。如果 $|\mathrm{Uf}_t| > N$，调用算法 5.1，从中选择 N 个抗体，并赋予 P_{t+1}；如果 $|\mathrm{Uf}_t| \leqslant N$ 且 $|\mathrm{Uf}_t| > CS$，令 $P_{t+1} = \mathrm{Uf}_t$；如果 $|\mathrm{Uf}_t| \leqslant CS$，则把当前代克隆池中的所有抗体赋予 P_{t+1}；

步骤 5　结束条件判断：更新当前函数评价次数累计之和 fe_t，如果 $\mathrm{fe}_t \geqslant FE$，则输出当前代非支配抗体 D_t；否则，转到步骤 2，并设定 $t = t + 1$

该算法不仅具有上述自适应等级机制和动态 m 近邻表的抗体删除机制，在算法第四步中，采用了基于当前代非支配抗体的自适应选择机制，它采用当前非支配抗体的数量来选择不同类型的抗体来构建下一代种群，例如，当非支配抗体数量小于克隆池规模时，则当前代克隆池中抗体被赋予下一代种群，此时表明当前代非支配抗体数量过小，算法处于局部搜索阶段，因此，算法采用停滞在当前代的进一步搜索策略。上述自适应机制进一步增强了搜索过程的鲁棒性和高效性。

关于算法的运算复杂度，由于其采用了动态选择机制和自适应等级克隆等策略，需要根据当前获得非支配抗体来评估算法复杂度。如果需要在不同等级上选择抗体，那么其时间复杂度为 $O(CSN^2)$，N 是种群大小，CS 是克隆池规模；执行克隆操作以及亲和度成熟操作的时间复杂度为 $O(N)$；非支配抗体辨识操作的最坏运算时间复杂度为 $O(N^2)$，由于本章采用"边比较，边删除"机制，其运算复杂度低于上述结果；构建 m 近邻表所需的运算时间复杂度为 $O(mN^2)$，其动态更新机制为 $O(mN)$。因此，整个算法的运算复杂度被 $O(CSN^2)$ 所支配，但是它可以根据当前非支配抗体的数量而动态变化，因此，为了更加直观有效地比较算法，下文将给出不同比较算法以及 NNIA2 在求解具体问题上的运行时间。

5.4　NNIA2 的实验对比与分析

5.4.1　对比算法选择

考虑到 NSGA-II 和 SPEA2 在进化多目标优化领域内已经获得最为广泛的认可，研究进化多目标优化的学者已经对其在求解当前多目标优化问题时的性能和参数设置十分熟悉。由于 PESA-II 所表现出的相对较差性能，本章不再拿来作对比实验。选取最近提出的基于超体积指标的多目标优化算法：IBEA[17]和 HYPE[18]，IBEA 是采用 ε 指标方式为抗体分配适应度，能够保证算法满足 Pareto 相容性，在求解高维目标函数优化问题获得较好的性能；HYPE 是最新的基于超体积估计的快速算法，对于目标较高的函数优化问题，传统的超体积计算方式速度较慢，Bader 和 Zitzler 采用蒙特卡罗采样来估计超体积指标，其算法大大提高了传统超体积计算方法，其估计精度与运算速度是一对矛盾，要想获得精确估计，往往需要更多的估计样本，而导致速度下降。值得注意的是，NSGA-II 和 SPEA2 在求解低维目标优化问题获得了一致好评，IBEA 和 HYPE 在求解高维优化问题表现出优越性能。此外，本章还与 Gong 等提出的最新免疫非支配近邻选择多目标算法（NNIA）相比，因此本章比较算法为 NSGA-II、SPEA2、IBEA、HYPE 和 NNIA。

5.4.2　优化问题选择和实验参数设置

　　本章算法本质上是对非支配近邻选择多目标算法的改进，希望在搜索过程的鲁棒性和多样性保持能力方面，获得较大的提升。因此，为了直接和有效地比较本章算法与 NNIA 的性能差别，本章算法（NNIA2）采用 NNIA 中的测试函数，即著名的五个 ZDT 系列问题和五个 DTLZ 系列问题[19]。关于对它们的解释已在 NNIA 和本书前面章节作出详细交代，在此不再深入分析。需要说明的是，要获得这些问题的最优 Pareto 前沿，可以在 Coello Coello 建立的著名关于进化多目标优化的数据库内得到。

　　实验参数的设置关乎算法能否以最优性能的模拟再现，以及比较的公平性。对于算法所具有的参数，需要参考相关文献，找到最优设定值，对于比较算法的共同参数，需设定为同样的取值。对于本书算法和五个比较算法：NSGA-Ⅱ、SPEA2、IBEA、HYPE 和 NNIA，它们均采用模拟二进制交叉操作和多项式变异，则其交叉概率、交叉指数、变异概率和变异指数可以设定为表 5.4 中内容。对于 IBEA，其尺度因子选择文献[17]推荐的数值：0.05。对于 HYPE，当求解 2~3 目标优化问题时，采用精确的超体积计算方式，当求解大于 3 目标以上优化问题时，采用蒙特卡罗采样，估计样本点数取为 10000。上述六个比较算法的种群大小均设定为 100，NNIA 和 NNIA2 中，克隆池的大小设定为 30，克隆规模与种群大小一致。

表 5.4　NSGA-Ⅱ、SPEA2、IBEA、HYPE、NNIA 和 NNIA2 中的公共参数设置

参数取值	NSGA-Ⅱ	SPEA2	IBEA	HYPE	NNIA	NNIA2
交叉概率 p_c	0.85	0.85	0.85	0.85	1	1
交叉分布指数	15	15	15	15	15	15
变异概率 p_m	$1/r$	$1/r$	$1/r$	$1/r$	$1/r$	$1/r$
变异分布指数	20	20	20	20	20	20
种群大小	100	100	100	100	100	100

　　多目标优化算法往往得到的是一组非支配抗体集合，需要采用不同的度量标准来衡量算法性能。在此，通过研究 van Veldhuizen 等[20]、Zitzler 等[21]和 Knowles 等[22]不同时期对于算法度量指标的总结，可以看出，算法性能的度量也始终是多目标优化领域的难题之一，当前的度量指标仅仅能衡量算法的某一方面性能，并且较少满足 Pareto 相容性。综合考虑这些文献，本章采用 Bandyopadhyay 等[23]提出的纯度指标（purity）和最小间距指标（minimal spacing），以及 Zitzler 等提出的超体积指标（hypervolume）[24]。纯度指标定义为不同比较算法获得非支配抗体在它们总的非支配抗体中所占的比例，可以度量算法的相对收敛性；最小间距指标是对间距指标的改进，它弥补后者会重复利用相近抗体的缺点，进一步提高该指标度量抗体分布均匀性的性能；超体积指标定义为所得非支配抗体支配的区域空间大小，不仅可以度量其收敛性，还可以估计抗体分布的多样性。本章六个算

法分别对上述十个多目标优化问题独立运行 30 次，获得其盒图统计分布[25]。为了盒图表示的简洁性，同样采取为算法分配数字标识的方式，如表 5.5 所示。

表 5.5　本章六个比较算法的数字标识

指标	1	2	3	4	5	6
算法	NSGA-II	SPEA2	HYPE	IBEA	NNIA	NNIA2

　　算法停止条件一直是进化优化领域中的公认难题之一，迄今为止，关于如何设置停止条件的策略较多。例如，可以为不同比较算法设定共同的迭代次数，比较它们的最终结果，该技巧已经被大多数优化算法所采纳，但是该方法需要以其中一些知名算法的性能作为参照，也就是说，一般需要知道比较算法在给定代数内的性能，然后，可用新提出的算法与之对比，这样运用知名算法的已知参数设置来选取新提算法的相应参数。还有一种较为可信的停止策略需要首先调查一下新算法的动态性能，可以解释为，算法性能随进化代数的动态变化关系，然后，找到算法对于不同问题的合适迭代次数，再把其他算法设定为相同的搜索代数，做出合理的比较。本章采用后者，首先，调查 NNIA2 对于五个 ZDT 系列问题和五个 DTLZ 系列问题的性能分布曲线，然后，为每个问题找到合适的进化代数。

　　图 5.6 描述了 NNIA2 求解上述十个优化问题时，所得超体积指标随着搜索代数递增的误差条分布曲线图，图中圆圈代表超体积的均值分布，上下波动范围代表其方差分布，NNIA2 在求解这些问题时均采用独立运行 30 次。由图可得，NNIA2 对于五个 ZDT 系列问题和五个 DTLZ 系列问题，在前期的算法稳定性较差，但是随着进化搜索过程的深入，算法获得超体积指标的方差逐渐减少，表示算法性能逐渐稳定。注意，为了较好地观察算法性能随着进化代数的动态变化，采用归一化的超体积指标，这是由于，超体积指标可以综合度量算法的收敛性和多样性分布，其他指标仅能度量算法的某一方面的性能。对于 ZDT1、ZDT2、ZDT3、ZDT4 和 ZDT6 问题，NNIA2 在 200 代左右就表现出足够的稳定性，因此，200 代对于这五个 ZDT 系列问题是足够的。对于 DTLZ1 问题，350 代是足够收敛的，类似地，对于 DTLZ2、DTLZ3、DTLZ4 和 DTLZ6、NNIA2 则分别需要 240 代、500 代、200 代和 250 代。下面的实验中，算法均选用上述实验所得搜索代数。

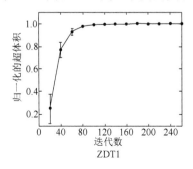

ZDT1

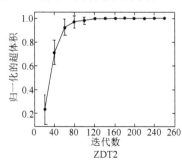

ZDT2

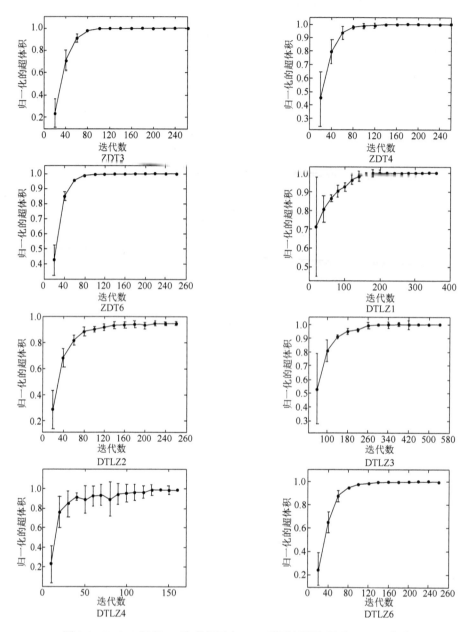

图 5.6　NNIA2 运行 30 次求解五个 ZDT 系列问题和五个 DTLZ 系列
问题得到的误差条分布曲线图

5.4.3　NNIA2 在求解低维目标测试函数的性能分析

图 5.7～图 5.16 是 NSGA-Ⅱ、SPEA2、HYPE、IBEA、NNIA 和 NNIA2 分别

求解五个 ZDT 系列问题和五个 DTLZ 系列问题得到的一次运行非支配抗体分布图。首先考虑它们对于五个 ZDT 系列的两目标优化问题的优化性能。对于 ZDT1 和 ZDT2，本章比较的六个算法均收敛到最优 Pareto 前沿附近，除了 SPEA2 和 HYPE 对于 ZDT2 有部分解偏离了最优 Pareto 前沿；对于 ZDT3、ZDT4 和 ZDT6 问题，NSGA-II、SPEA2、HYPE 和 IBEA 均不能收敛到最优 Pareto 前沿。NNIA 和 NNIA2 对于这五个 ZDT 系列问题达到较优的收敛性能，其中，NNIA2 具有相对较好的均匀性保持能力。其次，考虑上述六个比较算法对于五个 DTLZ 系列的 3 目标优化问题的性能，NSGA-II 和 IBEA 对于 DTLZ2、DTLZ4 和 DTLZ6 收敛到了最优 Pareto 前沿附近，但是其对于 DTLZ1 和 DTLZ3 问题不能收敛，并且它们在抗体的均匀性保持方面相对较差；对于 DTLZ1 问题，HYPE 能够表现出较好的收敛性和均匀性保持能力，但是对于 DTLZ2、DTLZ4 和 DTLZ6，虽然它能够收敛到最优 Pareto 前沿附近，但是其抗体的多样性保持能力下降，特别是非支配抗体的均匀性无法较好地保证，对于较为复杂的 DTLZ3 问题，其性能下降较为明显，距离真实 Pareto 前沿还较远；SPEA2 对于 DTLZ2、DTLZ4 和 DTLZ6 问题，它获得的非支配抗体具有相对较好的收敛性和多样性保持能力，但是对于 DTLZ1，其收敛的稳定性较差，面对更为复杂的 DTLZ3 问题，其性能下降较为严重；NNIA 和 NNIA2 对于这五个 DTLZ 系列的 3 目标优化问题，均获得了较好的收敛性，其中，NNIA2 不仅在收敛性方面性能显著，在抗体的均匀性保持方面也很出众。算法的一次运行结果只能代表其直观性能，其统计分布结果更具有说服力。

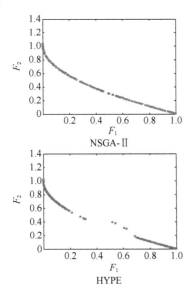

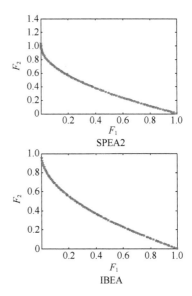

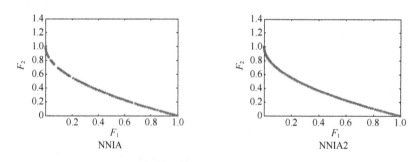

图 5.7　NSGA-Ⅱ、SPEA2、HYPE、IBEA、NNIA 和 NNIA2 分别求解
ZDT1 得到的非支配抗体分布

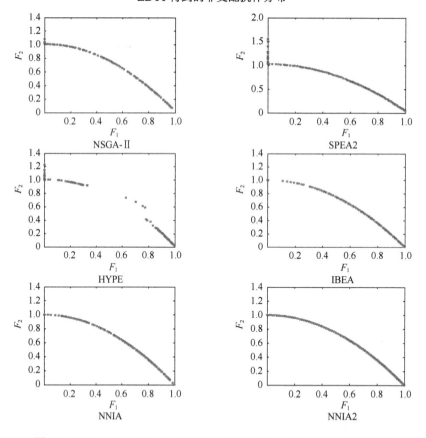

图 5.8　NSGA-Ⅱ、SPEA2、HYPE、IBEA、NNIA 和 NNIA2 分别求解
ZDT2 得到的非支配抗体分布

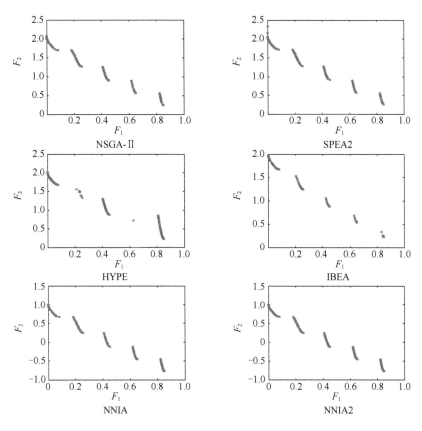

图 5.9　NSGA-Ⅱ、SPEA2、HYPE、IBEA、NNIA 和 NNIA2 分别求解
ZDT3 得到的非支配抗体分布

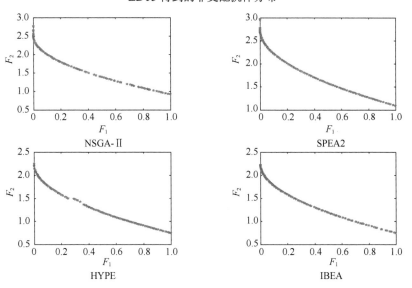

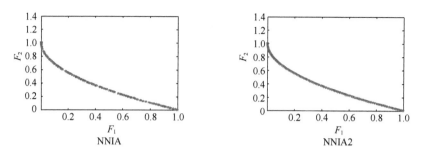

图 5.10 NSGA-Ⅱ、SPEA2、HYPE、IBEA、NNIA 和 NNIA2 分别求解
ZDT4 得到的非支配抗体分布

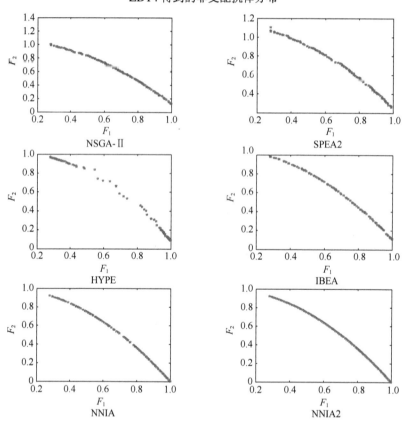

图 5.11 NSGA-Ⅱ、SPEA2、HYPE、IBEA、NNIA 和 NNIA2 分别求解
ZDT6 得到的非支配抗体分布

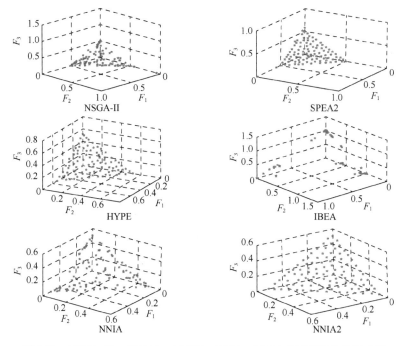

图 5.12　NSGA-Ⅱ、SPEA2、HYPE、IBEA、NNIA 和 NNIA2 分别求解
DTLZ1 得到的非支配抗体分布

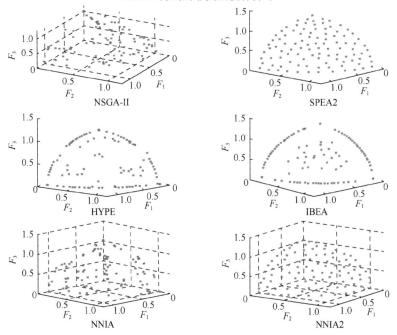

图 5.13　NSGA-Ⅱ、SPEA2、HYPE、IBEA、NNIA 和 NNIA2 分别求解
DTLZ2 得到的非支配抗体分布

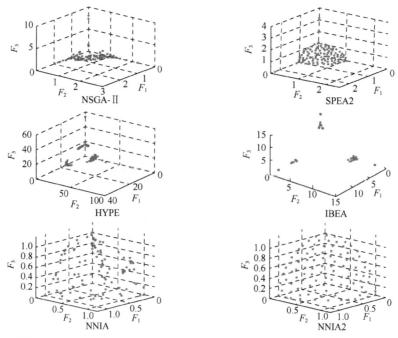

图 5.14　NSGA-Ⅱ、SPEA2、HYPE、IBEA、NNIA 和 NNIA2 分别求解
DTLZ3 得到的非支配抗体分布

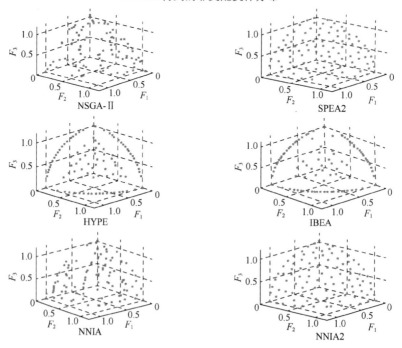

图 5.15　NSGA-Ⅱ、SPEA2、HYPE、IBEA、NNIA 和 NNIA2 分别求解
DTLZ4 得到的非支配抗体分布

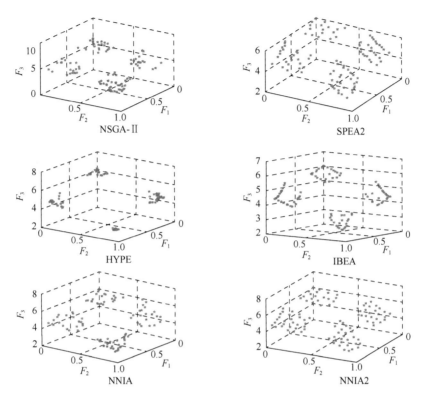

图 5.16　NSGA-Ⅱ、SPEA2、HYPE、IBEA、NNIA 和 NNIA2 分别求解
DTLZ6 得到的非支配抗体分布

图 5.17 是本章选取的六个比较算法用于求解五个 ZDT 系列问题得到的非支配抗体的纯度、最小间距和超体积度量的统计盒图分布。从图中可得，NNIA 和 NNIA2 的纯度指标和超体积指标明显地好于其他四个算法，表明 NNIA 和 NNIA2 获得的非支配抗体在它们所得整个非支配抗体集合中占据了多数，它们具有更加优越的收敛性能。与算法的一次观测结果不一致的是，虽然 NSGA-Ⅱ 和 SPEA2 在视觉上已经收敛到了最优 Pareto 前沿附近，但是其精确的统计量指标却劣于 NNIA 和 NNIA2，这说明了一次运行的视觉观察虽然可以带来直观明了的特点，但也具有不精确比较的缺点。此外，NSGA-Ⅱ、SPEA2、HYPE 和 IBEA 的相对不收敛导致其均匀性指标的下降，这与图 5.17 中最小间距的盒图分布一致。

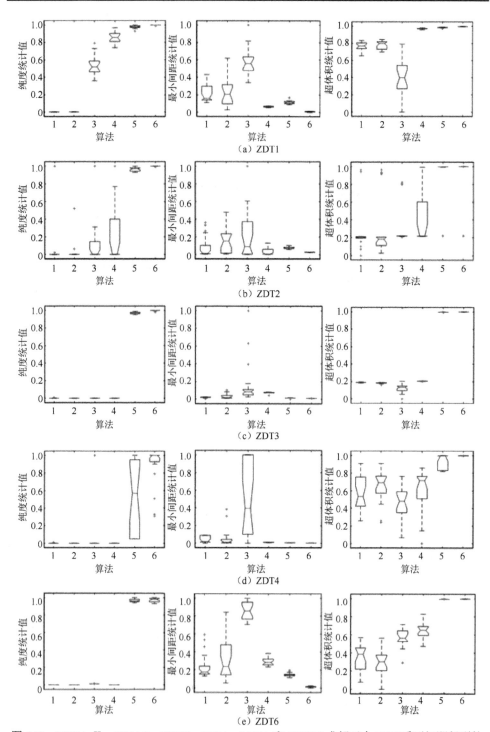

图 5.17　NSGA-II、SPEA2、HYPE、IBEA、NNIA 和 NNIA2 求解五个 ZDT 系列问题得到的
非支配抗体的纯度、最小间距和超体积度量的统计盒图分布

　　图 5.18 是本章选取的六个比较算法用于求解五个 DTLZ 系列问题得到的非支配抗体的纯度、最小间距和超体积度量的统计盒图分布。图中分布表明，NNIA 和 NNIA2 对于 DTLZ1 和 DTLZ3 具有较为明显的收敛性优势，特别是 NNIA2，其最小间距度量指标一直是这五个 DTLZ 问题中较好的，表明其在均匀性保持能力的显著性优势。算法要具有较好超体积指标分布，需要同时具有较好的收敛性和多样性保持能力，从图 5.18 的超体积指标分布来看，虽然 NNIA2 对于 DTLZ2 问题的收敛性稍差，但是其多样性保持能力最好，因此其超体积指标一直是这五个 DTLZ 系列问题中最好的。虽然，IBEA 和 HYPE 对于 DTLZ2 和 DTLZ4 获得了较好的收敛性，但是其在均匀性保持能力不如 NNIA2 和 SPEA2，这在图 5.13 和图 5.15 中的一次运行结果也可得到证实。如前面章节所分析，NSGA-Ⅱ 和 SPEA2 不能较好地在规定运算次数下求解 DTLZ3 问题，这里可以进一步确定 IBEA 和 HYPE 也无法在本章同样的资源配置下解决该问题。并且，SPEA2 被认为当时最好的多样性把持能力，但是其在同样收敛到最优 Pareto 前沿附近时，NNIA2 的多样性保持能力与其非常接近。

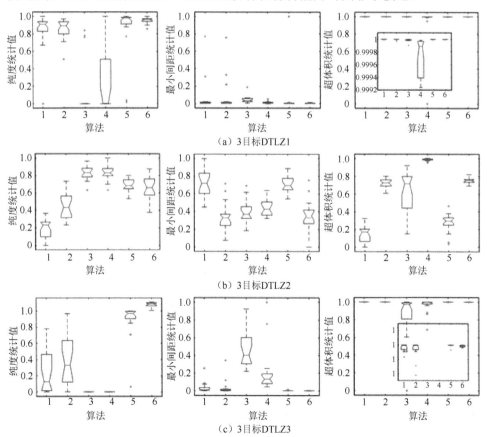

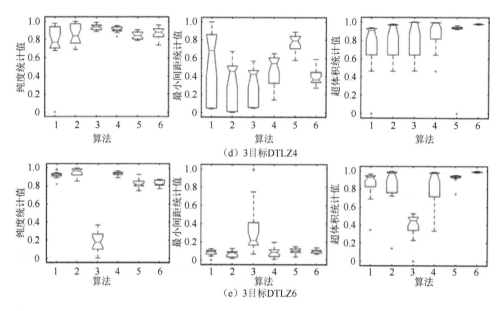

图 5.18　NSGA-Ⅱ、SPEA2、HYPE、IBEA、NNIA 和 NNIA2 求解五个 DTLZ 系列问题得到的非支配抗体的纯度、最小间距和超体积度量的统计盒图分布

综合考虑上述关于本章六个比较算法的实验结果，可以得出如下有意义的结论。

（1）NNIA 和 NNIA2 在求解五个 ZDT 系列问题和 DTLZ1、DTLZ3 问题时，获得了明显优越的收敛性指标，其中，NNIA2 对于 ZDT2 和 ZDT4 问题的收敛性指标比 NNIA 相对较好，本章后续章节会设计更加复杂 Pareto 前沿的 ZDT4 问题的变形问题，研究本章算法自适应等级抗体的优势；NNIA2 对上述五个 ZDT 系列问题和五个 DTLZ 系列问题的均匀性保持方面均获得相对优势的统计指标，表明本书算法提出的基于动态近邻表的抗体删除机制确实能够加强 NNIA 的多样性保持能力。

（2）HYPE 和 IBEA 是分别采用超体积指标和 ε 指标的多目标优化算法，多用于求解高维目标优化问题，然而它们对于低维目标优化问题的求解性能一般。从图 5.8、图 5.9、图 5.13 和图 5.15 可以明显地看出，对于这些指标贡献小的局部抗体往往被忽略掉，如图 5.8 所示 Pareto 前沿的中间部分，这是超体积指标的定义所带来的缺点。

（3）NSGA-Ⅱ 和 SPEA2 是经典进化多目标优化算法中最具代表性的两个算法，与基于人工免疫系统的多目标优化算法 NNIA 和 NNIA2 相比，其搜索效率相对缓慢，原因在于后者采用搜索效率更好的基于局部优势抗体增值扩散的克隆选择原理。本章的实验结果验证了本书研究基于人工免疫系统多目标算法的必要性。

5.4.4 NNIA2 在求解高维目标测试函数的性能分析

在本节，调查 NNIA2 与 NNIA、NSGA-Ⅱ、SPEA2、IBEA 和 HYPE 在求解高维目标优化问题的性能，对本章所提算法的性能和求解问题范围有一个全面而细致的认识。高维目标的函数优化问题的难点在于其随着目标维数的增加，表示其 Pareto 前沿所需解呈指数增加，并且非支配抗体迅速增加，导致算法搜索停滞，较难于收敛。本章采取 Gong 等在文献[4]中采用的种群规模和进化代数，即种群大小为 1000，进化代数为 1000。

图 5.19 和图 5.20 所示为 NSGA-Ⅱ、SPEA2、HYPE、IBEA、NNIA 和 NNIA2 求解 4 目标、6 目标和 8 目标的 DTLZ1 和 DTLZ2 问题得到的非支配抗体的纯度、最小间距和超体积度量的统计盒图分布，算法执行 30 次独立运行。从图中可得，NNIA 和 NNIA2 对于 4 目标的 DTLZ1 和 DTLZ2 问题获得相对满意的收敛性和超体积统计指标，并且 NNIA2 的最小间距统计盒图分布是最好的。但是随着目标维数的增加，对于 6 目标和 8 目标的 DTLZ1 和 DTLZ2 问题，IBEA 和 HYPE 获得相对较好的收敛性和均匀性统计盒图分布，NNIA 和 NNIA2 的性能相对较差，NSGA-Ⅱ 和 SPEA2 的性能最差，原因是 IBEA 和 HYPE 多用来求解高维目标函数优化问题，它们采用满足 Pareto 相容的超体积指标和 ε 指标，没有额外的多样性保持机制，因此，它们在保持解均匀性方面不足，但是其收敛性较好。高维目标优化问题的多样性保持机制在一定程度上阻碍抗体的区分和选择，导致算法选择压力不够，不能够及时收敛。随着目标维数的增高，种群的非支配抗体数量迅速增加，即 Pareto 支配的概念已无法来区分种群，那么区分抗体的压力落在多样性保持机制上，而要想最终获得均匀分布的抗体，位于不同区域均匀分布的抗体往往需要均被选择，这样导致多样性保持机制在二次区分抗体时也无能为力，因此，在高维多目标优化问题的求解中，抗体的多样性保持机制在一定程度阻碍算法的收敛，这也是 NNIA 和 NNIA2 在求解这些问题时不如 IBEA 和 HYPE 的原因。

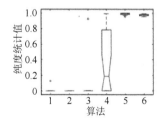
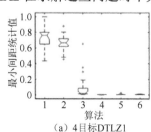
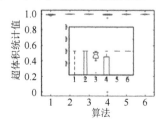

（a）4 目标 DTLZ1

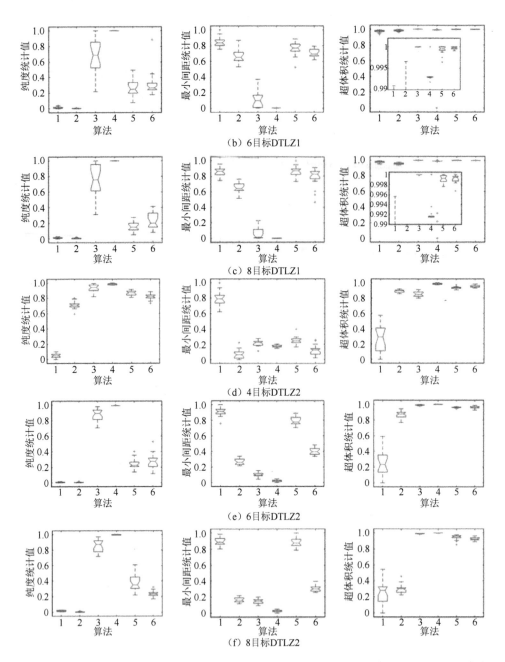

图 5.19　NSGA-Ⅱ、SPEA2、HYPE、IBEA、NNIA 和 NNIA2 求解 4 目标、6 目标和 8 目标的
DTLZ2 问题得到的非支配抗体的纯度、最小间距和超体积量的统计盒图分布

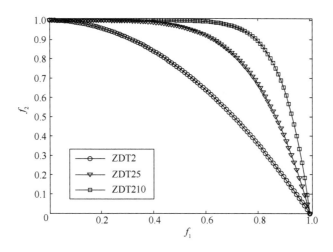

图 5.20　ZDT2、ZDT25 和 ZDT210 的最优 Pareto 前沿分布

5.4.5　NNIA2 与 NNIA 的鲁棒性分析

　　本章算法试图在算法多样性保持能力和搜索过程鲁棒性方面提高 NNIA 的性能，5.4.4 小节中，比较了 NNIA 和 NNIA2 用于求解五个 ZDT 系列问题和五个 DTLZ 系列问题的综合性能，可以看出 NNIA2 在非支配抗体的多样性保持方面均超过了 NNIA，表明本章采用的动态近邻表删除抗体机制的有效性。在求解 ZDT2 和 ZDT4 问题时，NNIA 表现出相对不稳定的收敛性，原因在于，对于目标维数较低的优化问题，其当前获得的非支配抗体数目较少，而 NNIA 仅仅采用非支配抗体进行克隆增值操作，容易陷入局部最优。本章为了进一步研究 NNIA 和 NNIA2 的对于求解该类问题的鲁棒性，构造了两个变化的 ZDT2 问题：ZDT25 和 ZDT210。原始 ZDT2 问题的数学定义为

$$f_1(x) = x_1, \quad f_2(x) = g(x)\left[1 - \left(f_1(x) / g(x)\right)^p\right]$$

$$g(x) = 1 + 9\left(\sum_{i=2}^{n} x_i\right)\Bigg/(n-1), \quad p = 2 \tag{5.4}$$

　　把式（5.4）的 $f_2(x)$ 中 p 的取值分别为 5 和 10，则其 Pareto 前沿对于相应目标函数会进一步接近水平和垂直分布，如图 5.20，这样搜索初期得到的非支配抗体较少，可以度量 NNIA 和 NNIA2 对于较少非支配抗体的鲁棒性。

　　图 5.21 描述了 NNIA 和 NNIA2 求解 ZDT2、ZDT25 和 ZDT210 得到非支配抗体超体积度量的统计盒图分布，可以看出对于 ZDT2 问题，NNIA 和 NNIA2 表现出十分接近的性能，但是随着 Pareto 前沿曲线的变化，对于 ZDT25 和 ZDT210 问题，NNIA 表现出相对不好的统计超体积指标，并且盒图中盒子的长度较长，表现出算法的不稳定，而 NNIA2 性能一直较好且十分稳定。本小节实验进一步证实

了本章研究的自适应等级克隆和自适应选择机制的合理性。

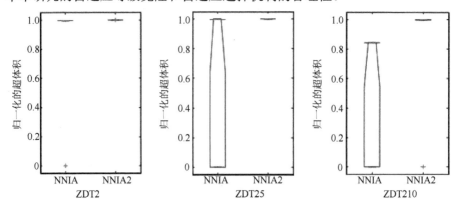

图 5.21　NNIA 和 NNIA2 求解 ZDT2、ZDT25 和 ZDT210 得到非支配抗体超
体积度量的统计盒图分布

5.4.6　NNIA2 运算时间分析

在本章第一段曾表述：多目标优化算法的设计目标是研究如何在较少的计算
时间内，获得一组能够收敛到全局 Pareto 前沿，并且具有较好分布性的非支配解。
通过系统的实验分析，本章算法在收敛性和抗体分布性方面取得了满意的效果，
但是算法计算时间如何，尚未给出具体比较实验。在此给出 NSGA-Ⅱ、SPEA2、
NNIA 和 NNIA2 求解 3～8 目标的 DTLZ2 问题得到的运行时间平均值曲线图，如
图 5.22。值得交代的是，IBEA 和 HYPE 的程序来自于 Zitzler 等学者，可以在网
站 http://www.tik.ee.ethz.ch/sop/people/zitzler/下载，他们采用了 C 编译器，而本课
题组设计的进化多目标优化工具箱是在 MATLAB 7.01 编译环境运行，为了比较
的公平性，只给出了 NNIA2 与 NSGA-Ⅱ、SPEA2 和 NNIA 运行时间比较结果。

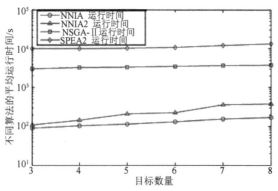

图 5.22　NSGA-Ⅱ、SPEA2、NNIA 和 NNIA2 求解 3～8 目标的
DTLZ2 问题得到的运行时间平均值曲线图

计算机配置为 HP Workstation xw9300（2.19GHZ，16GB RAM; Hewlett-Packard，Palo Alto，CA）。从图 5.22 可得，NNIA2 和 NNIA 的运算时间较为接近，远小于 NSGA-Ⅱ 和 SPEA2，因此，虽然本章算法采取了更为复杂的搜索机制和多样性保持技巧，但是该算法采用的自适应等级克隆和自适应选择机制可以根据非支配抗体数量来动态变为较为简单的形式，可以保证算法的鲁棒和高效运行。

5.5　本　章　小　结

本章提出了一种高效的免疫克隆选择多目标优化算法，分别研究了自适应等级克隆技术、动态近邻表的删除机制和自适应选择策略。动态近邻表删除机制可以提高算法在非支配抗体多样性保持能力，保证最终抗体的均匀分布；自适应等级克隆和自适应选择策略可以选择较少的优势抗体完成自适应的资源分配，保证算法的高效运行，对于非支配抗体较少的情况，它们可以自适应选择部分支配抗体来填充克隆池和下一代种群，可以维持算法的稳健运行，提高了其鲁棒性。本章为了验证所提策略的有效性，针对性地设计了不同的比较实验，结果表明，本章算法获得了预期的性能。

算法的存在价值不仅体现在能给其他研究者提供理论研究思路，最重要的是能够求解实际工程问题，本章算法和前述章节算法的时间复杂度相对较低，但是其在求解实际问题中的性能如何，需要进一步的深入研究。这也是后续章节主要讨论的内容。

参 考 文 献

[1]　ZITZLER E, LAUMANNS M, THIELE L. SPEA2: Improving the strength Pareto evolutionary algorithm[C]// Evolutionary Methody for Design, Optimization and Control with Applications to Ihdustrial Problems, 2001, 3242(103): 95-100.

[2]　DEB K, PRATAP A, AGARWAL S, et al. A fast and elitist multiobjective genetic algorithm: NSGA-II[J]. IEEE Transactions on Evolutionary Computation, 2002, 6(2): 182-197.

[3]　COELLO COELLO A C, CORTÉS N C. An approach to solve multiobjective optimization problems based on an artificial immune system[C]//First International Conference on Artificial Immune Systems. Canterbary, 2002: 212-221.

[4]　GONG M G, JIAO L C, Du H F, et al. Multiobjective immune algorithm with nondominated neighbor-based selection[J]. Evolutionary Computation, 2008, 16(2): 225-255.

[5]　YOO J, HAJELA P. Immune network simulations in multicriterion design[J]. Structural Optimization, 1999, 18(2-3): 85-94.

[6]　CUI X X, LI M, FANG T J. Study of population diversity of multiobjective evolutionary algorithm based on immune and entropy principles[C]//Proceedings of the 2001 Congress on Evolutionary Computation, 2001, 2: 1316-1321.

[7]　LUH G C, CHUEH C H, LIU W W. MOIA: Multi-objective immune algorithm[J]. Engineering Optimization, 2003, 35(2): 143-164.

[8]　LU B, JIAO L C, DU H F, et al. IFMOA: Immune forgetting multiobjective optimization algorithm[C]// International Conference on Natural Computation. Berlin: Springer, 2005: 399-408.

[9]　JIAO L C, GONG M G, SHANG R H, et al. Clonal selection with immune dominance and anergy based multiobjective optimization[C]//International Conference on Evolutionary Multi-Criterion Optimization. Berlin: Springer, 2005: 474-489.

[10]　TAN K C, GOH C K, MAMUN A A, et al. An evolutionary artificial immune system for multi-objective optimization[J]. European Journal of Operational Research, 2008, 187(2): 371-392.

[11]　ZUO X Q, MO H W, WU J P. A robust scheduling method based on a multi-objective immune algorithm[J]. Information Sciences, 2009, 179(19): 3359-3369.

[12]　HU Z H. A multiobjective immune algorithm based on a multiple-affinity model[J]. European Journal of Operational Research, 2010, 202(1): 60-72.

[13]　TAVAKKOLI-MOGHADDAM R, RAHIMI-VAHED A, MIRZAEI A H. A hybrid multi-objective immune algorithm for a flow shop scheduling problem with bi-objectives: Weighted mean completion time and weighted mean tardiness[J]. Information Sciences, 2007, 177(22): 5072-5090.

[14]　KUKKONEN S, DEB K. A fast and effective method for pruning of non-dominated solutions in many-objective problems[C]//Proceedings of the 9th International Conference on Parallel Problem Solving from Nature(PPSN IX). Reykjalik, 2006:553-562.

[15]　RUDIN W. Real and Complex Analysis[M]. New York: Tata McGraw-Hill Education, 1987.

[16]　YANG D D, JIAO L C, GONG M G. Adaptive multi-objective optimization based on nondominated solutions[J]. Computational Intelligence, 2009, 25(2): 84-108.

[17]　ZITZLER E, KÜNZLI S. Indicator-based selection in multiobjective search[C]//International Conference on Parallel Problem Solving from Nature. Berlin: Springer, 2004: 832-842.

[18]　BADER J, ZITZLER E. HypE: An algorithm for fast hypervolume-based many-objective optimization[J]. Evolutionary Computation, 2011, 19(1): 45-76.

[19]　DEB K, THIELE L, LAUMANNS M, et al. Scalable multi-objective optimization test problems[C]//Proceedings of the 2002 Congress on Evolutionary Computation, 2002, 1: 825-830.

[20]　VAN VELDHUIZEN D A, LAMONT G B. On measuring multiobjective evolutionary algorithm performance[C]// Proceedings of the 2000 Congress on Evolutionary Computation, 2000, 1: 204-211.

[21]　ZITZLER E, THIELE L, LAUMANNS M, et al. Performance assessment of multiobjective optimizers: An analysis and review[J]. IEEE Transactions on Evolutionary Computation, 2003, 7(2): 117-132.

[22]　KNOWLES J, THIELE L, ZITZLER E. A tutorial on the performance assessment of stochastic multiobjective optimizers[J]. Tik Report, 2006, 214: 327-332.

[23]　BANDYOPADHYAY S, PAL S K, ARUNA B. Multiobjective GAs, quantitative indices, and pattern classification[J]. IEEE Transactions on Systems, Man, and Cybernetics, Part B (Cybernetics), 2004, 34(5): 2088-2099.

[24]　ZITZLER E, THIELE L. Multiobjective evolutionary algorithms: A comparative case study and the strength Pareto approach[J]. IEEE Transactions on Evolutionary Computation, 1999, 3(4): 257-271.

[25]　MCGILL R, TUKEY J W, LARSEN W A. Variations of box plots[J]. The American Statistician, 1978, 32(1): 12-16.

第6章 基于角解优先的高维多目标非支配排序方法

6.1 引 言

非支配排序是基于 Pareto 的多目标进化算法中的重要步骤之一，并消耗其中大部分计算量。其过程是根据 Pareto 支配关系将解集分成不同等级。其中，同一等级的解互不支配，并且它们被前一等级中的至少一个解支配。非支配排序要求输出正确的非支配等级，因此不同非支配排序对于同一数据集输出结果相同，不同的仅仅是它们花费不同运算量。最自然的非支配排序计算复杂度是 $O(mN^3)$，其中 m 是目标个数，N 是解个数。文献[1]提出一种快速非支配排序将计算复杂度降低至 $O(mN^2)$，但是仍存在一些不必要的比较。

非支配排序在高维多目标优化问题上面临着新的挑战。首先，随着目标数目的增长，需要更多的目标比较次数来确定支配关系。其次，已有的比较次数节约方法是忽略与被支配解的比较，显然在高维多目标优化问题上并不有效，主要原因是解集中的被支配的解很少。鉴于此，本章提出一种针对高维多目标优化问题的基于角解优先的非支配排序方法（corner sort），下文简称角排序，旨在节约基于 Pareto 的多目标进化算法的计算量。角排序以较少的比较次数获得非支配解，同时该方法也忽略其他解与那些被支配解比较。本章创新点如下。

（1）角排序采用一种快速的方法得到一个非支配解，此方法是根据多目标优化问题的特性（具有最好目标值的解必为非支配解），那么仅需 $N-1$ 次目标比较便能得到一个非支配解。也就是说角解（corner solution）优先被选择为非支配解，这也是本章算法被命名为角排序的原因。

（2）通常情况下，确定两个解的支配关系需要 m 次目标比较。事实上，在依次比较不同目标的过程中，遇到矛盾时便可停止目标比较来输出其支配关系是互不支配。在本章实验部分中，目标值间的比较次数来作为评价算法计算量的准则，而非两个解之间的比较次数，这样更显公平。

6.2 基于角解优先的高维多目标非支配排序方法相关背景

6.2.1 角解

对于 m 目标优化问题，若仅考虑 k 个目标的非支配解，其中 $k<m$，这种解称为角解[2]。在本章算法中 k 为 1。图 6.1 中圆点为角解示例。

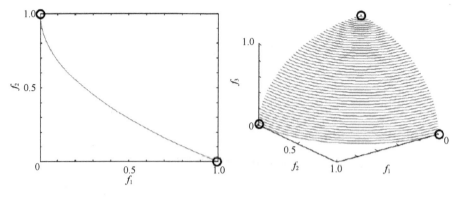

图 6.1　角解示例

6.2.2　相关非支配排序方法

以往非支配排序方法均致力于通过节约比较次数将 $O(mN^3)$ 复杂度降低。快速非支配排序[1]是最早的快速方法，其复杂度为 $O(mN^2)$。文献[3]指出"没有免费午餐"理论并不永远正确。在快速非支配排序中仍存在不必要的比较次数。在之后的研究中，学者致力于减少不必要的比较次数。非支配等级排序[4]和演绎排序[5]均为这方面的典范。

快速非支配排序是推动基于 Pareto 的多目标进化算法发展的助力。该方法首先遍历所有解来获得解间的支配关系，进而快速非支配排序需要至多 $mN(N-1)$ 个目标比较次数。对于每一个解 p，S_p 中储存所有被 p 支配的解，计数器 n_p 记录支配 p 解的个数。其空间复杂度为 $O(N^2)$。当解集规模上升，时间和空间复杂度均急速上升。

非支配等级排序采用了比较次数节约方法，因而比快速非支配排序效率高。该方法按数据集的顺序来比较解，如果一个解被当前解集中任何一个解支配，该解与其他解的比较可被忽略，如果一个解不能被当前解集中的任何一个解支配，该解被标记为当前等级。该方法最差情况需要 $mN(N-1)/2$ 次目标比较，因此时间复杂度仍为 $O(mN^2)$。该方法中仍存在与被支配解的不必要比较。此外，其空间复杂度为 $O(N)$。

非支配等级排序中不必要的比较是下面例子中的情况。如果 $a \prec b$ 且 $b \prec c$，那么 $a \prec c$，这样 a 和 c 间的比较是没有必要的。演绎排序的核心是避免这种比较。一方面，该方法忽略了被支配解与其他解间的比较；另一方面，该方法也忽略了当前等级中已标记的非支配解。该方法最差情况需要 $mN(N-1)/2$ 次目标比较，因此时间复杂度仍为 $O(mN^2)$，其空间复杂度为 $O(N)$。

6.3　基于角解优先的非支配排序方法

6.3.1　基本框架

　　本章算法的核心思想是用所得非支配解忽略其他解与其支配解间的比较。本章算法除了具有一般算法节约比较次数方法以外，其获得非支配解所需的目标比较次数较少。通常情况，得到一个非支配解，需要 $2(N-1)$ 到 $m(N-1)$ 次目标比较。

　　本章算法通过选取具有最好目标值的解（角解）作为非支配解，仅需 $N-1$ 次目标比较，这是由于仅在一个目标上进行比较。尽管本章算法比其他算法节约更多目标比较次数，但其时间复杂度仍为 $O(mN^2)$，其空间复杂度为 $O(N)$。

　　在获得一个非支配解后，本章算法标记那些被该解支配的解，并不对这些已标记的解在本等级内进行比较，这是由于这些解显然不可能排在本等级内，即本等级内的非支配解只在未标记的解中选取。

6.3.2　排序方法

　　本章算法具体实施方法是两个步骤的循环迭代，即获得非支配解和标记该解所支配的解。对于 m 目标优化问题，可获得 m 个非支配解，但本章算法是串行的，仅需选取一个非支配解，那么选取非支配解的顺序是影响本章算法效率的一个因素。显然，这与解集分布有关，但分布是未知的，因此仅能假设其为均匀分布（平均情况）。图 6.2 有两种非支配解选取顺序，其中白点是选取的非支配解，灰色区域为其支配区域。图 6.2（a）是按照所有目标循环顺序来选取非支配解，而图 6.2（b）是一直按照一个目标选取非支配解。图 6.2（a）明显比图 6.2（b）忽略更大区域，因此这种循环的顺序被本章算法所采用。这并不意味着图 6.2（b）中的顺序没有意义，在一些特殊情况下，如大部分解都在 f_1 附近，图 6.2（b）会比图 6.2（a）效率高，但如果更多的解在其他目标附近时，图 6.2（a）便更有优势。考虑所有情况，图 6.2（a）的效果在任何情况下不会过好或过差，因此更加鲁棒。

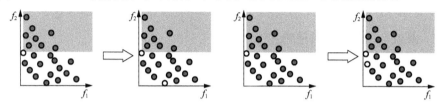

（a）按照所有目标循环顺序选取非支配解　　　　　　（b）按照一个目标选取非支配解

图 6.2　两种非支配解选取顺序

本章算法伪代码见表 6.1，若一非支配解是根据 f_j 选择而来，那么该解和其他未标记解之间在目标 f_j 上的比较可忽略，因为该解已经具有最好的 f_i 目标值。为了更好地说明本章算法过程，图 6.3 为一个例子。首先所有解未被标记，本章算法获得非支配解并标记其支配掉的解，然后以目标循环方法来选择非支配解直至该等级解全部被搜索到，此时解除所有未分配等级解的标记，进而进入下一等级排序，直至所有解都被分配等级。

表 6.1 角排序算法伪代码

算法6.1 角排序
输入：待排序解集 P、解集大小 N 和目标个数 m。步骤：
    Rank[1:N]=0，i=1。
    DO
        解除所有未分配等级的解（Rank==0）的标记，j=1。
        DO
            到具有最优 f_j 目标值的解 $P[q]$，并标记，令 Rank[q]=i。
            J=（j+1）%m+1。
FORk=1:N
IF 未被标记的 $P[k]$ 可被解 $P[q]$ 支配标记 $P[k]$。
END
END
        UNTIL 解集 P 所有成员被标记。
        I=i+1。
    UNTIL 解集 P 所有成员被排序。
    输出：排序结果 Rank。

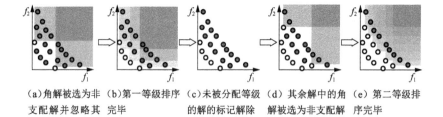

　（a）角解被选为非　（b）第一等级排序　（c）未被分配等级　（d）其余解中的角　（e）第二等级排
支配解并忽略其　完毕　　　　　　　的解的标记解除　解被选为非支配解　序完毕
支配解

图 6.3 本章算法流程示例

6.3.3 高维多目标优化问题的优势

对于高维多目标优化问题的非支配排序，其计算量随目标数目的增加而增加。由于目标数目增多，两个解之间比较的代价也随之增大。在高维多目标优化问题的解集中，很难有被支配的解，因此通过节约与被支配解比较次数的排序方法并不有效。本章算法主要是在获得非支配解的步骤节省比较次数，仅需 $N-1$ 次目标比较，少于其他算法中的 $m(N-1)$，即目标数越大，本章算法可节约的目标比较次数越多。

实际的高维多目标优化问题有一部分是基于偏好的，本章算法可调整非支配解选取顺序契合偏好信息，这样排序效率更高。

6.4 算法有效性验证与结果分析

本节实验通过对于人工数据集和多目标进化算法中产生的实际数据集来进行非支配排序（30 次独立实验）。人工数据集仿真了算法中可能遇到的不同情况，在数据集上的实验用于研究不同非支配排序的特征，而在实际数据上的实验反映了不同方法对于多目标进化算法的影响。快速非支配排序[1]、非支配等级排序[4]和演绎排序[5]被选为对比算法，并以目标比较次数来评价不同算法的计算量。由于所有非支配排序对同一数据集输出相同的结果，本节仅研究不同方法的效率，并不展示排序结果。

6.4.1 云数据

云数据是均匀分布的数据集，表征基于 Pareto 的多目标进化算法的初始阶段。云数据中目标数与等级数的关系见图 6.4，随着目标数的增加，等级数迅速降低，大部分解是非支配解。

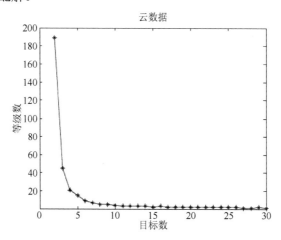

图 6.4　2～30 目标云数据中目标数与等级数的关系

本节实验通过两部分说明不同非支配排序方法的不同计算量，首先在固定目标数的云数据集上测试数据集大小对非支配排序方法的影响，其次在固定数据集大小情况下测试不同目标数量对于非支配排序方法的影响。

　　图 6.5 是四种各种非支配排序在不同大小的云数据集（2、14 和 30 目标）上所需目标比较次数。快速非支配排序需要最多的目标比较次数，非支配等级排序次之，演绎排序再次之。对于低维目标数据集，演绎排序所需目标比较次数少于本章算法，而对于高维目标数据集，本章算法所需目标比较次数少于演绎排序。两目标的云数据集有较大的等级数（前端层数），演绎排序相比于本章算法可节约更多比较次数。

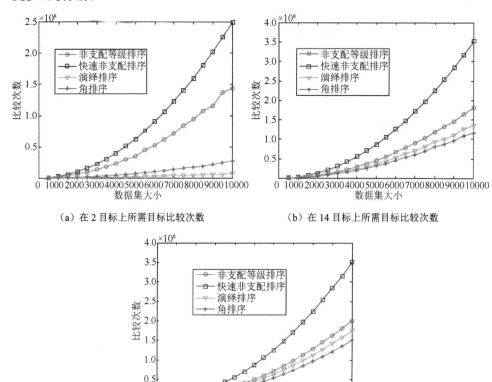

（a）在 2 目标上所需目标比较次数　　　　　（b）在 14 目标上所需目标比较次数

（c）在 30 目标上所需目标比较次数

图 6.5　四种非支配排序在不同大小云数据集上所需目标比较次数

　　图 6.6 是四种算法在不同大小云数据集（2、14 和 30 目标）上的运行时间。快速非支配排序需要最长时间，演绎排序次之，非支配等级排序再次之，本章算法在大部分情况下的运行时间最短。

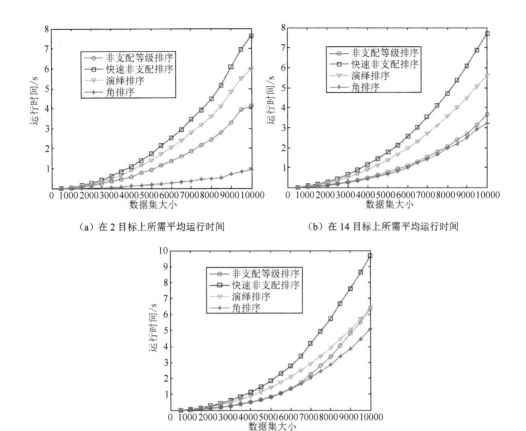

（a）在 2 目标上所需平均运行时间　　　　　（b）在 14 目标上所需平均运行时间

（c）在 30 目标上所需平均运行时间

图 6.6　四种非支配排序在不同大小云数据集上所需平均运行时间

如图 6.5 和图 6.6 所示，所有排序算法的比较次数均随数据集的大小增加而增加。其中快速非支配排序增长最快，非支配等级排序次之，这是由于非支配等级排序忽略一些不必要的比较。演绎排序和本章算法都忽略与被支配解间的比较，因此花费更少的目标比较次数。

图 6.7（a）是四种非支配排序在不同目标个数的云数据集上所需目标比较次数，所有方法的比较次数均随目标数量的增加而增加。15 目标之后，比较次数趋于平稳，是由于数据集几乎全是非支配解，没有与被支配解的比较次数可被节省。演绎排序的比较次数比本章算法增长得快，尽管对于低维数据集本章算法比演绎算法花费更多的比较次数，但对于高维数据集情况逆转。图 6.7（b）是四种算法的平均运行时间，快速非支配排序运行时间最长，本章算法运行时间最短。

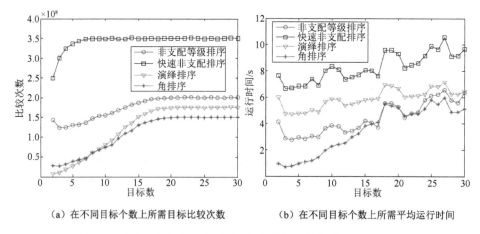

(a) 在不同目标个数上所需目标比较次数　　　　(b) 在不同目标个数上所需平均运行时间

图 6.7　四种非支配排序在不同目标个数的云数据集（10000）上
所需目标比较次数和平均运行时间

6.4.2　固定前端数据

　　固定前端数据集[5]是一种可以控制前端层数的数据集，表征了基于 Pareto 的多目标进化算法后期集中搜索前端的种群情况。在固定前端数据集中，每一层的解的个数相同，每一层如图 6.8 所示分布在超平面上。

　　在固定前端数据集实验中，两个因素对非支配排序有影响，一是目标个数，二是前端层数。因此这组实验中也按此分为两部分。由于数据集大小对于排序的影响上组实验已说明，本组实验不作讨论，令固定前端数据集大小为 7500。

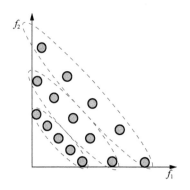

图 6.8　固定前端数据集示例

　　图 6.9 是四种非支配排序在不同前端数的固定前端数据集上所需目标比较次数。除快速非支配排序以外的算法均随前端层数增加而降低其比较次数，这是由于层数越多便有越多与被支配解的比较次数可以节省。快速非支配排序不应用于任何比较次数节约方法，因此其比较次数最多且不随层数增加而下降。演绎排序和本章算法都比非支配等级排序需要的比较次数少。除低维目标数据集以外的情况下，本章算法比演绎排序需要的比较次数少。

　　图 6.10 是四种非支配排序在不同前端数的固定前端数据集上所需平均运行时间。总体而言，前端层数并不显著影响运行时间。快速非支配排序运行时间最长，演绎排序次之，非支配等级排序再次之，本章算法运行时间最短。

图 6.11 是四种非支配排序在不同目标个数的固定前端数据集上所需目标比较次数。由结果可见，只有快速非支配排序的目标比较次数随目标的增长而增长，其他算法并不增长。此外，本章算法花费最少目标比较次数。

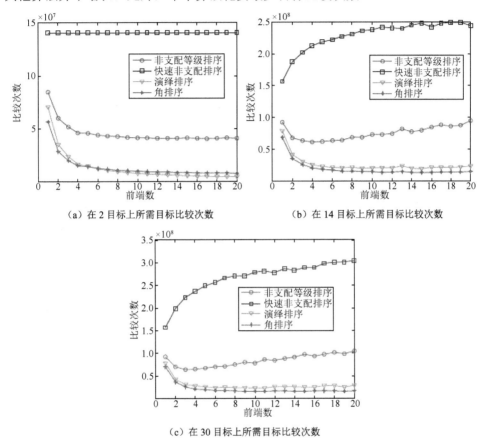

（a）在 2 目标上所需目标比较次数　　　　　　　（b）在 14 目标上所需目标比较次数

（c）在 30 目标上所需目标比较次数

图 6.9　四种非支配排序在不同前端层数的固定前端数据集上所需目标比较次数

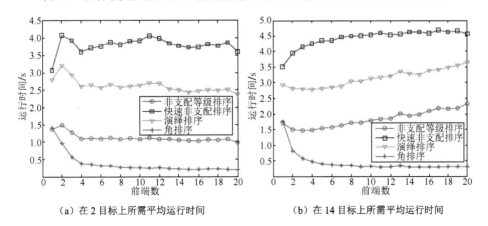

（a）在 2 目标上所需平均运行时间　　　　　　　（b）在 14 目标上所需平均运行时间

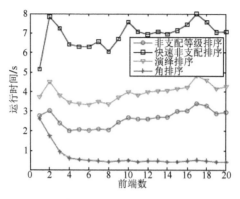

（c）在 30 目标上所需平均运行时间

图 6.10　四种非支配排序在不同前端层数的固定前端数据集上所需平均运行时间

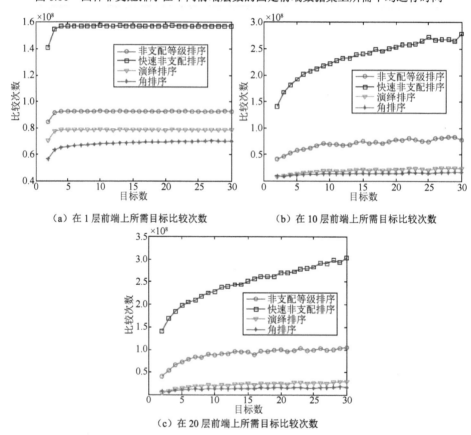

（a）在 1 层前端上所需目标比较次数　　　（b）在 10 层前端上所需目标比较次数

（c）在 20 层前端上所需目标比较次数

图 6.11　四种非支配排序在不同目标个数的固定前端数据集上所需目标比较次数

图 6.12 是四种非支配排序在不同目标个数的固定前端数据集上所需平均运行时间。四种算法的运行时间不受目标个数影响。

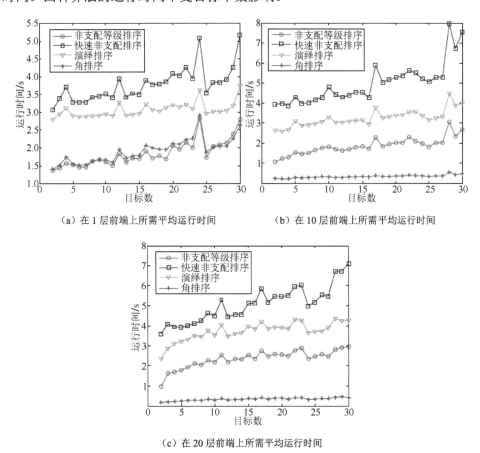

（a）在 1 层前端上所需平均运行时间　　　　（b）在 10 层前端上所需平均运行时间

（c）在 20 层前端上所需平均运行时间

图 6.12　四种非支配排序在不同目标个数的固定前端数据集上所需平均运行时间

6.4.3　混合数据

将云数据集和固定前端数据集混合得到混合数据集，见图 6.13，该数据集表征了基于 Pareto 的多目标进化算法中期的种群情况。

图 6.14 是四种非支配排序在不同目标个数的混合数据集上所需目标比较次数和平均运行时间。快速非支配排序和非支配等级排序需要最多的比较次数。对于低维目标的混合数据集，本章算法耗费比较次数比演绎排序多，而对于高维目标的混合数据集，本章算法耗费的比较次数比演绎排序少，原因

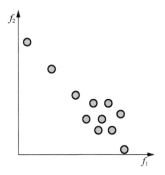

图 6.13　混合数据集示意图

是本章算法在获得非支配解的过程中可节约更多的比较次数。图 6.14（b）显示快速非支配排序运行时间最长，本章算法和非支配等级排序运行时间最短。

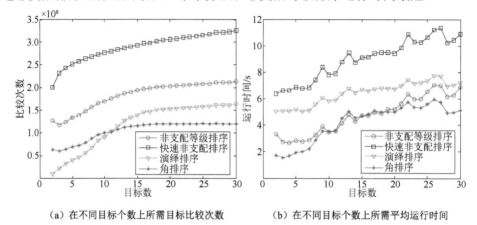

（a）在不同目标个数上所需目标比较次数　　　　　（b）在不同目标个数上所需平均运行时间

图 6.14　四种非支配排序在不同目标个数的混合数据集（10000）上
所需目标比较次数和平均运行时间

6.4.4　实际数据

前三组实验数据均为人工数据集，本节为了验证本章算法在实际算法中的有效性，实验的数据集采用 NSGA-Ⅱ在 DTLZ1 和 DTLZ2 中实际运行中每代种群，NSGA-Ⅱ的参数设置见文献[1]（迭代 200 次，种群大小设为 200）。

对于每一个问题，NSGA-Ⅱ迭代 200 代产生 200 个数据集，图 6.15 是四种非支配排序在不同目标个数的实际数据集（DTLZ1 和 DTLZ2）上所需目标比较次数和平均运行时间。除演绎排序以外的其他三种算法不受目标个数影响，而运行时间随目标数增长而轻微增长。对于 DTLZ1 问题，快速非支配排序需要最长的时间和最多的目标比较次数。本章算法需要最短的时间和最少的目标比较次数。DTLZ2 问题的实验结果和 DTLZ1 类似。

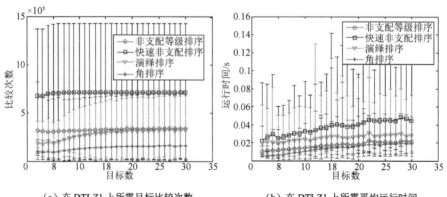

（a）在 DTLZ1 上所需目标比较次数　　　　　（b）在 DTLZ1 上所需平均运行时间

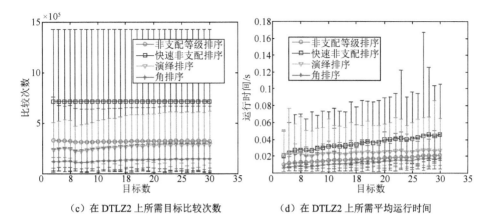

（c）在 DTLZ2 上所需目标比较次数　　（d）在 DTLZ2 上所需平均运行时间

图 6.15　四种非支配排序在不同目标个数的实际数据集上所需目标比较次数和平均运行时间

　　本节研究了非支配排序对不同阶段的多目标进化算法的影响，其结果见图 6.16。本章算法在所有阶段都表现最佳。对于两目标问题，非支配等级排序在初始阶段性能较差，而本章算法和演绎排序在初始阶段比其他算法好。对于高维多目标优化问题，不受不同种群分布的影响。

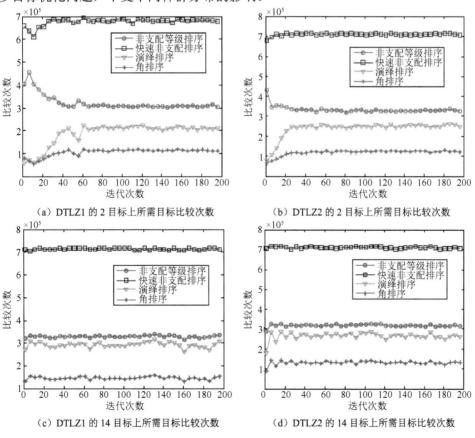

（a）DTLZ1 的 2 目标上所需目标比较次数　　（b）DTLZ2 的 2 目标上所需目标比较次数

（c）DTLZ1 的 14 目标上所需目标比较次数　　（d）DTLZ2 的 14 目标上所需目标比较次数

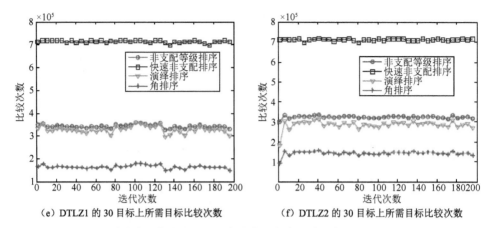

（e）DTLZ1 的 30 目标上所需目标比较次数　　　　（f）DTLZ2 的 30 目标上所需目标比较次数

图 6.16　四种非支配排序在不同迭代次数下的实际数据集上所需目标比较次数

6.4.5　讨论与分析

通过上述实验，本章算法在高维多目标优化问题上无论是运行时间还是比较次数上相比于其他算法均具有一定优势。这种优势源于在获得非支配解的过程中所节约的比较次数。本章算法仅需 $N-1$ 次目标比较次数来获得一个非支配解，这方面远远优于其他算法。实验中，云数据集用于仿真多目标进化算法前期情况，固定前端数据集用于仿真多目标进化算法后期情况，本章算法不受数据集分布影响并保持较高效率。在实际数据的实验中，本章算法消耗最少的计算量。

理论上，这四种不同的非支配排序最差情况的计算复杂度是一样的，但快速非支配排序最多需要 $mN(N-1)$ 次目标比较，而其他算法需要 $mN(N-1)/2$ 次比较。显然快速非支配排序没应用任何节约比较次数的策略，是这四种算法中效率最低的。其他三种算法的节约比较次数方法见图 6.17。这三种算法通过一个解来忽略与其支配掉的解进行比较，但它们的节约方式并不相同。非支配等级排序仅节约了某解被支配后该解与其他解的比较次数。演绎排序节约了与某解支配掉的解的比较次数，同时也节约了某解被支配后该解与其他解的比较次数，因此演绎排序需要的比较次数比非支配等级排序少。本章算法除节约与某解支配掉的解的比较次数以外，还在获得非支配解步骤中节约比较次数。本章算法与演绎算法的优劣难以比较，在目标数量较多（高维多目标优化问题）时，非支配排序的大部分运算量花费在获得非支配解上，本章算法比演绎排序有优势。

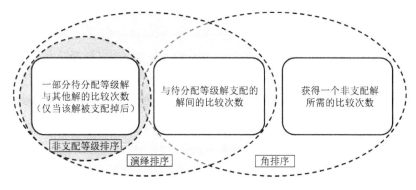

图 6.17 三种非支配排序节约比较次数方法

6.5 本 章 小 结

本章提出了一种针对高维多目标优化问题的角解优先的非支配排序方法。本章算法可在高维多目标优化问题的非支配排序上节约较多的比较次数和运行时间。

尽管本章算法在实验中有优秀的表现,但其在低维多目标优化问题上效果不佳,因此如何提升本章算法在这类问题上的效果是未来研究方向之一。此外,由于本章算法可以同时获得多个非支配解,那么本章算法的并行版本有待开发。最后,本章算法采用目标循环的顺序来选取非支配解,未来应该研究如何让算法可根据数据不同的分布来自适应地改变角解选取顺序。

参 考 文 献

[1] DEB K, PRATAP A, AGARWAL S, et al. A fast and elitist multiobjective genetic algorithm: NSGA-II[J]. IEEE Transactions on Evolutionary Computation, 2002, 6(2): 182-197.

[2] SINGH H K, ISAACS A, RAY T. A Pareto corner search evolutionary algorithm and dimensionality reduction in many-objective optimization problems[J]. IEEE Transactions on Evolutionary Computation, 2011, 15(4): 539-556.

[3] KÖPPEN M, YOSHIDA K, OHNISHI K. A GRATIS theorem for relational optimization[C]//2011 11th International Conference on Hybrid Intelligent Systems. Melacca, 2011: 674-679.

[4] DEB K, TIWARI S. Omni-optimizer: A procedure for single and multi-objective optimization[C]//International Conference on Evolutionary Multi-Criterion Optimization. Berlin: Springer, 2005: 47-61.

[5] MCCLYMONT K, KEEDWELL E. Deductive sort and climbing sort: New methods for non-dominated sorting[J]. Evolutionary Computation, 2012, 20(1): 1-26.

第7章 双档案高维多目标进化算法

7.1 引　言

大部分实际问题是不可约减的高维多目标优化问题[1,2]，那么上一章的目标约减方法便不能使用。不可约减的高维多目标优化问题的难度源于无效的 Pareto 支配关系[3,4]，即基于 Pareto 的多目标进化算法在高维多目标优化问题上失效，这样基于非 Pareto 的多目标进化算法成为一种解决办法。

基于分解的多目标进化算法是基于非 Pareto 的多目标进化算法的一种，通过聚合函数将多目标优化问题分解为若干个单目标优化问题，其中 MOEA/D[5]是最为著名的基于分解的多目标进化算法。但是，在高维目标空间分配权重向量对于 MOEA/D 是一个挑战[6]，尽管一种广义的分解方法[7]致力于解决这一问题，但算法运行前仍需分配权重向量。

基于指标的多目标进化算法是另一种基于非 Pareto 的多目标进化算法，即以一个指标作为算法的适应度函数。IBEA[8]是最早的基于指标的多目标进化算法，尽管 IBEA 在高维多目标优化问题上的收敛性较好，但多样性不尽如人意。很多学者考虑用基于超体积的多目标进化算法[9,10]解决高维多目标优化问题，原因是超体积指标同时关注收敛性和多样性[11]。但由于超体积指标本身的计算复杂度高[12]，将其应用于高维多目标优化问题上是不实际的。

2014 年，NSGA-Ⅱ的改进版本 NSGA-Ⅲ[13]被提出。NSGA-Ⅲ针对高维多目标优化问题用一组参考点保持多样性，即根据到这些参考点的最小垂直距离来选择个体。换言之，NSGA-Ⅲ需在算法运行前分配一组均匀分布的参考点，这些参考点的分布直接影响最终算法输出。实验结果表明，NSGA-Ⅲ对于高维多目标优化问题能同时具有较好的收敛性、多样性和计算法复杂度。

本章致力于设计一种对于高维多目标优化问题同时具有较好的收敛性、多样性和计算法复杂度的算法，并且不需要任何人工预置。受具有分别针对收敛性和多样性档案（CA 和 DA）的双档案算法（Two_Arch）[14]启发，本章算法（Two_Arch2）将其在高维多目标优化问题上的性能进行改进。本章的两个创新点如下。

（1）对于 CA 和 DA，本章算法分配不同的选择机制，CA 是基于指标的，DA 是基于 Pareto 的。

（2）本章算法针对高维多目标优化问题设计一种新的基于 l_p 范数距离（$p<1$）的多样性保持策略。

7.2　双档案算法简介

Two_Arch[14]是第一个将非支配解集分成两个档案（收敛性和多样性）的算法，这样，多目标优化算法的两个目标同时被加强。

7.2.1　基本框架

图 7.1 是 Two_Arch 的算法流程图。除了一般的多目标进化算法步骤（交叉和变异），非支配解集被划分成两个档案（CA 和 DA）。CA 和 DA 的更新策略不同。Two_Arch 通过交叉变异之后获得若干非支配子集，其中支配原 CA 和 DA 并集的个体被分配到 CA 中，并将其支配个体移除，不支配 CA 和 DA 中任何成员的个体被分配到 DA 中，见表 7.1。

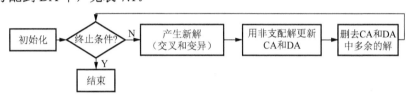

图 7.1　Two_Arch 流程图

表 7.1　Two_Arch 中 CA 和 DA 更新策略

输入：子集 O、CA A_C、DA A_D 和 CA 与 DA 并集上限 N。
步骤：

　　　　找出子集 O 的非支配集 O_{nd}
　　　　FOR $i=1$:$|O_{nd}|$
　　　　　　IF $O_{nd}[i]$ 不能被 A_C 和 A_D 中任何一个解支配
　　　　　　　　IF $O_{nd}[i]$ 支配 A_C 和 A_D 中任何一个解
　　　　　　　　被支配的解被删除，$O_{nd}[i]$. flag=1，添加 $O_{nd}[i]$ 到 A_C。
　　　　　　　　ELSE
　　　　　　　　　　$O_{nd}[i]$.flag=0，加 $O_{nd}[i]$ 到 A_D。
　　　　　　　　END
　　　　　　ELSE
$O_{nd}[i]$. flag=-1。
　　　　　　END
　　　　END
　　　　IF $|A_C|+|A_D|>N$
　　　　　　根据 A_D 到 A_C 的最小距离删除多余解。
　　　　END
输出：更新后的 A_C 和 A_D。

Two_Arch 从 DA 中删除多余个体，尽管 CA 和 DA 被看做一个具有上限的整体。不删除 CA 中个体的原因是 CA 永远不会溢出，由于当 CA 到达并集上限时，整个 DA 被删除,而要添加新解至 CA 至少需要支配掉其中一个解。

7.2.2　优点与缺点

Two_Arch 是首个将收敛性和多样性在物理上分开的算法。CA 针对收敛性,DA 针对多样性。其核心思想简洁明了,并不增加额外计算复杂度。但是,作为一个基于 Pareto 的多目标进化算法,Two_Arch 仍然无法求解高维多目标优化问题。而且它的缺点是在 CA 中没有任何多样性维持策略,在 CA 中解的数量到达上限并且均收敛到真实 PF 上时,CA 无法更新(无解可被支配)。这样分配到 DA 中的新解尽管改善多样性也无法添加到 CA 中,那么最终输出结果是多样性较差的 CA。

7.3　基于双档案的高维多目标进化算法

7.3.1　基本框架

对于高维多目标优化问题,仅采用 Pareto 支配关系是不够的。IBEA 中 I 指标[8]促进高维多目标优化问题收敛,而 Pareto 支配关系促进多样性,本章算法在 Two_Arch 双档案策略基础上,以不同的支配方式来更新 CA 和 DA,那么本章算法是一种混合算法,见图 7.2。本章算法中 CA 和 DA 的目标更为明确,CA 用于指导整个种群以最快的速度收敛至真实 PF,而 DA 用于给高维目标空间增加多样性。这正是本章算法令 CA 和 DA 间交叉而仅对 CA 变异的原因。此外,CA 和 DA 各自拥有容量上限,且 CA 和 DA 的选择过程也是相互独立的。鉴于 CA 的多样性较差,本章算法以 DA 作为最终输出,这与 Two_Arch 输出 CA 和 DA 并集不同。

图 7.2　本章算法流程图

7.3.2　收敛性档案选择方法

鉴于 Pareto 支配关系在高维多目标优化问题上失效的原因,本章算法选择用 $I_{\varepsilon+}$ 指标来作为 CA 的更新准则。$I_{\varepsilon+}$ 代表一个解支配另一个解在目标空间所需的最小距离,见式(7.1),其中 m 为目标个数。根据此指标,本章算法进行适应度值分配,见式(7.2),即 x_1 被删除后所损失的 $I_{\varepsilon+}$。

$$I_{\varepsilon+}(x_1 + x_2) = \min_\varepsilon(f_i(x_1) - \varepsilon \leqslant f_i(x_2), 1 \leqslant i \leqslant m) \tag{7.1}$$

$$F(x_1) = \sum_{x_2 \in P \backslash \{x_1\}} -e^{-I_{\varepsilon+}(x_2, x_1)/0.05} \tag{7.2}$$

在更新 CA 时，所有子代新解都添加到 CA 中，根据适应度值删除多余解。在每次迭代过程中，删除具有最小 $I_{\varepsilon+}$ 损失的解，并更新其他解的适应度值，直至到达 CA 容量上限。

7.3.3　多样性档案选择方法

高维多目标优化问题的多样性难以维持，其多样性具有两层意义。一方面，解集应该分布在整个高维目标空间内，尽可能提供足够多的关于 PF 信息；另一方面，在低维子空间中两个解之间的投影距离也要尽量长[15]。

本章算法中 DA 的更新是基于 Pareto 的，即只有非支配解可加入 DA 中，多余的解根据相似性来删除，这是一般基于 Pareto 的多目标进化算法的思路。本章利用这种思路的反方向来选择解，即首先将边界点（具有最好或最差目标的解）选择到 DA 中，然后进入迭代过程，每次迭代过程选择和已选解最不同的解添加到 DA，直至 DA 到达容量上限。本章算法采用距离来评价相似度，已有基于 l_1 和 l_2 范数距离的多样性保持策略在高维多目标优化问题上均失效，其原因是没有采用合适的距离[16]。因此，本章算法选择 l_p 范数距离（$p<1$）计算相似性。

l 范数距离在高维空间中的定性意义不大[17,18]。l_2 范数在高维空间内的相似性检索功能减弱，相比之下 l_1 范数和 l_p 范数（$p<1$）效果更佳。当样本维数不断增加，样本集中最远和最近样本距离差 $d_{\max}-d_{\min}$（不同 l_p 范数）随维数的变化，曲线见图 7.3。l_2 范数下，该曲线趋于平缓，$d_{\max}-d_{\min}$ 可证明与 Dimension$^{1/p-1/2}$ 相关。由此可见，一个较小 p 值可引起样本距离的较大差异性。因此本章算法采用 $l_{1/m}$ 范数距离来计算相似度。

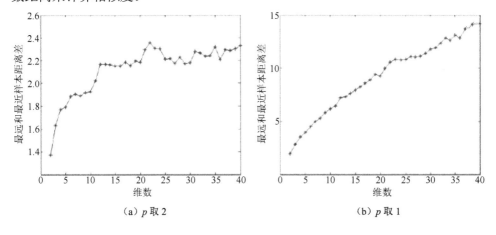

（a）p 取 2　　　　　　　　　　　　（b）p 取 1

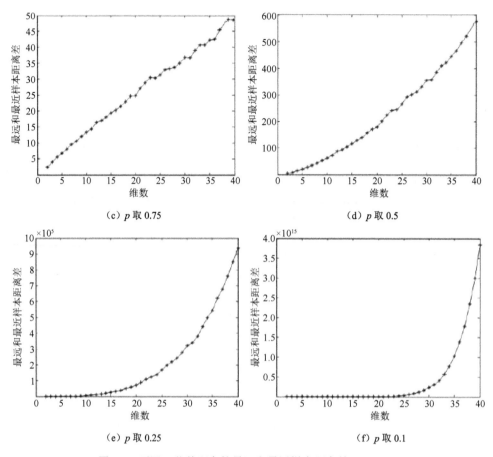

(c) p 取 0.75　　　　　　　　　　　　(d) p 取 0.5

(e) p 取 0.25　　　　　　　　　　　　(f) p 取 0.1

图 7.3　不同 l_p 范数距离的最远和最近样本距离差 $d_{max} - d_{min}$

7.4　算法有效性验证与结果分析

本节实验分为两个部分，第一部分通过实验进一步了解本章算法的各个步骤的作用；第二部分通过与不同类型的主流算法进行对比验证算法有效性。

7.4.1　算法分析

本节首先通过本章算法中的 p 取 $1/m$、$2/m$、2、1、0.75、0.5、0.25、0.1 和 0.05 在 2~10 目标 DTLZ1 问题进行对比实验，分析不同 p 值对本章算法中的 l_p 范数距离的影响，其结果见表 7.2。$l_{1/m}$ 范数距离对于不同目标数的 DTLZ1 问题（除两目标问题外）均有较好的表现。

表 7.2　不同 p 值下的本章算法在不同目标数的 DTLZ1 问题上的 IGD 值

目标个数	1/m	2/m	2	1	0.75	0.5	0.25	0.1	0.05
2	0.0041(5)	0.0041(6)	0.0042(8)	0.0040(2)	0.0041(4)	0.0041(3)	0.0042(9)	0.0041(7)	0.0040(1)
3	0.0446(1)	0.0685(9)	0.0494(2)	0.0594(7)	0.0572(6)	0.0517(3)	0.0553(5)	0.0647(8)	0.0529(4)
4	0.0880(1)	0.1178(9)	0.1130(7)	0.1148(8)	0.1007(4)	0.1065(6)	0.0970(3)	0.1037(5)	0.0953(2)
5	0.1424(1)	0.1524(5)	0.1631(8)	0.1530(6)	0.1473(2)	0.1652(9)	0.1593(7)	0.1506(4)	0.1475(3)
6	0.1781(2)	0.1795(4)	0.1916(7)	0.1791(3)	0.1855(6)	0.1707(1)	0.1920(8)	0.1967(9)	0.1830(5)
7	0.2167(2)	0.2224(5)	0.2635(9)	0.2550(8)	0.2335(7)	0.2185(4)	0.2141(1)	0.2263(6)	0.2168(3)
8	0.2266(1)	0.2310(2)	0.2866(8)	0.3091(9)	0.2772(7)	0.2598(6)	0.2330(3)	0.2380(5)	0.2343(4)
9	0.2458(1)	0.2695(4)	0.3455(8)	0.3531(9)	0.3440(7)	0.3265(6)	0.2785(5)	0.2617(3)	0.2693(3)
10	0.2791(1)	0.2859(4)	0.4200(9)	0.3744(8)	0.3525(7)	0.3096(6)	0.2970(5)	0.2792(2)	0.2798(3)

在本章算法中，DA 作为最终输出，其容量上限是固定的，即对多于 10 目标问题设为 200，对于其他问题设为 100。而 CA 指导 DA 收敛，其容量影响本章算法性能。因此以不同容量的 CA（10、50、100、200 和 300）在 10 目标 DTLZ1 问题上以 90000 次函数评价终止条件运行本章算法 30 次，其结果见图 7.4（以 DTLZ1 问题中的 $g(x)$ 作为收敛性测度）。可见，小容量的 CA 有助于提高收敛速度，这是由于搜索资源都集中于很小范围的优秀解上。可是小容量的 CA 不能提高 DA 的多样性，见 DA 的 IGD 测度值。因此，本章算法中 CA 容量设为 100。

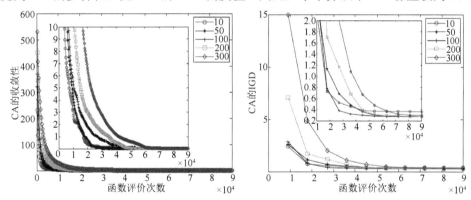

图 7.4　不同 CA 容量上限（10、50、100、200 和 300）在 10 目标 DTLZ1 问题上对本章算法性能的影响

由于本章算法是 Two_Arch 的改进版本，但两种算法对于 CA 和 DA 的规划不同，为深入理解两者的不同点，本节分别独立在 10 目标的 DTLZ1 上运行 30 次，并记录两者中 CA 和 DA 的收敛性测度变化（DTLZ1 问题中的 $g(x)$），见图 7.5。可见本章算法中的 CA 比 Two_Arch 中的 CA 收敛速度快，原因是 $I_{\varepsilon+}$ 比 Pareto 支配更有效，甚至本章算法中的 DA 都比 Two_Arch 中 CA 收敛速度快，是由于本章算法有效地将 CA 中好收敛性引导到 DA 中。

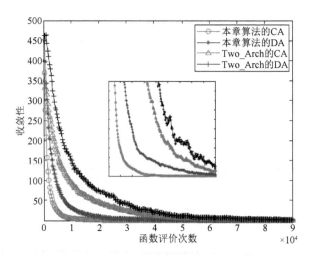

图 7.5　本章算法和 Two_Arch 在 10 目标 DTLZ1 问题上的 CA 和 DA 的收敛性

CA 和 DA 在产生新解时的分工对本章算法有一定影响。因此，以不同变异和交叉在 10 目标 DTLZ1 上独立运行 30 次分析其影响。

对于变异而言，实验选择仅 CA 变异、仅 DA 变异和 CA 与 DA 均变异，并以 NSGA-III 作为参考结果，CA 和 DA 的收敛性见图 7.6。由于 $I_{\varepsilon+}$ 比 Pareto 支配更有效，因此不同变异类型的 CA 的收敛性都比 NSGA-III 好。仅 DA 变异不能提供高收敛速度，其原因是没有集中搜索 CA。CA 变异可防止早熟，因此仅 CA 变异和 CA 与 DA 均变异对 CA 收敛性影响不大，但对 DA 收敛性有较大影响，前者较后者收敛性好，由于一部分 DA 变异影响了 CA 对 DA 的指导功能。因此，本章算法采用仅 CA 变异。

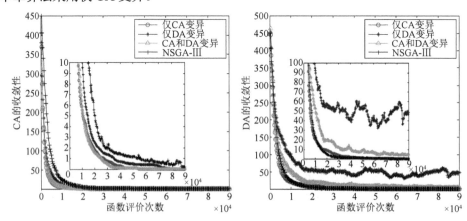

图 7.6　不同变异对本章算法的影响

对交叉而言，实验选择 CA 与 DA 之间交叉、CA 与 DA 视为整体交叉、仅

CA 交叉和仅 DA 交叉，并以 NSGA-Ⅲ作为参考结果，DA 的收敛性和 IGD 见图 7.7。仅 DA 交叉的收敛性最差，原因是 Pareto 支配关系不能促进高维多目标优化问题收敛。仅 CA 交叉的 IGD 测度最差，原因是 CA 的多样性差。CA 与 DA 间交叉比两者视为整体交叉性能好，接近 NSGA-Ⅲ，因为 CA 通过交叉把优良的收敛性传递到 DA 中，DA 通过 l_p 范数距离多样性维持策略保持多样性。因此，本章算法采用 CA 和 DA 间交叉。

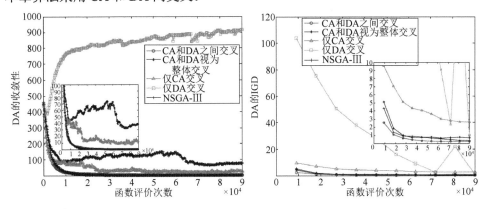

图 7.7　不同交叉对本章算法的影响

7.4.2　对比实验

为了验证算法性能，本节实验选取 Two_Arch[14]、IBEA[8]、NSGA-Ⅲ[13]、MOEA/D[5]、AGE-Ⅱ[19]和本章算法在 DTLZ[20]和 WFG[21]问题上进行对比实验，并以 IGD[22]测度对算法性能进行评价。Two_Arch 是同本章算法具有相近结构的算法；IBEA 是基于指标的算法；NSGA-Ⅲ是效果较好的高维多目标进化算法；MOEA/D 是基于分解的多目标进化算法；AGE-Ⅱ是基于 ε-超格的算法。所有算法均独立运行 30 次，且实验结果以 Wilcoxon 符号秩检验来测试显著性[23]，其显著水平为 0.05。

表 7.3 是六种算法在 2～10 目标 DTLZ1 上的 IGD 测度值。IBEA 具有最差 IGD，NSGA-Ⅲ和本章算法在该问题的 IGD 指标上是前两名。相比之下，NSGA-Ⅲ在 2、3 目标 DTLZ1 上比本章算法有优势，但本章算法在高维 DTLZ1 有优势。AGE-Ⅱ、Two_Arch 和 MOEA/D 性能次之，但 AGE-Ⅱ在目标数大于 5 的情况下比其他两种算法更优。

表 7.4 是六种算法在 2～10 目标 DTLZ2 上的 IGD 测度值。对于 2、3 目标 DTLZ2，NSGA-Ⅲ有最好 IGD，本章算法和 MOEA/D 次之，Two_Arch 和 AGE-Ⅱ更次之。可是当目标数目增长时，情况有所不同，本章算法是效果最好的算法，Two_Arch 和 AGE-Ⅱ次之，NSGA-Ⅲ和 MOEA/D 更次之。

表7.3 本章算法、Two_Arch、IBEA、NSGA-Ⅲ、MOEA/D 和 AGE-Ⅱ在
DTLZ1 问题上的 IGD 测度值

目标个数	Two_Arch2	Two_Arch	IBEA	NSGA-Ⅲ	MOEA/D	AGE-Ⅱ
2	0.0041±0.0001(2)	0.0083±0.0069(3)	1.1338±0.7452(6)	0.0037±0.0002(1)	0.7096±0.9932(5)	0.0449±0.0047(4)
3	0.0644±0.0482(4)	0.0541±0.0065(2)	0.9325±0.5065(6)	0.0409±0.0008(1)	0.6040±0.8815(5)	0.0592±0.0025(3)
4	0.1197±0.0452(2)	0.1205±0.0097(3)	0.9079±0.2236(6)	0.1001±0.0126(1)	0.6798±0.8270(5)	0.1930±0.0025(4)
5	0.1527±0.0298(1)	0.2095±0.0192(3)	1.0728±0.3842(6)	0.1554±0.0034(2)	0.4192±0.5544(5)	0.2211±0.0023(4)
6	0.1802±0.0327(1)	0.4297±0.0946(5)	1.0977±0.4282(6)	0.1981±0.0043(2)	0.4237±0.4470(4)	0.2574±0.0068(3)
7	0.2143±0.0397(1)	0.5437±0.0824(4)	1.1288±0.5626(6)	0.2397±0.0112(2)	0.6106±0.6262(5)	0.2871±0.0062(3)
8	0.2402±0.0246(1)	0.5586±0.1025(4)	1.1644±0.5625(6)	0.2639±0.0119(2)	0.5804±0.5085(5)	0.3116±0.0043(3)
9	0.2571±0.0212(1)	0.6387±0.1528(5)	2.3723±5.2262(6)	0.4137±0.2178(3)	0.5793±0.4529(4)	0.3581±0.0070(2)
10	0.2879±0.0247(1)	0.7517±0.4126(5)	2.1616±4.9046(6)	0.3931±0.2019(2)	0.5004±0.4657(4)	0.4095±0.0040(3)

表7.4 本章算法、Two_Arch、IBEA、NSGA-Ⅲ、MOEA/D 和 AGE-Ⅱ在
DTLZ2 问题上的 IGD 测度值

目标个数	Two_Arch2	Two_Arch	IBEA	NSGA-Ⅲ	MOEA/D	AGE-Ⅱ
2	0.0044±0.0000(3)	0.0055±0.0008(4)	0.5689±0.2498(6)	0.0042±0.0001(1)	0.0042±0.0000(2)	0.0781±0.0017(5)
3	0.0556±0.0008(2)	0.0636±0.0021(4)	0.6812±0.3210(6)	0.0541±0.0001(1)	0.0557±0.0008(3)	0.0953±0.0043(5)
4	0.1334±0.0015(1)	0.1483±0.0044(4)	0.7872±0.2838(6)	0.1496±0.0008(5)	0.1447±0.0026(3)	0.1379±0.0035(2)
5	0.2063±0.0023(1)	0.2321±0.0058(3)	0.9507±0.2489(6)	0.2340±0.0002(4)	0.2373±0.0041(5)	0.2142±0.0038(2)
6	0.2733±0.0023(1)	0.3029±0.0053(3)	1.0183±0.1981(6)	0.3112±0.0003(4)	0.3193±0.0033(5)	0.2936±0.0094(2)
7	0.3330±0.0028(1)	0.3574±0.0078(3)	1.1107±0.1922(6)	0.3951±0.0023(5)	0.3852±0.0046(4)	0.3555±0.0059(2)
8	0.3853±0.0027(1)	0.4092±0.0097(2)	1.1709±0.0924(6)	0.4313±0.0002(4)	0.4404±0.0033(5)	0.4164±0.0199(3)
9	0.4330±0.0044(1)	0.4516±0.0075(2)	1.1905±0.0938(6)	0.5301±0.0077(5)	0.4859±0.0042(4)	0.4672±0.0210(3)
10	0.4805±0.0045(1)	0.4936±0.0081(2)	1.1929±0.0795(6)	0.5551±0.0056(5)	0.5244±0.0054(4)	0.5077±0.0238(3)

表 7.5 是六种算法在 2～10 目标 DTLZ3 上的 IGD 测度值。NSGA-Ⅲ和本章算法分别在低维和高维 DTLZ3 上效果最优。对于 4～10 目标 DTLZ3，Two_Arch 和 AGE-Ⅱ弱于 NSGA-Ⅲ和本章算法。IBEA 和 MOEA/D 的 IGD 最差。

表7.5 本章算法、Two_Arch、IBEA、NSGA-Ⅲ、MOEA/D 和 AGE-Ⅱ在
DTLZ3 问题上的 IGD 测度值

目标个数	Two_Arch2	Two_Arch	IBEA	NSGA-Ⅲ	MOEA/D	AGE-Ⅱ
2	0.0046±0.0003(2)	0.0092±0.0170(3)	0.7343±0.0652(5)	0.0044±0.0007(1)	7.4998±11.6445(6)	0.1112±0.1013(4)
3	0.0735±0.0379(3)	0.0704±0.0091(2)	1.7752±4.4825(5)	0.0567±0.0112(1)	8.3691±13.6366(6)	0.1419±0.1103(4)
4	0.1541±0.0781(1)	0.1679±0.0094(4)	1.0051±0.0090(5)	0.1572±0.0190(2)	10.9347±15.5760(6)	0.1639±0.0730(3)
5	0.2497±0.0786(2)	0.3798±0.0662(4)	1.0565±0.0219(5)	0.2377±0.0178(1)	11.8563±20.3757(6)	0.2772±0.0932(3)
6	0.3070±0.0610(1)	0.6286±0.0823(4)	1.9352±4.5036(5)	0.3154±0.0119(2)	11.9379±14.0988(6)	0.3610±0.0694(3)
7	0.4200±0.0924(2)	0.7522±0.2000(4)	1.9651±4.4866(5)	0.4001±0.0214(1)	7.0684±12.8462(6)	0.4535±0.0550(3)
8	0.4528±0.0598(2)	0.7513±0.0417(4)	1.1473±0.0128(5)	0.4427±0.0338(1)	8.8209±15.0124(6)	0.5120±0.0462(3)
9	0.5232±0.0737(1)	0.8058±0.0795(4)	3.0921±7.3332(5)	0.7458±0.4598(3)	6.4646±10.5022(6)	0.6514±0.0428(2)
10	0.5578±0.0402(1)	0.9607±0.4142(4)	1.1880±0.0040(5)	0.6112±0.1053(2)	6.6794±12.4615(6)	0.6817±0.0675(3)

表 7.6 是六种算法在 2～10 目标 DTLZ4 上的 IGD 测度值。对于 2、3 目标 DTLZ4，AGE-Ⅱ 是最好算法，NSGA-Ⅲ，本章算法和 Two_Arch 次之。对于 4、5 目标 DTLZ4，NSGA-Ⅲ 是效果最好的算法，AGE-Ⅱ、本章算法和 Two_Arch 次之。而对于 7、8 目标 DTLZ4，本章算法是最好算法，NSGA-Ⅲ 次之。对于 9、10 目标 DTLZ4，NSGA-Ⅲ 没有优于 AGE-Ⅱ 和 Two_Arch。

表 7.6 本章算法、Two_Arch、IBEA、NSGA-Ⅲ、MOEA/D 和 AGE-Ⅱ 在 DTLZ4 问题上的 IGD 测度值

目标个数	Two_Arch2	Two_Arch	IBEA	NSGA-Ⅲ	MOEA/D	AGE-Ⅱ
2	0.1527±0.3016(3)	0.4002±0.3758(4)	0.7458±0.0000(6)	0.1525±0.3017(2)	0.5481±0.3336(5)	0.1241±0.1757(1)
3	0.2207±0.2943(3)	0.3621±0.3024(4)	0.9840±0.0000(6)	0.1700±0.2436(2)	0.6440±0.3756(5)	0.0941±0.0058(1)
4	0.3488±0.2740(3)	0.3704±0.2150(4)	1.0989±0.0000(6)	0.1498±0.0006(1)	0.6076±0.3606(5)	0.2010±0.1574(2)
5	0.2701±0.1332(2)	0.3461±0.1594(4)	1.1579±0.0431(6)	0.2342±0.0001(1)	0.6523±0.2671(5)	0.2812±0.1184(3)
6	0.2711±0.0264(1)	0.3906±0.1246(4)	1.2019±0.0407(6)	0.3113±0.0001(2)	0.6609±0.1893(5)	0.3631±0.1173(3)
7	0.3261±0.0031(1)	0.4036±0.0464(3)	1.2398±0.0000(6)	0.3944±0.0020(2)	0.7682±0.2688(5)	0.4196±0.0574(4)
8	0.3784±0.0026(1)	0.4688±0.0438(4)	1.2623±0.0000(6)	0.4315±0.0001(2)	0.8068±0.2108(5)	0.4685±0.0623(3)
9	0.4265±0.0033(1)	0.5039±0.0323(3)	1.2734±0.0345(6)	0.5257±0.0053(4)	0.7155±0.1052(5)	0.5031±0.0598(2)
10	0.4715±0.0035(1)	0.5387±0.0161(2)	1.2934±0.0000(6)	0.5531±0.0048(4)	0.7364±0.1101(5)	0.5446±0.0548(3)

由上述结果可知，IBEA 可获得收敛性最好的解集，但是其多样性太差，大部分解只是集中在一个小区域内。AGE-Ⅱ 用 ε-超格逼近目标空间，加速了收敛，但该算法仍然是基于 Pareto 的，因此当目标数目继续增加时，其效果欠佳。由于利用分解思想，MOEA/D 的多样性远好于 IBEA。

本章算法同 NSGA-Ⅲ 是两个在 DTLZ 问题上表现较好的算法，但是本章算法在高维 DTLZ 问题上比 NSGA-Ⅲ 优势大。如图 7.8 所示，本章算法和 NSGA-Ⅲ 在 10 目标 DTLZ 问题的解集均收敛到真实 PF，但分布明显不同。对于 DTLZ1 和 DTLZ3，NSGA-Ⅲ 在极点处多样性保持好于本章算法。在多样性方面上，本章算法优于 NSGA-Ⅲ，这就是本章算法 IGD 测度好于 NSGA-Ⅲ 的原因。

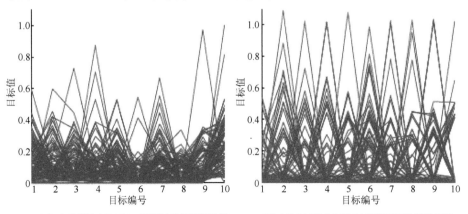

(a) 本章算法在 DTLZ1 问题结果的平行坐标　　　(b) NSGA-Ⅲ 在 DTLZ1 问题结果的平行坐标

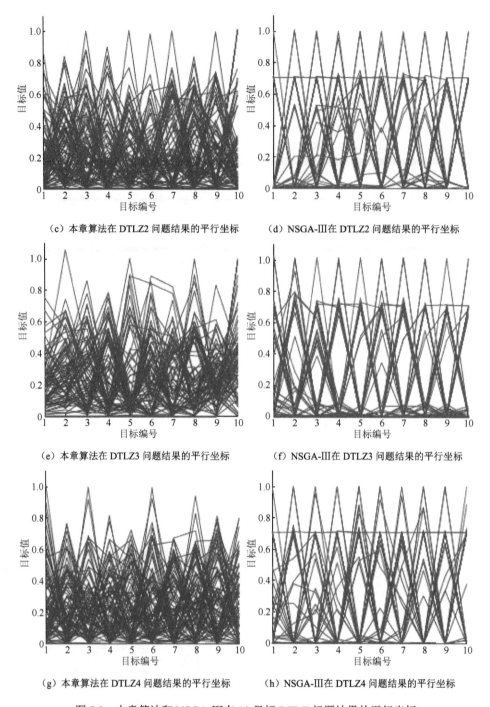

（c）本章算法在 DTLZ2 问题结果的平行坐标　　　（d）NSGA-III在 DTLZ2 问题结果的平行坐标

（e）本章算法在 DTLZ3 问题结果的平行坐标　　　（f）NSGA-III在 DTLZ3 问题结果的平行坐标

（g）本章算法在 DTLZ4 问题结果的平行坐标　　　（h）NSGA-III在 DTLZ4 问题结果的平行坐标

图 7.8　本章算法和 NSGA-III在 10 目标 DTLZ 问题结果的平行坐标

　　表 7.7 是六种算法在 2～10 目标 WFG1 上的 IGD 测度值。MOEA/D、AGE-Ⅱ和 IBEA 的 IGD 较大，原因是三种算法的多样性均不理想。NSGA-Ⅲ有最好的 IGD，本章算法和 Two_Arch 次之，Two_Arch 在 2～5 目标 WFG1 上优于本章算法，但本章算法在 7～10 目标 WFG1 上优于 Two_Arch。

表 7.7　本章算法、Two_Arch、IBEA、NSGA-Ⅲ、MOEA/D 和 AGE-Ⅱ在
WFG1 问题上的 IGD 测度值

目标个数	Two_Arch2	Two_Arch	IBEA	NSGA-Ⅲ	MOEA/D	AGE-Ⅱ
2	0.7944±0.0407(3)	0.7000±0.0375(2)	0.9436±0.0249(4)	0.5556±0.0402(1)	1.8600±0.0571(5)	2.4421±0.0616(6)
3	0.7548±0.0278(3)	0.7136±0.0275(2)	0.8725±0.0220(4)	0.5870±0.0316(1)	2.5094±0.1938(5)	3.1176±0.1252(6)
4	0.7134±0.0485(2)	0.7235±0.0228(3)	0.8676±0.0233(4)	0.6194±0.0304(1)	3.7403±0.0956(5)	3.9808±0.2460(6)
5	0.7121±0.0378(3)	0.6957±0.0282(2)	0.8507±0.0329(4)	0.6636±0.0243(1)	5.0041±0.0597(5)	5.1906±0.2211(6)
6	0.6798±0.0432(2)	0.6969±0.0272(3)	0.8601±0.0213(4)	0.6205±0.0236(1)	6.2945±0.0567(5)	6.3868±0.2673(6)
7	0.6663±0.0525(2)	0.6673±0.0233(3)	0.8515±0.0242(4)	0.5919±0.0303(1)	7.6667±0.0261(5)	7.7517±0.0176(6)
8	0.6348±0.0432(2)	0.6971±0.0328(3)	0.9002±0.0237(4)	0.5658±0.0263(1)	9.2011±0.0184(6)	9.1849±0.3851(5)
9	0.6373±0.0355(2)	0.7147±0.0302(3)	0.9117±0.0207(4)	0.5746±0.0308(1)	10.7617±0.0183(6)	10.7190±0.4352(5)
10	0.6559±0.0454(2)	0.7232±0.0339(3)	0.9047±0.0215(4)	0.5879±0.0237(1)	12.4282±0.0108(5)	12.4602±0.0158(6)

　　WFG2 是不连续问题，六种算法在 2～10 目标 WFG2 上的 IGD 测度值见表 7.8。MOEA/D、AGE-Ⅱ和 IBEA 的 IGD 较大，因为三种算法的多样性均不理想。NSGA-Ⅲ和本章算法是最优的两种算法，NSGA-Ⅲ在 2～7 目标 WFG2 优于本章算法，本章算法在 8～10 目标 WFG2 优于 NSGA-Ⅲ。

表 7.8　本章算法、Two_Arch、IBEA、NSGA-Ⅲ、MOEA/D 和 AGE-Ⅱ在
WFG2 问题上的 IGD 测度值

目标个数	Two_Arch2	Two_Arch	IBEA	NSGA-Ⅲ	MOEA/D	AGE-Ⅱ
2	0.0940±0.0312(2)	0.1015±0.0236(3)	0.3713±0.0052(4)	0.0850±0.0316(1)	0.8933±0.1113(6)	0.4636±0.1227(5)
3	0.0584±0.0082(1)	0.0886±0.0170(3)	0.3310±0.0144(4)	0.0605±0.0030(2)	2.0329±0.1769(6)	0.7334±0.2063(5)
4	0.1178±0.0125(2)	0.1390±0.0257(3)	0.3630±0.0148(4)	0.0957±0.0057(1)	3.6751±0.2831(6)	1.7377±0.2028(5)
5	0.1681±0.0186(3)	0.1678±0.0275(2)	0.3808±0.0175(4)	0.1386±0.0242(1)	5.3102±0.5261(6)	2.8918±0.3172(5)
6	0.1667±0.0316(1)	0.1712±0.0207(3)	0.4256±0.0465(4)	0.1702±0.0515(2)	7.3498±0.6986(6)	4.6957±1.2931(5)
7	0.2077±0.0280(3)	0.1907±0.0287(2)	0.4559±0.0591(4)	0.1633±0.0383(1)	9.2672±0.6380(6)	6.8285±1.6882(5)
8	0.1092±0.0100(2)	0.1800±0.0404(3)	0.5859±0.0489(4)	0.1427±0.0670(2)	13.1278±0.0723(6)	8.9329±2.1716(5)
9	0.1108±0.0092(1)	0.1804±0.0440(3)	0.5771±0.0912(4)	0.1196±0.0732(2)	14.9630±0.0721(6)	11.3912±1.9758(5)
10	0.0471±0.0152(1)	0.1897±0.0479(3)	0.7710±0.0812(4)	0.0757±0.0813(2)	17.4688±0.3123(6)	14.2573±1.8932(5)

　　WFG3 是 WFG2 的连续版本，六种算法在 2～10 目标 WFG3 上的 IGD 测度值见表 7.9。MOEA/D、AGE-Ⅱ和 IBEA 的 IGD 较大。Two_Arch 比这三种算法的 IGD 测度略好，但是不如本章算法和 NSGA-Ⅲ。NSGA-Ⅲ在 2、3 目标 WFG3 优于本章算法，但在其他 WFG3 问题差于本章算法。

表 7.9　本章算法 Two_Arch，IBEA，NSGA-Ⅲ，MOEA/D 和 AGE-Ⅱ在
WFG3 问题上的 IGD 测度值

目标个数	Two_Arch2	Two_Arch	IBEA	NSGA-Ⅲ	MOEA/D	AGE-Ⅱ
2	0.0179±0.0097(2)	0.0251±0.0100(3)	0.6624±0.0256(6)	0.0059±0.0016(1)	0.3260±0.0624(5)	0.2512±0.0565(4)
3	0.1998±0.0010(2)	0.2073±0.0033(3)	0.2984±0.1097(4)	0.1984±0.0023(1)	0.8055±0.0783(6)	0.7744±0.0052(5)
4	0.2401±0.0033(1)	0.2419±0.0036(2)	0.3146±0.0351(4)	0.2483±0.0035(3)	1.1796±0.0682(5)	1.2836±0.0503(6)
5	0.2845±0.0029(1)	0.2880±0.0031(2)	0.3651±0.0105(4)	0.2918±0.0032(3)	1.6331±0.0602(5)	1.9061±0.2098(6)
6	0.3137±0.0037(1)	0.3234±0.0037(3)	0.4101±0.0057(4)	0.3232±0.0095(2)	2.2044±0.0868(5)	3.6340±0.3489(6)
7	0.3450±0.0030(1)	0.3616±0.0047(3)	0.4423±0.0149(4)	0.3500±0.0073(2)	2.9480±0.0717(5)	4.9139±0.6207(6)
8	0.3600±0.0024(1)	0.4081±0.0125(3)	0.4789±0.0140(4)	0.3850±0.0112(2)	3.7460±0.0854(5)	6.3188±0.0949(6)
9	0.3816±0.0028(1)	0.4450±0.0119(3)	0.4978±0.0153(4)	0.3824±0.0101(2)	4.4063±0.1051(5)	7.4088±0.3327(6)
10	0.4013±0.0025(2)	0.4838±0.0217(3)	0.5398±0.0885(4)	0.3986±0.0089(1)	4.9705±0.1074(5)	9.0260±0.0889(6)

WFG4 是一个多模态问题，具有多个局部最优，六种算法在 2~10 目标 WFG4 上的 IGD 测度值见表 7.10。MOEA/D 不能跳出局部最优，AGE-Ⅱ和 IBEA 效果比 MOEA/D 略好，NSGA-Ⅲ是 2、3 目标 WFG4 上性能最好算法，但其性能随着目标数目增加而减弱，本章算法成为性能最好算法。

表 7.10　本章算法、Two_Arch、IBEA、NSGA-Ⅲ、MOEA/D 和 AGE-Ⅱ在
WFG4 问题上的 IGD 测度值

目标个数	Two_Arch2	Two_Arch	IBEA	NSGA-Ⅲ	MOEA/D	AGE-Ⅱ
2	0.0048±0.0001(2)	0.0243±0.0091(3)	0.7458±0.0002(6)	0.0044±0.0002(1)	0.0396±0.0233(4)	0.1409±0.0044(5)
3	0.0596±0.0011(2)	0.0833±0.0082(3)	0.8549±0.1044(5)	0.0543±0.0003(1)	1.0963±0.1148(6)	0.3244±0.0060(4)
4	0.1319±0.0012(1)	0.1533±0.0089(3)	1.0114±0.1318(5)	0.1455±0.0008(2)	3.6984±0.3753(6)	0.7596±0.0194(4)
5	0.2026±0.0018(1)	0.2379±0.0108(3)	1.0647±0.1248(4)	0.2310±0.0011(2)	5.3457±0.2728(6)	1.3887±0.0617(5)
6	0.2688±0.0025(1)	0.3006±0.0073(2)	1.1275±0.1148(4)	0.3051±0.0014(3)	6.8048±0.2073(6)	2.2764±0.0981(5)
7	0.3255±0.0034(1)	0.3711±0.0135(2)	1.1573±0.0856(4)	0.3731±0.0051(3)	8.3484±0.2080(6)	3.0940±0.1025(5)
8	0.3804±0.0028(1)	0.4261±0.0164(2)	1.2338±0.0551(4)	0.4268±0.0007(3)	9.7015±0.2024(6)	4.0957±0.1115(5)
9	0.4287±0.0052(1)	0.4775±0.0093(2)	1.2390±0.0588(4)	0.4965±0.0064(3)	11.2488±0.1846(6)	5.2919±0.8755(5)
10	0.4725±0.0054(1)	0.5245±0.0139(2)	1.2584±0.0459(4)	0.5295±0.0060(3)	12.7737±0.2188(6)	6.3346±0.9050(5)

WFG5 是具有欺骗性的问题，六种算法在 2~10 目标 WFG5 上的 IGD 测度值见表 7.11。MOEA/D 不能解决，NSGA-Ⅲ是 2、3 目标 WFG5 性能最好算法，但目标数超过 3 时，本章算法是该问题效果最好的算法。

表 7.11　本章算法、Two_Arch、IBEA、NSGA-Ⅲ、MOEA/D 和 AGE-Ⅱ在
WFG5 问题上的 IGD 测度值

目标个数	Two_Arch2	Two_Arch	IBEA	NSGA-Ⅲ	MOEA/D	AGE-Ⅱ
2	0.0271±0.0002(2)	0.0509±0.0100(3)	0.1042±0.1361(5)	0.0270±0.0001(1)	0.0814±0.0188(4)	0.2274±0.0043(6)
3	0.0641±0.0010(2)	0.0888±0.0079(3)	0.2140±0.1691(4)	0.0589±0.0003(1)	0.9220±0.0299(6)	0.3654±0.0094(5)
4	0.1330±0.0011(1)	0.1524±0.0066(3)	0.4641±0.2136(4)	0.1413±0.0007(2)	2.8262±0.2953(6)	0.7960±0.0190(5)
5	0.2029±0.0022(1)	0.2215±0.0053(2)	0.7079±0.1109(4)	0.2221±0.0007(3)	5.0810±0.2701(6)	1.3957±0.0617(5)
6	0.2691±0.0025(1)	0.2725±0.0043(2)	0.7890±0.0835(4)	0.2937±0.0013(3)	6.5609±0.2175(6)	2.2885±0.1112(5)
7	0.3264±0.0023(1)	0.3297±0.0046(2)	0.8736±0.0349(4)	0.3648±0.0036(3)	8.2166±0.2193(6)	3.3060±0.3982(5)
8	0.3786±0.0030(1)	0.3819±0.0038(2)	0.8878±0.1062(4)	0.4193±0.0011(3)	9.4119±0.0793(6)	4.2451±0.1545(5)
9	0.4252±0.0027(1)	0.4286±0.0052(2)	0.9179±0.1131(4)	0.5029±0.0056(3)	10.9330±0.1147(6)	5.1361±0.1347(5)
10	0.4691±0.0032(1)	0.4711±0.0050(2)	0.9411±0.1015(4)	0.5354±0.0043(3)	12.3765±0.1560(6)	6.1287±0.1272(5)

　　六种算法在 2～10 目标 WFG6 上的 IGD 测度值见表 7.12。MOEA/D、AGE-Ⅱ和 IBEA 均在该问题上失效，Two_Arch、本章算法和 NSGA-Ⅲ是该问题上效果较好的算法。其中，本章算法在 4、5 和 7～10 目标 WFG6 效果最好，Two_Arch 在其他 WFG6 问题上效果最好。

表 7.12　本章算法、Two_Arch、IBEA、NSGA-Ⅲ、MOEA/D 和 AGE-Ⅱ在
WFG6 问题上的 IGD 测度值

目标个数	Two_Arch2	Two_Arch	IBEA	NSGA-Ⅲ	MOEA/D	AGE-Ⅱ
2	0.0957±0.0325(3)	0.0528±0.0132(2)	0.7456±0.0005(5)	0.0329±0.0100(1)	1.3100±0.9289(6)	0.3100±0.0182(4)
3	0.0884±0.0144(3)	0.0831±0.0111(2)	0.9862±0.0015(5)	0.0651±0.0047(1)	2.3520±0.5433(6)	0.5533±0.0135(4)
4	0.1452±0.0066(1)	0.1507±0.0064(3)	1.0792±0.0548(5)	0.1459±0.0009(2)	4.0541±0.2046(6)	0.9266±0.0228(4)
5	0.2200±0.0096(1)	0.2254±0.0068(3)	1.0861±0.1005(4)	0.2232±0.0011(2)	5.5143±0.1742(6)	1.6021±0.0620(5)
6	0.2773±0.0100(2)	0.2769±0.0049(1)	1.0725±0.0281(4)	0.2970±0.0018(3)	6.8400±0.1938(6)	2.5105±0.0804(5)
7	0.3373±0.0061(2)	0.3336±0.0046(1)	1.0949±0.0078(4)	0.3760±0.0049(3)	8.3621±0.1941(6)	3.3787±0.2640(5)
8	0.3858±0.0057(1)	0.3867±0.0051(2)	1.1097±0.0513(4)	0.4175±0.0021(3)	10.0908±0.2721(6)	4.1444±0.1418(5)
9	0.4343±0.0113(1)	0.4348±0.0056(2)	1.1340±0.0570(4)	0.5076±0.0084(3)	11.7105±0.2342(6)	5.0481±0.2077(5)
10	0.4772±0.0151(1)	0.4778±0.0045(2)	1.1424±0.0716(4)	0.5373±0.0059(3)	13.1932±0.2539(6)	6.4545±0.3883(5)

　　六种算法在 2～10 目标 WFG7 上的 IGD 测度值见表 7.13。MOEA/D 和 IBEA 的 IGD 最差，NSGA-Ⅲ和本章算法是最好两种算法，其中，NSGA-Ⅲ在 2 和 6～10 目标 WFG7 上效果最好，本章算法在 3～5 目标 WFG7 上效果最好。

表 7.13　本章算法、Two_Arch、IBEA、NSGA-Ⅲ、MOEA/D 和 AGE-Ⅱ在
WFG7 问题上的 IGD 测度值

目标个数	Two_Arch2	Two_Arch	IBEA	NSGA-Ⅲ	MOEA/D	AGE-Ⅱ
2	0.3605±0.1895(3)	0.3280±0.1092(2)	0.7458±0.0000(4)	0.1133±0.0310(1)	1.8779±0.2206(6)	1.8030±0.4499(5)
3	0.0703±0.0141(1)	0.4261±0.1355(3)	0.8706±0.1053(4)	0.1428±0.0582(2)	3.3829±0.7157(6)	1.3888±0.4468(5)
4	0.1392±0.0181(1)	0.4254±0.0930(3)	0.9719±0.0774(4)	0.2092±0.0561(2)	3.8985±0.9105(6)	1.6353±0.5692(5)
5	0.2980±0.0640(1)	0.5439±0.1260(3)	0.9820±0.1006(4)	0.3359±0.0565(2)	5.8867±1.1597(6)	2.4948±0.5012(5)
6	0.4624±0.0832(2)	0.6200±0.1692(3)	1.0188±0.1086(4)	0.3979±0.0413(1)	6.5829±1.6782(6)	3.2367±0.7267(5)
7	0.5248±0.0905(2)	0.6485±0.1620(3)	1.0732±0.0789(4)	0.4233±0.0230(1)	8.6578±1.1724(6)	4.1282±0.5790(5)
8	0.5868±0.1510(2)	0.6764±0.1849(3)	1.1206±0.0617(4)	0.4571±0.0380(1)	8.8782±3.0126(6)	5.9780±1.6429(5)
9	0.6129±0.1237(2)	0.7326±0.1944(3)	1.1397±0.0767(4)	0.5170±0.0072(1)	11.8538±3.9523(6)	7.1262±1.4564(5)
10	0.6738±0.1074(2)	0.7383±0.1552(3)	1.1723±0.0448(4)	0.5481±0.0105(1)	12.0360±3.4074(6)	9.0531±2.2319(5)

　　六种算法在 2～10 目标 WFG8 上的 IGD 测度值见表 7.14。MOEA/D、AGE-Ⅱ
和 IBEA 均在该问题上失效。本章算法不能优于 Two_Arch 和 NSGA-Ⅲ。Two_Arch
在 9、10 目标 WFG8 上优于 NSGA-Ⅲ，NSGA-Ⅲ在其他 WFG8 问题上优于
Two_Arch。

表 7.14　本章算法、Two_Arch、IBEA、NSGA-Ⅲ、MOEA/D 和 AGE-Ⅱ在
WFG8 问题上的 IGD 测度值

目标个数	Two_Arch2	Two_Arch	IBEA	NSGA-Ⅲ	MOEA/D	AGE-Ⅱ
2	0.3431±0.0287(3)	0.2611±0.0308(2)	0.5778±0.0643(4)	0.2444±0.0212(1)	0.9097±0.1298(6)	0.7880±0.0540(5)
3	0.3409±0.0224(3)	0.2840±0.0193(2)	0.7787±0.1079(4)	0.2563±0.0110(1)	1.4697±0.2889(6)	0.9826±0.0230(5)
4	0.4197±0.0191(3)	0.3393±0.0152(2)	0.9909±0.0171(4)	0.2874±0.0123(1)	2.8600±0.3790(6)	1.3322±0.0200(5)
5	0.4572±0.0270(3)	0.3989±0.0230(2)	1.0241±0.0490(4)	0.3135±0.0072(1)	4.2693±0.3625(6)	1.9481±0.0476(5)
6	0.4866±0.0223(3)	0.4175±0.0143(2)	1.0817±0.0098(4)	0.3452±0.0029(1)	5.6254±0.2595(6)	2.6593±0.0741(5)
7	0.5427±0.0250(3)	0.4495±0.0128(2)	1.0892±0.0577(4)	0.4047±0.0056(1)	7.3276±0.3906(6)	3.6971±0.1540(5)
8	0.5577±0.0141(3)	0.4578±0.0074(2)	1.1338±0.0105(4)	0.4209±0.0016(1)	8.9882±0.5267(6)	4.2131±0.2347(5)
9	0.5953±0.0135(3)	0.4975±0.0083(1)	1.1561±0.0120(4)	0.5140±0.0052(2)	10.6843±0.2953(6)	5.1798±0.2180(5)
10	0.6349±0.0112(3)	0.5300±0.0070(1)	1.1759±0.0122(4)	0.5410±0.0050(2)	12.2246±0.2342(6)	6.4616±0.6112(5)

　　六种算法在 2～10 目标 WFG9 上的 IGD 测度值见表 7.15。NSGA-Ⅲ是所有
WFG9 问题上效果最好的算法，本章算法和 Two_Arch 次之，IBEA、AGE-Ⅱ和
MOEA/D 再次之。

表 7.15　本章算法、Two_Arch、IBEA、NSGA-Ⅲ、MOEA/D 和 AGE-Ⅱ在
WFG9 问题上的 IGD 测度值

目标个数	Two_Arch2	Two_Arch	IBEA	NSGA-Ⅲ	MOEA/D	AGE-Ⅱ
2	0.0889±0.0001(2)	0.0907±0.0022(3)	0.1366±0.0860(4)	0.0888±0.0001(1)	0.3829±0.2674(5)	0.5150±0.0903(6)
3	0.1038±0.0008(2)	0.1088±0.0104(3)	0.3625±0.2378(4)	0.0986±0.0007(1)	0.7579±0.2545(6)	0.6370±0.0261(5)
4	0.1506±0.0024(2)	0.1751±0.0108(3)	0.5781±0.2672(4)	0.1480±0.0007(1)	1.8983±0.4096(6)	1.0623±0.1013(5)
5	0.2255±0.0018(2)	0.2582±0.0179(3)	0.7809±0.2371(4)	0.2198±0.0013(1)	2.6714±0.6072(6)	1.9045±0.1929(5)
6	0.2834±0.0108(2)	0.3266±0.0251(3)	0.8624±0.1692(4)	0.2794±0.0021(1)	4.7838±2.1735(6)	2.7943±0.4853(5)
7	0.3588±0.0202(2)	0.4053±0.0307(3)	0.9108±0.1529(4)	0.3393±0.0036(1)	5.5983±1.7514(6)	3.7582±0.4205(5)
8	0.4249±0.0627(2)	0.5341±0.1038(3)	1.0030±0.1317(4)	0.3991±0.0555(1)	8.9925±2.8092(6)	6.5720±1.4155(5)
9	0.4727±0.0261(2)	0.5572±0.0913(3)	1.0303±0.1183(4)	0.4491±0.0048(1)	11.5753±3.5448(6)	8.4170±1.4263(5)
10	0.5331±0.0500(2)	0.5975±0.0810(3)	1.0653±0.1071(4)	0.4803±0.0037(1)	14.2644±3.3317(6)	11.1821±2.2768(5)

相比于 DTLZ 问题，WFG 问题的多样性更加难以维持。IBEA 显然不能有很好结果。AGE-Ⅱ将所有目标划分成一样的 ε-超格，对于 WFG 这种目标尺度不同的问题，其搜索是不平衡的，因此 AGE-Ⅱ在 WFG 问题效果欠佳。由于一部分 WFG 问题具有欺骗性，MOEA/D 无法解决。Two_Arch 好于 IBEA、AGE-Ⅱ和 MOEA/D，是由于其 CA 保证了收敛性。那么表现最好的两种算法是本章算法和 NSGA-Ⅲ，两者收敛性能接近，但对于 WFG1 和 WFG7，NSGA-Ⅲ展度比本章算法好。本章算法对于欺骗性问题 WFG5 和多模态问题 WFG4 效果好于 NSGA-Ⅲ，但在 WFG8 和 WFG9 上不如 NSGA-Ⅲ。而在 WFG2 和 WFG6 问题上，两者区别不大。

根据上述实验结果，可以对各种算法的优劣进行详细的分析。IBEA 由于 $I_{\varepsilon+}$ 过分强调收敛性导致其多样性最差。而另一种基于非 Pareto 的 MOEA/D 在目标空间分配权重向量来把原问题分解为若干子问题，尽管 MOEA/D 不遭遇 Pareto 支配关系在高维多目标优化问题上的困境，但是其多样性方面的优势随目标个数增长而减弱。AGE-Ⅱ以 ε-超格逼近目标空间，虽然弱化了 Pareto 支配关系，但是随着目标数增加，Pareto 支配关系的困境依然存在。Two_Arch 是基于 Pareto 的算法，因此在高维多目标优化问题上不可能令人满意。NSGA-Ⅲ以均匀分布的参考点来保持多样性，但这种方法的弊端是损失一部分多样性（见图 7.8）。本章算法利用 $I_{\varepsilon+}$ 和 $l_{1/m}$ 范数距离在收敛性和多样性上的优势来解决高维多目标优化问题，其性能在大部分高维多目标优化问题优于 NSGA-Ⅲ。

为了更加深入了解各种算法的特性，图 7.9 是六种算法在 10 目标 DTLZ1 问题上的 IGD 随函数评价次数变化曲线。IBEA 和 Two_Arch 的 IGD 最差，前者是多样性差，后者是收敛性差。在前 2000 次函数评价中，AGE-Ⅱ和 MOEA/D 比本章算法和 NSGA-Ⅲ收敛快，原因是 ε-超格和聚合函数方法起到的作用。在之后的

3000 次函数评价中，情况有所不同，本章算法比 MOEA/D 的 IGD 下降得快，MOEA/D 和 NSGA-III的 IGD 接近，因为权重向量和参考点功能上接近，它们在后面的 4000 次函数评价中不能再下降。最终本章算法获得比 NSGA-III更优的 IGD 测度值。

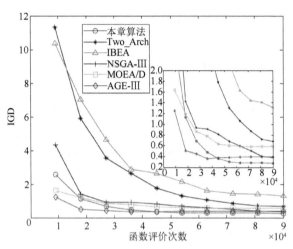

图 7.9　本章算法、Two_Arch、IBEA、NSGA-III、MOEA/D 和 AGE-II 在 10 目标 DTLZ1 问题上的 IGD 随函数评价次数变化曲线

　　为了挑战算法的极限，本节测试本章算法和 NSGA-III在 15~20 目标的 DTLZ 问题上的算法性能，结果见表 7.16。随着目标数增长，本章算法在大部分问题上（除 15 目标 DTLZ2）优于 NSGA-III。NSGA-III在多样性上的缺点，在目标个数较多时显现得更为清晰，由图 7.10 和图 7.11 中的两个算法结果的平行坐标可见，NSGA-III的多样性损失严重。

表 7.16　本章算法和 NSGA-III在 15 和 20 目标 DTLZ 问题上的 IGD 测度值

DTLZ	目标个数	Two_Arch2	NSGA-III	p-值
1	15	0.3453±0.0184(1)	0.3940±0.0464(2)	0
	20	0.3994±0.0154(1)	0.5352±0.3195(2)	0.005
2	15	0.6393±0.0072(2)	0.6288±0.0004(1)	0
	20	0.7730±0.0101(1)	0.8056±0.0046(2)	0
3	15	0.7142±0.0305(1)	0.7729±0.4121(2)	0.0039
	20	0.8274±0.0363(1)	1.3846±0.5941(2)	0.0001
4	15	0.6154±0.0058(1)	0.6284±0.0001(2)	0
	20	0.7430±0.0096(1)	0.7965±0.0079(2)	0

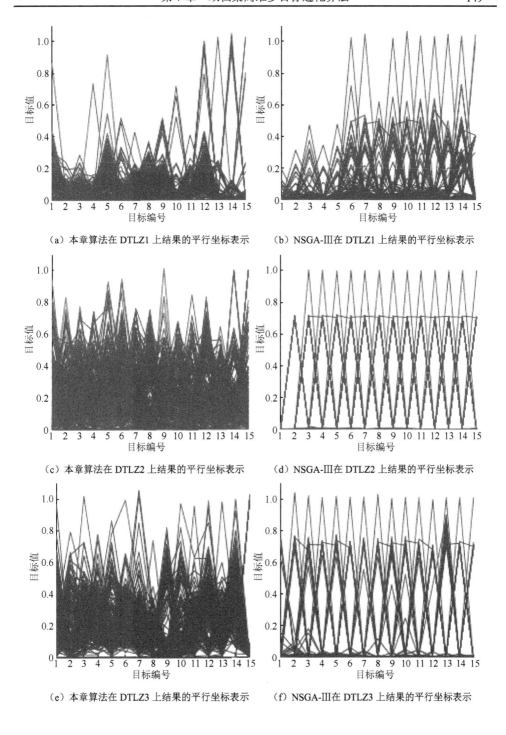

（a）本章算法在 DTLZ1 上结果的平行坐标表示　　　（b）NSGA-Ⅲ在 DTLZ1 上结果的平行坐标表示

（c）本章算法在 DTLZ2 上结果的平行坐标表示　　　（d）NSGA-Ⅲ在 DTLZ2 上结果的平行坐标表示

（e）本章算法在 DTLZ3 上结果的平行坐标表示　　　（f）NSGA-Ⅲ在 DTLZ3 上结果的平行坐标表示

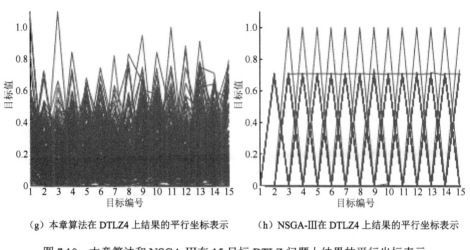

（g）本章算法在 DTLZ4 上结果的平行坐标表示　　（h）NSGA-Ⅲ在 DTLZ4 上结果的平行坐标表示

图 7.10　本章算法和 NSGA-Ⅲ在 15 目标 DTLZ 问题上结果的平行坐标表示

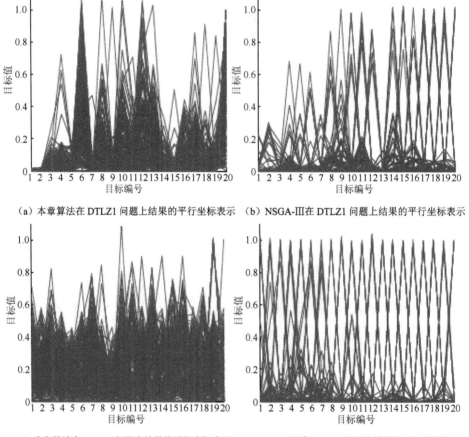

（a）本章算法在 DTLZ1 问题上结果的平行坐标表示　（b）NSGA-Ⅲ在 DTLZ1 问题上结果的平行坐标表示

（c）本章算法在 DTLZ2 问题上结果的平行坐标表示　（d）NSGA-Ⅲ在 DTLZ2 问题上结果的平行坐标表示

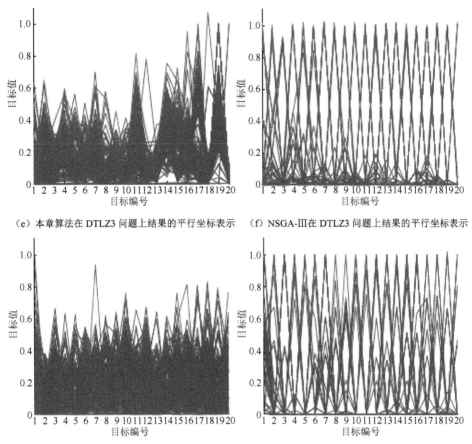

（e）本章算法在 DTLZ3 问题上结果的平行坐标表示　（f）NSGA-III在 DTLZ3 问题上结果的平行坐标表示

（g）本章算法在 DTLZ4 问题上结果的平行坐标表示　（h）NSGA-III在 DTLZ4 问题上结果的平行坐标表示

图 7.11　本章算法和 NSGA-III在 20 目标 DTLZ 问题上结果的平行坐标表示

7.5　本　章　小　结

为了以较好的收敛性、多样性和效率获得高维多目标优化问题的整个解集，本章提出了一种针对高维多目标优化问题的双档案算法。通过在 DTLZ 和 WFG 问题上的实验结果对比，证实本章算法适用于解决高维多目标优化问题，其主要创新点如下。

（1）混合型多目标进化算法：本章算法对 CA 和 DA 分配不同的选择机制，CA 是基于指标的档案，改善高维多目标优化问题的收敛性；DA 是基于 Pareto 的档案，改善多样性。因此本章算法是混合型多目标进化算法。

（2）$l_{1/m}$ 范数距离多样性维持策略：本章发现 l_2 范数距离不利于高维多目标

优化问题的多样性保持。本章采用 $l_{1/m}$ 范数距离多样性维持策略来删除 DA 中多余的个体，效果明显好于 l_2 范数距离。

　　尽管本章算法在高维多目标优化问题效果很好，但仍存在若干缺点有待提高。例如，本章算法在几个 WFG 问题上效果欠佳，那么如何更好地保持极点来增强展度，是本章算法值得思考的地方。

参 考 文 献

[1] SEN S, TANG G G, NEHORAI A. Multi-objective optimization of OFDM radar waveform for target detection[J]. IEEE Transactions on Signal Processing, 2011, 59(2): 639-652.

[2] FLEMING P J, PURSHOUSE R C, LYGOE R J. Many-objective optimization: An engineering design perspective[C]//Evolutionary Multi-Criterion Optimization. Berlin: Springer, 2005: 14-32.

[3] ISHIBUCHI H, TSUKAMOTO N, HITOTSUYANAGI Y, et al. Effectiveness of scalability improvement attempts on the performance of NSGA-II for many-objective problems[C]//Genetic and Evolutionary Computation. Atlanda, 2008: 649-656.

[4] PURSHOUSE R C, FLEMING P J. On the evolutionary optimization of many conflicting objectives[J]. IEEE Transactions on Evolutionary Computation, 2007, 11(6): 770-784.

[5] ZHANG Q F, LI H. MOEA/D: A multi-objective evolutionary algorithm based on decomposition[J]. IEEE Transactions on Evolutionary Computation, 2007, 11(6): 712-731.

[6] ISHIBUCHI H, HITOTSUYANAGI Y, OHYANAGI H, et al. Effects of the existence of highly correlated objectives on the behavior of MOEA/D[C]//Evolutionary Multi-Criterion Optimization. Berlin: Springer, 2011: 166-181.

[7] GIAGKIOZIS I, PURSHOUSE R C, FLEMING P J. Generalized decomposition and cross entropy methods for many-objective optimization[J]. Information Sciences, 2014, 282: 363-387.

[8] ZITZLER E, KÜNZLI S. Indicator-based selection in multi-objective search[C]//Parallel Problem Solving from Nature-PPS NVIII. Berlin: Springer, 2004: 832-842.

[9] BADER J, ZITZLER E. HypE: An algorithm for fast hyper volume-based many-objective optimization[J]. Evolutionary Computation, 2011, 19(1): 45-76.

[10] BADER J, ZITZLER E. A Hyper Volume-Based Optimizer for High-Dimensional Objective Spaces[M]. Berlin: Springer, 2010: 35-54.

[11] ZITZLER E, THIELE L. Multi-objective evolutionary algorithms: a comparative case study and the strength Pareto approach[J]. IEEE Transactions on Evolutionary Computation, 1999, 3(4): 257-271.

[12] BRINGMANN K. Bringing order to special cases of Klee's measure problem[C]//Lecture Notes in Computer Science: Springer Berlin Heide Lberg, 2013: 207-218.

[13] DEB K, JAIN H. An evolutionary many-objective optimization algorithm using reference-point based non-dominated sorting approach, part I: Solving problems with box constraints[J]. IEEE Transactions on Evolutionary Computation, 2014, 18(4): 577-601.

[14] PRADITWONG K, YAO X. A new multi-objective evolutionary optimisation algorithm: The two-archive algorithm[C]//2006 International Conference on Computational Intelligence and Security, 2006, 1: 286-291.

[15] RUDOLPH G, TRAUTMANN H, SENGUPTA S, et al. Evenly spaced Pareto front approximations for tricriteria problems based on triangulation[C]//Evolutionary Multi-Criterion Optimization. Berlin: Springer, 2013: 443-458.

[16] WANG Z, TANG K, YAO X. Multi-objective approaches to optimal testing resource allocation in modular software systems[J]. IEEE Transactions on Reliability, 2010, 59(3): 563-575.

[17] AGGARWAL C C, HINNEBURG A, KEIM D A. On the surprising behavior of distance metrics in high dimensional space[C]//International Conference on Database Theory. Berlin Springer, 2001: 420-434.

[18] MORGAN R, GALLAGHER M. Sampling techniques and distance metrics in high dimensional continuous landscape analysis: Limitations and improvements[J]. IEEE Transactions on Evolutionary Computation, 2014, 18(3): 456-461.

[19] WAGNER M, NEUMANN F. A fast approximation-guided evolutionary multi-objective algorithm[C]// Proceedings of the 15th Annual Conference on Genetic and Evolutionary Computation: Amsterdam, 2013: 687-694.

[20] DEB K, THIELE L, LAUMANNS M, et al. Scalable multi-objective optimization test problems[C]//Proceedings of the 2002 Congress on Evolutionary Computation, 2002, 1: 825-830.

[21] HUBAND S, HINGSTON P, BARONE L, et al. A review of multi-objective test problems and a scalable test problem toolkit[J]. IEEE Transactions on Evolutionary Computation, 2006, 10(5): 477-506.

[22] ZHANG Q F, ZHOU A M, ZHAO S Z, et al. Multiobjective optimization test instances for the CEC 2009 special session and competition[R]. University of Essex, Colchester, UK and Nanyang technological University, Singapore, special session on performance assessment of multi-objective optimization algorithms, technical report, 2008.

[23] HOLLANDER M, WOLFE D A, CHICKEN E. Nonparametric Statistical Methods[M]. New York: John Wiley & Sons, 2013.

第8章 融合非局部均值去噪的高效免疫多目标SAR 图像自动分割

8.1 引　言

合成孔径雷达（SAR）图像分割是为了实现地物信息自动归类，为后期目标识别和图像解译提供清晰的预处理图像。图像分割可以分为特征域和像素域的分割，当前研究 SAR 图像分割的主流算法均提取不同类型的图像特征，在特征域完成类别划分，一方面可以对 SAR 图像成像过程中的斑点噪声起到滤除的作用；另一面可以表示图像中的同类地物信息，在一定程度上降低后期分割算法的难度，实现类别信息的有效表示和识别。当前 SAR 图像的特征表示方式有灰度共生矩阵[1]、Gabor 滤波器[2]、小波变换[3]、隐马尔可夫模型[4]、多尺度几何分析[5]等，它们采用不同的机理来实现不同方面的特征提取表示。虽然有关特征提取方式的研究获得广泛的关注，如何更加有针对性地提取高效的特征是当前图像特征表示领域的学者面临的难题之一。

本章试图在图像像素域执行 SAR 图像的分割，对于当前 SAR 图像的特征域分割提出了一些疑问。首先，什么样的特征表示方式对于当前 SAR 图像分割合适？SAR 图像分割的最终目的是达到 SAR 图像的合理解译和感兴趣目标的有效识别，当前的特征表示方式多针对纹理图像和自然图像，如果一个重要的弱小目标混叠于其周围局部大纹理图像中，那么多数提取特征表示方式会把该目标归为其周围纹理特征，淹没或者忽略重要的弱小目标。其次，当前特征表示方式均具有一定的局部滤波功能，如 Gabor 滤波采用局部感兴趣区域的高斯滤波，灰度共生矩阵则采用灰度级重新量化实现均匀滤波，然而，SAR 图像具有独特的噪声机理，不同于一般的加性噪声模型，经典的高斯滤波和均匀滤波严格上不能较好地滤除该类噪声。还有，当前特征提取方式往往较复杂，不能有针对性地对不同类型的图像实现精确逼近表示。基于上述考虑，本章不再执行特征域的图像划分，既然图像去噪和分割是图像预处理中不可或缺的部分，本章考虑采用图像去噪算法来滤除 SAR 图像中的乘性噪声，这样可以保留图像中的感兴趣细节部分，利于后期的图像目标识别和解译，无须考虑针对图像的不同频率成分的特征表示，避免了复杂的特征提取和特征降维。像素域的图像分割更加直接，往往可以获得更加丰富的图像信息，利于重要的弱小目标的保留与识别。

此外，针对当前进化 SAR 图像自动分割算法的稳定性较差和现有多目标分割算法的效率不高等缺点,提出了高效的人工免疫多目标像素域 SAR 图像自动分割算法。当前 SAR 图像多目标分割算法本质上是两目标优化问题,设计了对于两目标优化有效的多样性保持策略,采用计算效率更高的基于动态拥挤距离的抗体删除策略,一个曾经被认为对于高维目标函数优化问题多样性保持能力不足的技巧,重新被本章所采用。此外,SAR 图像分割问题的抗体空间和目标空间均是离散变量空间,针对此特点,提出了自适应等级抗体均匀克隆策略,可以进一步节省计算资源,避免了计算资源的不合理分配,提高了搜索效率。

8.2　基于非局部均值的 SAR 图像去噪技术

SAR 图像噪声分为系统噪声和斑点噪声,前者是收发系统和处理系统等带来的热噪声,可以通过系统改进或补偿而予以消除;后者是由于固有的相干成像机理带来的伪噪声,一般较难估计和消除。合成孔径雷达接收到的成像信号是地物对雷达波散射特性的反映,它的一个分辨率单元内有许多不规则的小目标或散射子,每个散射子产生回波的相位和它们与传感器的距离及散射物质的特性相关,然后根据相干接收原理,导致接收信号的强度围绕散射系数的值有很大的随机起伏,从而产生斑点效应。这些斑点降低了 SAR 图像的空间分辨率,隐藏了其细节信息,不利于后期的识别和解译。

当前 SAR 图像斑点噪声滤除方法可以采用成像前多视觉处理和成像后滤波处理等方式,前者可以提高干涉图像的信噪比,但是其以牺牲空间分辨率为代价;后者又进一步分为空域滤波技术和变换域滤波技术。空域滤波直接将各种图像平滑模板用于原始输入图像做卷积操作,完成滤除图像噪声的目的,其典型算法包括非统计模型的中值滤波和均值滤波,以及假设噪声统计模型的 Lee 滤波[6]、Kuan 滤波[7]、Frost 滤波[8]、Gamma-MAP 滤波[9]以及自适应地调整滤波参数的增强 Lee 滤波[10]和增强 Gamma-MAP[11]等。变换域滤波首先对原始图像进行傅里叶变换、小波变换和多尺度几何分析等操作,然后,根据在变换域噪声分布的特点,在不同的频谱进行滤波处理,然后再重建原始图像。代表性算法有小波域阈值选取技术[12]和小波系数的估计和建模技术[13]等。

虽然 SAR 相干斑抑制技术取得了丰硕的研究成果,但是,选择哪一种抑制算法还要取决于所处理图像的内容和具体用途。不同的噪声抑制算法侧重点不同。对于基于斑点噪声统计特性的空域滤波算法,可以较好地滤除同质区域的噪声,但是它们不可避免地造成边缘和纹理等图像结构信息的模糊;基于滤波变换的方法,如小波变换等,则对图像细小结构和纹理等具有较好的保持能力,但是在一致性较好的区域,噪声抑制效果不够理想。当前多数最具代表性的 SAR 图像去噪算法均在尝试实现去除斑点噪声和保持有用信息之间达到折中。上述滤波算法多数是基于 SAR 图像的局部特性，例如，空域滤波多假设噪声服从某种统计模型，根据局部统计函数来估计信号，而小波变换则采用固定窗口来滤波。它们在度量突变的局部结构信息时，均有一定的不足。近年来，非局部均值滤波[14]抛弃了局部邻域这一框架，将传统去噪算法中局部的特征统计扩展到了非局部区域。利用图像本身的冗余信息来估计图像像素之间的相似性，在有效地滤除噪声的同时，能够较好地保存纹理和局部结构信息，是一种典型的去噪算法。

Buades 等在分析传统滤波不能保持图像细节和纹理等结构缺点的基础上，提出了采用充分利用图像本身的相似信息来滤除噪声的非局部均值算法（NL-means）[14]。如果 SAR 图像表示为 I，$v(i)$ 表示输入图像的第 i 个像素值，基于非局部均值的重建值可以通过图像中所有像素的加权平均获得，可以用下式表示：

$$NL(i) = \sum_{j \in I} w(i,j)v(j) \tag{8.1}$$

其中，$NL(i)$ 是像素 i 的重建值；权值 $w(i,j)$ 表示像素 i 的近邻像素和像素 j 的近邻像素之间的相似度，可以通过下式计算：

$$w(i,j) = \frac{1}{Z(i)} e^{-\frac{\left\| v(N_i) - v(N_j) \right\|_{2,a}^2}{h^2}} \tag{8.2}$$

$Z(i)$ 是归一化因子，是所有权值的和，$Z(i) = \sum_j w(i,j)$；h 控制着指数函数的衰减程度。在上述等式中，N_i 表示像素 i 局部窗口内的所有近邻像素，$v(N_i)$ 是像素 i 的近邻像素取值。非局部均值不仅可以度量单个像素间的相似性，还可以衡量像素之间的结构相似性。像素的局部结构与中心像素结构相似的像素点可以获得较大权值。非局部均值滤波利用图像中的非局部信息，将点相似性扩展为图像子块的相似性，达到利用图像自身结构信息滤除噪声和保存有用细节和纹理信息的目的。

原始非局部均值滤波是基于加性高斯白噪声推导出来的，而 SAR 图像的噪声分布模型近似符合乘性模型，因此还需要对原始图像进行取对数操作，使原始图像的相干斑噪声转化为加性噪声。此外，非局部均值的不足在于其计算量较为复杂，但是，一些快速非局部均值算法最近被提出来，可以加快计算效率，例如，Mahmoudi 等提出的用于图像和视频去噪的快速非局部均值方法[15]，Wang 等提出相似性窗口的估计度量，把原有非局部均值的计算效率提高了近 50 倍[16]。此外，还有改进非局部均值的基于概率迭代权的概率最大似然去噪算法。值得注意的是，本章尝试把 SAR 图像去噪与分割应用于一个框架，利用去噪可以保留 SAR 图像细节和纹理等结构信息的能力，进一步对 SAR 进行更加有效的清晰划分，克服传统特征提取技巧在表示特征时淹没弱小目标和微小细节的缺点。因此，本章没有对去噪算法进行深入研究，只采用一个较为成熟的 SAR 去噪算法来达到上述目的。鉴于上述分析，非局部均值去噪被引入本章算法框架。

8.3　融合非局部均值去噪的高效免疫多目标 SAR 图像自动分割算法

高效的 SAR 图像分割算法不仅需要具有较好的抗斑点噪声的能力，还需具有高效而鲁棒的自动分割机制。本节针对两目标离散问题优化的特点，分别采用了动态拥挤距离删除机制的多样性保持技巧和自适应等级均匀克隆机制，此外，为了实现类别数目的自动划分，抛弃了传统的基于聚类中心的编码，采用了基于局部连接关系的编码方式。

8.3.1　基于动态拥挤距离的抗体删除策略

NSGA-II[17]中拥挤距离技巧具有高效的计算效率，其复杂度为 $O(MbN)$ ，N 是种群规模，但是对于目标维数较高的多目标优化问题，该技巧无法较好地获得均匀分布的非支配抗体。但是该技巧对于两目标的优化问题，如果采用拥挤距离来度量当前的非支配抗体，并动态地删除具有最小度量值的抗体，然后，实时更新剩余抗体的拥挤距离，同样可以获得具有较好均匀性分布的非支配抗体。虽然该技巧对于目标维数较高的优化问题的多样性保持能力较差，但是本章研究的多目标 SAR 图像分割算法本质上是一个两目标优化问题，为此，采用基于拥挤距离的多样性策略。其动态地删除抗体过程的伪代码表述在表 8.1 中。

表 8.1　基于动态拥挤距离的抗体删除策略伪代码

输入：　$D_t = (a_1, a_2, \cdots, a_{n1})$;　%当前种群获得的非支配抗体集合，$n1$ 是集合中抗体数目

　　　$F_t = \left\{ (f_1^1, f_2^1), (f_1^2, f_2^2), \cdots (f_1^{n1}, f_2^{n1}) \right\}$ ；%非支配抗体集合 D_t 的适应度函数值

　　　$n2$　%需要的非支配抗体数目，一般 $n2 < n1$

步骤 1: 为当前抗体分配拥挤距离并寻找其目标域的二近邻抗体

for　$f_i \in F_t : i = 1, 2$　%对第 i 列目标向量进行操作

　　　$S_{f_i} = (f_i^1, f_i^2, \cdots, f_i^{n1})$;　%从 F_t 取出第 i 列目标向量，并赋予 S_{f_i}

　　　$[S_{f_i}, \text{Label}] = \text{Sort}(S_{f_i})$;　%对 S_{f_i} 升序排序，Label 是排序后抗体在排序前集合中位置

　　　$C(d_1) = C(d_{n1}) = \infty$;　%为边界个体分配无穷大拥挤距离值

　　　$S_i(d_1, i) = S_i(d_{n1}, i) = \varnothing$;　%建立抗体近邻矩阵 S_i ，用于保存其目标域最近邻抗体

　　　for　$k = 2 : n1-1$

　　　　　$C(d_k) = C(d_k) + \dfrac{S_{f_i}(k+1) - S_{f_i}(k-1)}{f_i^{\max} - f_i^{\min}}$;　% $f_i^{\max}$ 和 $f_i^{\min}$ 是目标函数 F_t 第 i 列向量最值

　　　　　$S_i(k, i) = [\text{Label}(k+1), \text{Label}(k-1)]$;　%保存期目标域的近邻抗体

　　　end for

end for

步骤 2: 执行拥挤距离的动态删除机制，并动态更新期目标域近邻抗体

While　$n1 > n2$　% $n2$ 是需要非支配抗体数目，一般 $n2 < n1$

　　　$[\text{Value}, \text{Location}] = \text{Minmum}(C(d_k))$;　%寻找最小值与其位置标记

$[D_t, F_t] = \text{Delete}(Value, Location, D_t, F_t)$；%删除最小值对应的抗体
$[NN_L] = \text{Find}(Location, S_i)$；%寻找目标域近邻抗体包含被删除抗体的抗体，赋予 NN_L
$[S_{f_i}, S_i] = \text{Update}(NN_L, F_t, S_{f_i}, S_i)$；%更新抗体拥挤距离和目标域近邻抗体集合
end While

值得注意的是，本章同样建立了抗体拥挤距离的近邻表，抗体的近邻表被定义为其在目标域的前后相邻抗体，而非近邻乘积技巧。其删除机制采用动态删除与更新策略，首先寻找拥挤距离最小的抗体，并删除它，然后判断被删除抗体是哪些抗体的目标域最近邻抗体，这些抗体的局部近邻关系已发生变化，则更新它们的目标域近邻抗体和拥挤距离，可避免对整个抗体群的更新，节省计算资源。

8.3.2　自适应等级均匀克隆机制

当前测试多目标优化算法的构造函数，如 ZDT 系列问题和 DTLZ 系列问题，它们的 Pareto 最优前沿为连续区间或者分段连续区间。为此，本书在前述章节中提出基于局部抗体密度信息来分配克隆资源，加速局部稀疏区域的搜索，对于连续问题，区域的增强搜索机制具有很大的获得更优解的可能性。但是，本章研究的是 SAR 图像分割问题，其解决的是不同像素的组合优化问题，因此，其 Pareto 最优前沿不具有连续分布的特点。故有可能出现的特别情况是某个抗体位于局部稀疏区域，但是该抗体周围根本不存在其他的解，这对于离散的优化问题是可能的。为了更加高效地利用搜索资源，防止资源在不必要区域的盲目分配，本章提出了基于自适应等级的均匀克隆机制。该机制采用自适应等级克隆，但是对同一等级上的抗体实行均匀克隆策略。

具体可以表示如下：首先，计算克隆池中分布于不同等级的抗体数目，表示为 $S1, S2, \cdots, Sc$，假设共有 c 个等级。然后，依据每个等级的规模分配计算资源于相应等级的所有抗体，即执行基于等级规模的比例克隆机制。其次，在每个等级内，把获得的计算资源均匀分配给每个抗体。本章克隆机制首先采用基于不同等级的比例克隆，然后再采用在每个等级上的均匀克隆。如果当前种群的非支配抗体较多，即第一等级上的抗体满足克隆池的需要，那么克隆池内仅有一个等级上的抗体，则不存在基于等级的比例克隆，只有均匀克隆机制。一般来说，随着搜索过程的深入，非支配抗体逐渐增加，算法大多满足上述情况。保持计算资源的均匀分配是对离散问题 Pareto 前沿解分布情况未知的处理，防止盲目地分配计算资源，导致无意义的搜索。

8.3.3　基因座近邻表示的抗体编码机制与分割目标函数选择

当前对于复杂数据聚类的编码机制有两类：基于聚类中心的编码机制和基于

近邻关系的抗体链接表示机制。前者把求解聚类问题归结为求解不同类的聚类中心问题；后者没有给出具体的关于聚类问题的特性，只是描述了相似性较高的样本应该具有较高的链接关系，可以划分为一类。因此，后者可以求解更为复杂的聚类问题；而不仅仅限制于球形分布的数据聚类问题。该机制已经被课题组人员应用到复杂流形数据分布的聚类问题，获得了明显优于聚类中心机制的实验效果。两者编码机制可以用图 8.1 解释。

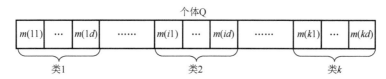

（a）采用聚类中心的抗体编码机制

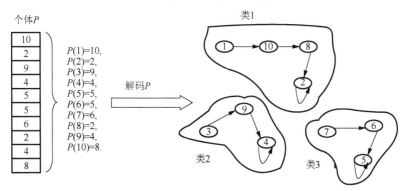

（b）采用基因座近邻链接关系的抗体编码机制

图 8.1　采用聚类中心及基因座近邻链接关系的抗体编码机制

图 8.1（a）中，对于种群中的个体 Q，假设其具有 k 类，每类的类别中心是一个与聚类样本维数相同的向量 $M_i = (m(i1), m(i2), \cdots, m(id))$，假设具有 d 维。该机制明显地已知聚类数据的几何形状类似球形分布。基因座近邻链接关系的抗体编码如图 8.1（b），如果样本"1"和样本"10"具有较大的相似性，则把样本"10"放在第一个基因座上，表示样本"1"连接样本"10"。这样整个聚类数据的就可以建立互相链接关系，从而划分为不同的类。没有表现出对数据形状或者分布模型的偏好，能够表示不同特点数据的局部互连关系。

不同的编码机制需要采用适合的图像分割目标函数，关于复杂样本的聚类目标函数，Maulik 等[18]简单比较了 DB 指标、Dunn 指标、PBM 指标和 XB 指标在划分几个简单球形数据的性能，而 Yang 等不仅比较了上述单个指标在聚类 27 个不同分布特点的复杂聚类问题的性能，还对它们的不同组合在多目标聚类的框架下进行了深入的分析，得出了有意义的结论[19]。采用基因座近邻链接关系的编码机制没有表现出对具体分布模型数据的偏好，因此，分割指标也不能全部采用有类别中心的个体划分方式。本章采用两个简单的具有明显的互斥意义的划分指标：MDev 和 MConn，它们的定义可以表示为如式（8.3）和式（8.4），假设当前种群有 N 个解，则第 t 个解的目标函数为

$$\text{Dev}(t) = \sum_{i=1, C_i \in C}^{k(t)} \sum_{j \in C_i} d(j, m_i), \quad m_i = \frac{1}{|C_i|} \sum_{x_j \in C_i} x_j \tag{8.3}$$

$$\text{MDev}(t) = \mathbb{N}\big[k(t)\big] * \mathbb{N}\big[\text{Dev}(t)\big]$$

$$\text{MConn}(t) = \sum_{i=1}^{n} \sum_{j=1}^{L} v(x_{i,j})$$

$$v(x_{i,j}) = \begin{cases} d(x_i, x_j)/j, & \sim \exists C_m : x_i \in C_m \wedge x_j \in C_m \\ 0, & \text{其他} \end{cases} \tag{8.4}$$

其中，$k(t)$ 是第 t 个解的类别数目；C_i 和 C_m 分别是两个划分子集；x_i 和 x_j 分别是相应子集中的元素；m_i 是子集 C_i 的类别中心。$\mathbb{N}[\cdots]$ 表示把括号内的数据项归一化到区间[0,1]。式（8.3）中的 $\text{Dev}(t)$ 度量了所有样本距离其类别中心的总和，该指标值越小，表示样本聚类中心越合理，能够较好地划分不同的类。但是该指标没有考虑样本类别数目的限制，极端的情况是所有样本均是自己的类别中心，那么 $\text{Dev}(t)$ 度量值为零，但是这种情况显然违背数据聚类和图像分割的初衷。为此，本章构建了 $\text{MDev}(t)$，用当前类别数目来约束 $\text{Dev}(t)$，达到两者的折中处理，寻找合适的分布。对于 $\text{DConn}(t)$ 指标，该指标没有利用聚类中心来度量样本划分，只考虑样本之间的互联关系，使近邻的样本具有较大的概率在同一划分类别，$d(x_i, x_j)$ 是样本 x_i 与其 L 最近邻抗体之间的欧氏距离，j 是惩罚项。样本距离其 L 最近邻抗体之间的距离越远，其惩罚越大。最近邻的样本惩罚因子为 1，不进行惩罚，该策略可以保证近邻样本具有较大概率划分为一类。本章两个目标函数既有互斥，又更为互补。相邻的样本划分为一类，则有助于类内之间的样本与其聚类中心距离值变小；同样，本应归为一类的样本也必具有最邻近的位置关系。

8.3.4 本章提出的 SAR 图像自动分割算法

本章拟在保留有效 SAR 图像细节和结构信息的前提下，设计高效的自动寻找划分数目的免疫多目标 SAR 图像分割算法，简称 MASF。其基本框架可以用图 8.2 表示，算法分为两个阶段：预处理阶段和精细分割阶段。预处理阶段包括非局部均值的 SAR 斑点噪声抑制和分水岭操作的图像粗分割。精细分割阶段采用动态拥挤删除机制、自适应等级均匀克隆以及上述基因座近邻链接关系的编码方式来设计高效的免疫多目标优化算法。

值得注意的是，基因座近邻链接关系的编码方式可以自动确定类别数目。采用文献[20]的做法，用最小生成树来构建初始种群，通过断开前 N 个最大的链接

可得到 N 种聚类初始化结果，即为当前初始种群，其初始类别数目范围为$[2, N+1]$。该编码方式的缺点是需对整个图像像素建立互联关系，对于一般大小的 256×256 的 SAR 图像来说，其初始种群规模是 N 行 65536 列的矩阵，显然无论计算量和存储量都十分庞大。为了克服该缺点，本章采用了分水岭的粗分割机制，把基于图像像素的操作简化为基于局部图像块的操作，具体见表 8.2。

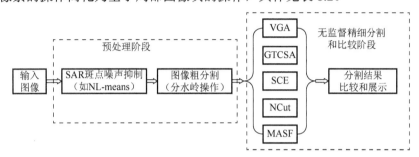

图 8.2　融合非局部均值去噪的高效免疫多目标 SAR 图像自动分割框图

表 8.2　融合非局部均值去噪的高效免疫多目标 SAR 图像自动分割算法（MASF）

算法 8.2 融合非局部均值去噪的高效免疫多目标 SAR 图像自动分割算法（MASF）

输入：非局部均值去噪：搜索窗大小 S_w，相似性度量窗 SI_w，平滑因子 h；

　　　　分水岭变换：形态学结构元素 k；

　　　　免疫多目标分割算法：克隆池的规模是 CS，种群大小为 N，函数评价次数 FE，交叉概率 P_c，变异概率 P_m，交叉参数指标 μ_c，变异参数指标 μ_m，抗体近邻规模 L；

输出：输出图像分割结果；

步骤 1 非局部均值去噪： $I = NL - \mathrm{means}(I, S_w, \mathrm{SI}_w, h)$，输出图像同样记为 I；

步骤 2 分水岭粗分割：调用算法 6.1 对输入图像 I 进行梯度分水岭变换，获得分水岭脊线。然后寻找不同积水盆地内的图像像素位置，计算它们的像素均值，用均值表示该积水盆地内的所有原始像素，并记为 $I' = \mathrm{Watershed}(I, k)$；

步骤 3 初始化搜索种群操作：用 Prim 算法构建最小生成树，产生初始化种群 P_0，并根据等式（8.2）和（8.3）计算其适应度函数值 F_t，寻找非支配抗体种群，为每个粗分割图像块构建 L 个近邻表，初始化迭代指针 $t = 0$；

步骤 4 自适应等级均匀克隆操作 T_t^C：执行 8.3.2 节的算法，构建当前种群的克隆池，然后进行自适应等级均匀克隆操作 $C_t = T_t^C[P_t, F_t]$，克隆之后种群为 C_t；

步骤 5 亲和度成熟操作 T_m^C：对两个抗体的对应基因座实行随机互换，完成均匀交叉。对每个抗体的基因座从其 L 个近邻样本随机取选一个替代当前取值，完成抗体近邻变异。抗体上述亲和度成熟操作表示为 $C_t' = T_m^C[C_t]$；

步骤 6 自适应选择和动态拥挤距离的抗体删除操作：首先，合并当前种群 P_t 和新产生抗体 C_t'，即 $U_t = P_t \cup C_t'$，计算 U_t 中非支配抗体，表示为 Uf_t。如果 $|\mathrm{Uf}_t| > N$，采用算法 8.1，选择 N 个抗体，并赋予 P_{t+1}；如果 $|\mathrm{Uf}_t| \leqslant N$ 且 $|\mathrm{Uf}_t| > \mathrm{CS}$，令 $P_{t+1} = \mathrm{Uf}_t$；如果 $|\mathrm{Uf}_t| \leqslant \mathrm{CS}$，则把当前代构建的克隆池中的抗体赋予 P_{t+1}；

步骤 7 结束条件判断：更新当前函数评价次数累计之和 fe_t，如果 $\mathrm{fe}_t \geqslant \mathrm{FE}$，则对当前非支配抗体计算 PBM 指标，输出该指标最大的抗体；否则，转到步骤 4，并设定 $t = t+1$

本章算法基本流程的初始阶段采用非均值滤波来替代融合灰度共生概率和Gabor 滤波器的特征提取，这样可以在滤除斑点噪声的同时，获得更加精细的边缘、纹理、细小目标等图像细节信息，有利于后期的目标识别和图像解译。此外，针对 SAR 图像分割是个 Pareto 前沿离散的问题，提出了自适应等级均匀克隆来更为合理地分配计算资源，如表 8.2 第 4 步；为了提高算法在保持解均匀性的计算时间复杂度，采用了适应于本章两目标优化的动态拥挤距离删除机制，如表 8.2 第 6 步。本章算法对于 SAR 图像分割问题，更加具有针对性和可操作性，是人工免疫系统多目标优化应用于复杂 SAR 分割的一个有效实现方案。

8.4　实验及结果分析

8.4.1　五个对比算法分析与关键参数设置

为了验证本章所提算法的分割效能，采用五个代表性算法做对比实验，它们分别是 Bandyopadhyay 等提出的可变长度的遗传聚类算法，简称 VGA[21]，该算法最初的聚类指标采用 DB 和 Dunn 等聚类指标，后来他们又提出了聚类性能更优的 PBM 指标，本书把该指标用于引导 VGA 来分割 SAR 图像。此外，还采用了本课题组人员提出的性能更为优越的基于基因座转移的克隆选择聚类算法，称为GTCSA[22]。VGA 和 GTCSA 均具有自动发现类别数目的功能。谱聚类集成（SCE）[23]和规范切（NCut）[24]是图像模式识别领域的不同原理的代表性算法，前者是为了解决传统谱聚类算法对于尺度参数敏感的缺点而提出的用于 SAR 图像分割的新型算法；后者则是利用谱图划分理论来求解图像分割问题的最具代表性的算法。NCut 把分割图像映射为无向链接图，图的顶点表示为图像像素，顶点之间链接权值用像素或图像特征之间的相似性来度量，一般采用像素点或者特征之间的欧氏距离，然后采用考虑组内相似性和组间非相似性的切割准则对图像进行划分。SCE和 NCut 无法自动获得图像的分割数目，需要在分割之前为它们提供图像的真实类别数目。

关于算法的参数设置，对于非局部均值滤波，其搜索窗口范围为 21×21，相似性移动窗口为 7×7，等式（8.2）定义的相似权采用文献[25]的迭代最大似然估计方式获得。分水岭变换中采用的开闭运算结构元素窗大小为 3×3。对于 VGA、GTCSA 和 MASF，它们均采用基于种群的迭代搜索机制，其参数设置列于表 8.3中。上述三个算法除了在进化代数和分割指标不一致外，其他参数取得了同样的取值。MASF 采用两个互补的优化指标来引导图像分割过程，每次对于解的评价均需要计算上述两个目标函数，其函数评价次数是单目标分割算法的两倍，因此，MASF 的搜索代数是 VGA 和 GTCSA 一半。SCE 的个体谱分类器的随机尺度参数分布在区间[1，10]，每个个体分类器随机从总特征向量选取 200 个进行操作，总共选取 30 个体分类结果进行集成。NCut 则没有引入所需设置的参数，其程序可在以下链接下载：http://www.seas.upenn.edu/~timothee/software/ncut/ncut.html。

表 8.3　VGA，GTCSA 和 MASF 等算法所需参数设置

算法	种群大小	进化代数	交叉概率	变异概率	优化指标	克隆池规模
VGA	60	50	0.9	0.1	PBM	—
GTCSA	60	50	0.9	0.1	PBM	20
MASF	60	25	0.9	0.1	MDec　MConn	20

　　为了评价不同分割算法的实验结果，采用聚类正确率（accuracy rate，AR）和调整的 Rand 指标（adjusted rand index，ARI）[26]来评价具有真实类别标记信息的合成图像，采用 PBM 指标和获得的类别数目统计结果评价本章所采用的所有实验图像。此外，图像的主观分割结果也是有效的评价方式，只有视觉上取得较好的分割结果才能满足图像识别的需要。

8.4.2　针对两幅合成 SAR 图像和 TerraSAR 卫星图像的实验结果分析

　　本章采用两个类别数目较多的合成 SAR 图像和两个复杂的真实 SAR 图像来对比 VGA、GTCSA、MASF、SCE 和 NCut 的性能。第一幅合成 SAR 图像的大小是 256×256，具有十类不同的灰度值分布；第二幅合成 SAR 图像的大小是 512×512，具有八类不同的灰度值分布，但是其类别形状更为复杂，它们均采用 Goodman 提出的三视乘性斑点噪声模型[27]，以下简称 AI1 和 AI2。真实 SAR 图像来自于德国宇航局网站，图像内容是对德国 Swabian Jura 地区的农田成像，其成像卫星是 2007 年发射的 TerraSAR，成像波段是 X 波段，分辨率为 1m。

　　图 8.3 和图 8.4 分别是 VGA、GTCSA、SCE、NCut 和 MASF 对于两幅合成 SAR 图像的分割结果，分割算法括号内数字表示该算法得到的频率最高图像类别数目，由于 SCE 和 NCut 不具有自己获得类别数目的能力，其括号内用"—"省略该项。从实验对比结果可得，VGA、GTCSA 和 MASF 均取得相对较好的分割结果，而图 8.3（d）、（e）和图 8.4（d）、（e）的同质区域出现一些错误的划分，表明图划分方法在类别数较多和图像数据复杂时表现出相对不足之处。表 8.4 是本章五个对比算法用于分割两个合成 SAR 图像获得评价指标的统计分布结果，可以看出，GTCSA 和 MASF 获得相对较好的统计 PBM 指标、AR 指标和 ARI 指标。对于 NC 指标，表示算法自动发现的图像类别数目，VGA 虽然获得较好的一次划分结果，但是其统计结果相对不稳定，在 30 次统计运算下，其不能保证每次获得的图像分割类别数目一致。

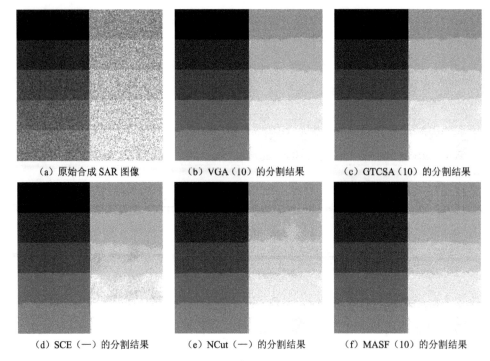

(a) 原始合成 SAR 图像　　　(b) VGA（10）的分割结果　　　(c) GTCSA（10）的分割结果

(d) SCE（一）的分割结果　　　(e) NCut（一）的分割结果　　　(f) MASF（10）的分割结果

图 8.3　十类合成 SAR 图像的分割结果

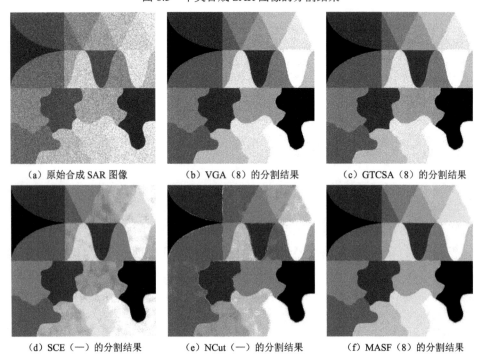

(a) 原始合成 SAR 图像　　　(b) VGA（8）的分割结果　　　(c) GTCSA（8）的分割结果

(d) SCE（一）的分割结果　　　(e) NCut（一）的分割结果　　　(f) MASF（8）的分割结果

图 8.4　八类合成 SAR 图像的分割结果

表 8.4　VGA、GTCSA、SCE、Ncut 和 MASF 分别用于分割十类和八类合成 SAR 图像获得的 PBM 指标、AR 指标、ARI 指标和类别数目（NC）指标的统计均值和标准差分布

图像	算法	分割性能评价指标			
		PBM	AR	ARI	NC
AI1	VGA	429888.32(65641.69)	94.6722(9.5098)	0.9458(0.0193)	10.25(0.7864)
	GTCSA	630141.87(521.56)	**97.7618(0.0008)**	**0.9519(0.0042)**	**10(0)**
	SCE	275812.67(26420.05)	89.4364(10.9212)	0.7259(0.1027)	—
	NCut	630141.87(0)	94.4574(0.0249)	0.9057(0.0004)	—
	MASF	**629452.39**(670.34)	97.6923(0.8030)	0.9507(0.0052)	**10(0)**
AI2	VGA	474090.62(129549.62)	93.3676(18.9535)	0.9502(0.0004)	8.05(0.2236)
	GTCSA	628728.45(5613.24)	96.6055(0.0204)	0.9407(0.0005)	8(0)
	SCE	402995(267455.97)	83.7141(13.0976)	0.8418(0.0863)	—
	NCut	83706.15(51.96)	78.7151(0.0659)	0.7571(0.0005)	—
	MASF	**634346.09**(4918.66)	**97.5989**(0.0188)	**0.9504**(0.0006)	**8(0)**

注：加粗数据为较优解。

　　值得分析的是，SCE 和 NCut 是基于图划分方式的图像分割算法，它们首先把图像映射为一个无链接图，然后设计不同的切割准则来完成谱图划分，其谱图划分判据往往考虑组内相似性和组间相异性，但是其后期多采用 k 均值来完成划分操作，该算法往往与初始解敏感，不能获得稳定而有效的分割性能。这可能是由于 SCE 和 NCut 性能不足的原因。此外，SCE 需要特征的随机性和多样性来保证子分类器集成的有效性，而本章不采用复杂的特征提取技巧，仅仅采用噪声被非局部均值滤除的像素特征，这有可能进一步弱化 SCE 用于 SAR 图像分割的性能。

　　图 8.5 和图 8.6 分别是 VGA、GTCSA、SCE、NCut 和 MASF 对于两幅真实 SAR 图像的分割结果。表 8.5 是它们分割结果的 PBM 指标和 NC 指标的统计分布，由于没有实际 SAR 图像的真实类别标记信息，因此，无法计算其正确率和 ARI 指标，表中将它们省略。VGA 和 GTCSA 均获得了比实际类别数目较多的分割图像，表明算法无法较好地自动识别真实 SAR 图像类别数目。对于图 8.5（a）中的四类 SAR 图像，SCE 能够较好地区分黑色农作物和水域，但是把灰色农作物和白色农作物错分为一类。NCut 则完全无法区分开水体区域和黑色农作物，同样把灰色农作物和白色农作物分为一类。MASF 则取得了明显较好的划分结果，在区域一致性、类别边界区分性和局部细节信息均获得了较好的性能。VGA 和 GTCSA 均采用 PBM 指标作为聚类目标度量函数，该指标对于不同聚类样本之间互相混叠的情况表现出相对不足的性能。真实 SAR 图像比合成 SAR 的图像像素分布更加复杂，它们之间互相高度混叠，较难清楚地划分。而本章采用的互补聚类指标，保证局部近邻的样本具有较大的可能划分为一类，并且该指标可以引导更为复杂的搜索空间，能够发现复杂问题的新颖解。

（a）SAR 图像　　　　　　（b）VGA（14）的分割结果　　　　（c）GTCSA（14）的分割结果

（d）SCE（一）的分割结果　　　（e）NCut（一）的分割结果　　　（f）MASF（4）的分割结果

图 8.5　具有四类地物信息的 SAR 图像分割结果

（a）SAR 图像　　　　　　（b）VGA（11）的分割结果　　　　（c）GTCSA（14）的分割结果

（d）SCE（一）的分割结果　　　（e）NCut（一）的分割结果　　　（f）MASF（5）的分割结果

图 8.6　具有五类地物信息的 SAR 图像分割结果

表 8.5　VGA、GTCSA、SCE、Ncut 和 MASF 分别用于分割四类和五类真实 SAR 图像获得的 PBM 指标和类别数目（NC）指标的统计均值和标准差分布

算法	图像	度量指标		图像	度量指标	
		PBM	NC		PBM	NC
VGA		10572.59(2603.82)	16.15(2.0589)		9153.77(1242.07)	11.8(4.4047)
GTCSA		11315.47(1575.77)	15.05(2.1637)		9567.68(1235.84)	15.05(3.8997)
SCE	SAR1	6295.79(641.53)	—	SAR2	7790.69(740.12)	—
NCut		5844.51(4.28)	—		4532.64(11.26)	—
MASF		11286.96(54.63)	**4(0)**		7691.79(610.39)	**5.54(0.6875)**

注：加粗数据为较优解。

图 8.6 的 SAR 图像地物信息包含四类农作物和一类位于左下角的城镇。SCE 和 MASF 获得相对较好的划分结果，NCut 次之。VGA 和 GTCSA 同样出现了过分割的现象，表 8.6 中，VGA 和 GTCSA 对于 SAR2 图像分割获得的平均类别数是 11.8 和 15.05。值得注意的是，VGA 和 GTCSA 不仅采用了基于球形的聚类指标，其编码方式也采用聚类中心的编码机制，该机制可以求解图像样本分布类似于球形的结构，而实际 SAR 图像像素之间互相重叠，其分布模型随着场景的不同会发生较大的改变，一般较难用简单的高斯分布来描述。因此，基于聚类中心的编码方式对于像素特征较难获得满意的结果，此外，虽然本章采用了滤除斑点噪声性能较好的非局部均值算法，但是仍然有局部噪声存在，这也给 SAR 图像分割带来了额外的困难。

本章采用 PBM 指标作为最终图像分割结果的选择指标，从 VGA 和 GTCSA 的性能可知，该指标也不能有效地引导图像分割过程。表 8.6 中，虽然 VGA 和 GTCSA 获得相对较大的 PBM 统计指标，但是其图像分割类别数目明显很大，不能表示算法获得了较好的分割性能。MASF 在划分 SAR2 图像时，其获得的类别数目也不稳定，在五类和六类之间徘徊。其原因一方面是 SAR2 图像本身局部类别较难定义，可以分为五类或者六类；另一方面，当前关于聚类指标的研究也是公认难题，没有一个聚类指标对当前流行的测试问题均可获得满意的结果，PBM 指标是当前聚类指标中划分性能相对较优的[18,19]。

8.4.3　进化代数对于 MASF 性能的影响

进化代数或者迭代次数是判断算法收敛的重要准则。本节研究了不同进化代数对于 MASF 的影响，图 8.7 所示为 MASF 在不同代数下用于分割两幅合成 SAR 图像获得的分割正确率曲线，MASF 其他参数同上。需要解释的是，由于合成 SAR 图像具有已知的类别标记信息，可以精确地判断算法分割的结果，故本节采用合成 SAR 图像来研究其进化代数对算法性能的影响。MASF 独立运行 30 次获得误差条图展示于图 8.7 中，中间圆圈标记和三角标记为统计均值，上下波动范围表

示方差。可以看出，MASF 在 20 代以后均获得了较为稳定的分割性能，因此，本章采用 25 作为进化代数是合适的。此外，合成图像 AI2 的规模比 AI1 大，且具有更加复杂的类别分布结构，因此，MASF 获得统计分割结果在 20 代之后出现小的波动。

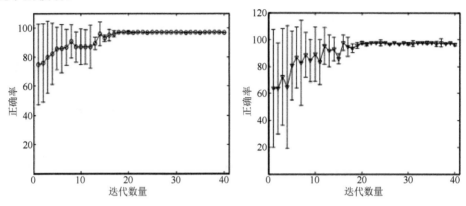

（a）MASF 用于分割 AI1 获得的分割的正确率统计　　　（b）MASF 用于 AI2 获得的分割的正确率统计

图 8.7　MASF 用于分割两幅合成 SAR 图像获得的分割的正确率统计均值的分布曲线

8.4.4　非局部均值滤波与特征提取方案对最终分割结果的比较

本章采用 SAR 图像斑点噪声滤波的方式，试图获得更加精细的纹理和边缘等局部细节信息，以利于 SAR 图像的后续目标识别和图像解译。本节比较了本章提出的采用非局部均值滤波的 MASF 与融合灰度共生概率和 Gabor 滤波器的分割结果，其结果展示于图 8.8 中。可以看出，本章算法可以发现更加精细的局部细节信息，如图 8.8（a）中右下方的三条白色线条所示，显然，融合特征的 IMIS 算法完全把它们归为一类地物信息，而本章算法可以清晰地识别三条白线。此外，本章算法在局部细节信息处获得清晰的分割结果。

算法总要针对不同的用途，离开具体任务来评价算法性能往往是不可靠的。虽然本章算法在同质区域保持和局部细节划分方面取得了预期的性能，但是本章算法假设以 SAR 图像目标识别为前提，而目标识别需要保留局部敏感细节信息。融合特征进一步分割图像的算法对于图像中的纹理内容识别能力较好，并且可以在局部区域划分优于本章算法，例如，图 8.8（c）中上部的黑色农作物的边缘出现了白色条状误分区域，而图 8.8（b）的区域边界区分性更好。图像特征提取是图像处理的重要技巧之一，也是一个主要研究方向，如果能够获得具有优良噪声抑制能力，又具有较好的细节信息保持能力的特征表示技巧，基于特征表示的 SAR 图像分割算法值得期待的。

（a）原始 SAR 图像

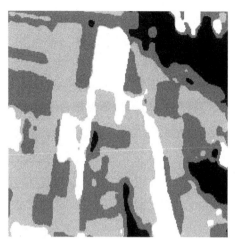

（b）MASF 采用非局部均值滤波的分割结果

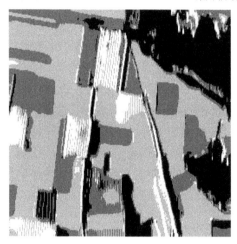

（c）IMIS 算法采用融合灰度共生概率和 Gabor 滤波器的分割结果

图 8.8 四类真实 SAR 图像的分割结果

8.4.5 MASF 运行时间对比分析

本章算法的另外一个设计目标是提高算法的运行效率，为此设计了基于动态拥挤距离的删除机制和自适应等级均匀克隆策略。除了前述章节展示的 SAR 图像分割结果比较之外，另外一个度量算法效率的方式就是考虑其 CPU 运行时间。为此，表 8.6 给出了 VGA、GTCSA、SCE、NCut 和 MASF 分别用于分割 AI2 和 SAR2 的 CPU 运行时间的统计均值结果。运行环境为 MATLAB 7.01，计算机配置为 HP Workstation xw9300（2.19GHZ，16GB RAM; Hewlett-Packard，Palo Alto，CA）。可以看出，MASF 除了比 NCut 的运行时间较多外，远小于其他三个对比算法。

VGA 和 GTCSA 由于采用了适应度函数的模糊划分方式，每代都要为每个个体建立模糊度矩阵，使得算法变得较为复杂。SCE 则需要集成 30 个子分类器，其运算时间复杂度是单个分类器的 30 倍，不过该算法易于实现并行运算。综合考虑本章算法的 SAR 图像分割性能和 CPU 运行时间，MASF 是当前 SAR 图像分割算法中十分具有竞争力的代表算法之一。

表 8.6　VGA、GTCSA、SCE、NCut 和 MASF 分别用于分割 AI2 和 SAR2 的 CPU 运行时间的统计均值结果

算法		VGA	GTCSA	SCE	NCut	MASF
CPU 运行时间/s	AI2	1021.21(199.26)	1852.67(594.38)	159.11(65.22)	23.67(0.87)	85.54(1.37)
	SAR2	1132.75(222.19)	3323.99(1182.01)	269.58(46.77)	32.52(1.38)	63.25(1.25)

8.5　本章小结

本章提出了一种新颖而有效的 SAR 图像分割方法，利用非局部均值滤波可以滤除 SAR 图像斑点噪声且保留局部纹理和边缘等细节信息的特性，实现了 SAR 图像的有效预处理操作。此外，针对 SAR 图像分割问题本身是个离散优化问题，改进了基于局部密度信息的计算资源分配机制，设计了更为高效的自适应等级均匀克隆策略。还有，当前的 SAR 图像多目标分割算法本质上是两目标优化问题，为此，采用了对于两目标优化的多样性保持效果较好且计算复杂度较低的动态拥挤距离删除机制。通过与其他四个 SAR 图像分割算法在两个类别数目较多的合成 SAR 图像和两个真实 SAR 图像的对比实验，本章算法取得了较好的分割结果，后期实验分析验证了上述改进策略的有效性。

参 考 文 献

[1] HARALICK R M, SHANMUGAM K, DINSTEIN I. Textural features for image classification[J]. IEEE Transactions on Systems, Man, and Cybernetics, 1973 (6): 610-621.

[2] JAIN A K, FARROKHNIA F. Unsupervised texture segmentation using Gabor filters[J]. Pattern Recognition, 1991, 24(12): 1167-1186.

[3] RANDEN T, HUSOY J H. Filtering for texture classification: A comparative study[J]. IEEE Transactions on Pattern Analysis and Machine Intelligence, 1999, 21(4): 291-310.

[4] DENG H, CLAUSI D A. Unsupervised image segmentation using a simple MRF model with a new implementation scheme[J]. Pattern Recognition, 2004, 37(12): 2323-2335.

[5] 焦李成, 侯彪, 王爽. 图像多尺度几何分析理论与应用[M]. 西安: 西安电子科技大学出版社, 2008.

[6] LEE J S. Digital image enhancement and noise filtering by use of local statistics[J]. IEEE transactions on Pattern Analysis and Machine Intelligence, 1980 (2): 165-168.

[7] KUAN D, SAWCHUK A, STRAND T, et al. Adaptive restoration of images with speckle[J]. IEEE Transactions on Acoustics, Speech, and Signal Processing, 1987, 35(3): 373-383.

[8] FROST V S, STILES J A, SHANMUGAN K S, et al. A model for radar images and its application to adaptive digital filtering of multiplicative noise[J]. IEEE Transactions on Pattern Analysis and Machine Intelligence, 1982 (2): 157-166.

[9] LOPES A, TOUZI R, NEZRY E. Adaptive speckle filters and scene heterogeneity[J]. IEEE Transactions on Geoscience and Remote Sensing, 1990, 28(6): 992-1000.

[10] LEE J S. Refined filtering of image noise using local statistics[J]. Computer Graphics and Image Processing, 1981, 15(4): 380-389.

[11] BARALDI A, PARMIGGIANI F. A refined Gamma MAP SAR speckle filter with improved geometrical adaptivity[J]. IEEE Transactions on Geoscience and Remote Sensing, 1995, 33(5): 1245-1257.

[12] FUKUDA S, HIROSAWA H. Suppression of speckle in synthetic aperture radar images using wavelet[J]. International Journal of Remote Sensing, 1998, 19(3): 507-519.

[13] CROUSE M S, NOWAK R D, BARANIUK R G. Wavelet-based statistical signal processing using hidden Markov models[J]. IEEE Transactions on Signal Processing, 1998, 46(4): 886-902.

[14] BUADES A, COLL B, MOREL J M. A review of image denoising algorithms, with a new one[J]. Multiscale Modeling & Simulation, 2005, 4(2): 490-530.

[15] MAHMOUDI M, SAPIRO G. Fast image and video denoising via nonlocal means of similar neighborhoods[J]. IEEE Signal Processing Letters, 2005, 12(12): 839-842.

[16] WANG J, GUO Y W, YING Y T, et al. Fast non-local algorithm for image denoising[C]//2006 International Conference on Image Processing, 2006: 1429-1432.

[17] DEB K, PRATAP A, AGARWAL S, et al. A fast and elitist multiobjective genetic algorithm: NSGA-II[J]. IEEE Transactions on Evolutionary Computation, 2002, 6(2): 182-197.

[18] MAULIK U, BANDYOPADHYAY S. Performance evaluation of some clustering algorithms and validity indices[J]. IEEE Transactions on Pattern Analysis and Machine Intelligence, 2002, 24(12): 1650-1654.

[19] YANG D D, JIAO L C, NIU R C, et al. Investigation of combinational clustering indices in artificial immune multi-objective clustering[J]. Computational Intelligence, 2014, 30(1): 115-144.

[20] HANDL J, KNOWLES J. An evolutionary approach to multiobjective clustering[J]. IEEE Transactions on Evolutionary Computation, 2007, 11(1): 56-76.

[21] BANDYOPADHYAY S, MAULIK U. Nonparametric genetic clustering: Comparison of validity indices[J]. IEEE Transactions on Systems, Man, and Cybernetics, Part C (Applications and Reviews), 2001, 31(1): 120-125.

[22] LIU R C, SHEN Z C, JIAO L C. Gene transposon based clonal selection algorithm for clustering[C]//Proceedings of the 11th Annual Conference on Genetic and Evolutionary Computation. Montreal, 2009: 1251-1258.

[23] ZHANG X R, JIAO L C, LIU F, et al. Spectral clustering ensemble applied to SAR image segmentation[J]. IEEE Transactions on Geoscience and Remote Sensing, 2008, 46(7): 2126-2136.

[24] SHI J B, MALIK J. Normalized cuts and image segmentation[J]. IEEE Transactions on Pattern Analysis and Machine Intelligence, 2000, 22(8): 888-905.

[25] DELEDALLE C A, DENIS L, TUPIN F. Iterative weighted maximum likelihood denoising with probabilistic patch-based weights[J]. IEEE Transactions on Image Processing, 2009, 18(12): 2661-2672.

[26] HUBERT L, ARABIE P. Comparing partitions[J]. Journal of Classification, 1985, 2(1): 193-218.

[27] GOODMAN J W. Some fundamental properties of speckle[J]. JOSA, 1976, 66(11): 1145-1150.

第9章 基于自然计算优化的非凸重构方法

9.1 引　言

众所周知，压缩感知重构的本源问题是 l_0 范数约束的非凸优化问题，该问题的研究对于压缩感知、稀疏表示及相关信号处理研究领域具有重要的意义。本章中，首先将基于过完备字典的非凸重构问题建模为原子组合寻优问题，即一个组合优化问题。具体做法是，通过将字典对信号的稀疏表示展开成字典原子的加权和形式，将稀疏表示改写为如下公式：

$$x = Ds = \sum_{i \in \Lambda} s_i d_i = Ds \tag{9.1}$$

其中，$\Lambda = \{i \mid s_i \neq 0\}$ 是 s 的支撑集，$|\Lambda|$ 是它的势，假设信号 s 的稀疏度为 $\bar{\Lambda}$，则 $|\Lambda| = K$。在式（9.1）中，将字典 D 对信号 x 的表示展开成原子的加权和形式，并将权值为零的原子去除。在右边结果式中，$s \in \mathbb{R}^K$ 仅保留了信号 s 中的非零值，而 $D \in \mathbb{R}^{n \times K}$ 是字典矩阵 D 的一个子矩阵，包含了最多 K 个字典原子，原子序号由集合 Λ 指定。将式（9.1）代入重构模型中，得到新的重构模型为

$$(D^*, s^*) = \arg_{D,s} \min \| y - \Phi Ds \|^2, \quad \text{s.t.} \| D^T \|_{p,0} \leqslant K \tag{9.2}$$

求解这个模型得到 (D^*, s^*) 后，即可通过下式获得对信号 x 的估计值：

$$x^* = D^* s^* \tag{9.3}$$

其中，矩阵的 $l_{p,q}$ 范数定义为[1]

$$\| A \|_{p,q} \left(\sum_i \| a^i \|_p^q \right)^{1/q} \tag{9.4}$$

其中，a^i 是矩阵 A 的第 i 行。特别地，当 $q = 0$，p 任意取值时，伪范数 $\| A \|_{p,0} = | \text{supp}(A) |$ 表示矩阵 A 的非零行的数量。相应地，在式（9.2）中用 $\| D^T \|_{p,0}$ 表示矩阵 D 的非零列的数量。由于字典中没有全零的原子，因此 $\| D^T \|_{p,0}$ 也表示 D 中的列数，即原子数。

在式（9.2）的重构模型中，将稀疏系数 s 的求解分为两部分：第一部分是用原子组合 D 所表示的非零系数的位置；第二部分是非零系数的取值 s。为了简化求解，本章认为 s 的取值是由 D 决定的。一旦确定了 D，那么 s 的取值可以用以下的最小二乘公式进行计算：

$$s = (\Phi D)^+ y \tag{9.5}$$

其中，$A^+ = (A^T A)^{-1} A^T$ 为矩阵 A 的伪逆运算。这样，式（9.2）中的重构模型就变为求解原子组合 D 的组合优化问题，即从大规模的过完备字典 $\mathcal{D}$ 中选取出最多 K 个原子的组合 D，使得观测误差最小。从图像重构的角度，其物理含义是，从字典中挑选出一组原子，用它们的线性加权组合来表示图像，并通过优化计算使观测误差最小，最终获得对图像的准确重构估计。

回顾已有的贪婪算法，可以用于求解上述模型的方法主要有两类：以正交匹配追踪（OMP）算法[2]为代表的匹配追踪算法，以及以迭代硬阈值（IHT）算法[3]为代表的阈值算法。两类方法都采用了局部最优的搜索策略。OMP 算法在每次迭代中依据当前的观测残差 $\| y - \Phi D s \|^2$，确定 D 中的一列，然后更新 s 的取值和观测残差项，再依据更新后的观测残差选取原子。IHT 方法结合了梯度下降优化方法和阈值操作，交选地使用梯度下降算子来优化观测残差项以及使用阈值操作来确保稀疏系数的稀疏度为预设值 K。该方法在每次迭代中更新一次原子组合 D，但同样，每次的梯度计算均基于当前的观测残差而非信号的初始观测值。可见，两类方法都采用了局部搜索策略，每次迭代都不是直接对原始信号观测的逼近，因此难以获得准确解。本章希望找到一种非凸的压缩感知重构方法，采用全局搜索策略，能够对具有 l_0 范数和结构稀疏约束的重构问题和模型的解空间进行有效搜索，并实现高效优化和重构。

在已有的优化算法中，基于自然计算的优化方法[4,5]是一类能够实现全局搜索的优化方法，并且在非凸和非线性的优化问题上，如组合优化和多目标优化问题等，具有卓越的性能。因此，本章认为这些算法能为全局寻优意义下的非凸压缩感知优化重构提供有效的解决方案。

本章研究和提出了一种基于自然计算优化方法实现的两阶段的重构策略（two-stage reconstruction scheme，TS_RS）。该策略在分块压缩感知框架下，首先将图像信号的分块测量进行聚类，能聚为相同类的图像块信号具有相同的稀疏模型，即这些信号在过完备字典下的稀疏向量具有相同的支撑。在 Ridgelet 过完备稀疏字典中，原子是由方向、尺度和位移参数决定的，在这三个参数中，原子的方向参数对于自适应地表示图像块的方向结构尤为重要，因此，采用遗传进化算法求解一类块信号在字典方向上的最优原子组合；接着，对每个要重构的图像块，用克隆选择算法在由部分原子组成的子字典的局部范围内就尺度和位移参数进一步搜索，得到每个图像块更优的原子组合；最后，将重构估计得到的每个图像块组合在一起就构成了整幅要重构的图像。

本书提出的图像重构算法不但利用了稀疏和结构稀疏模型分别定义亲和度和适应度函数，还针对要重构的图像块是光滑块还是非光滑块，按原子方向设计了初始化种群和相应算子，这些优化策略保证了本书的重构算法能够较稳定地实现全局寻优，并获得比 OMP 和迭代硬阈值方法更好的图像重构效果。

本章内容组织如下，9.2 节介绍两阶段 TS_RS 的总体框架；9.3 节介绍基于 Ridgelet 过完备字典的结构稀疏先验和重构模型；9.4 节详细介绍基于自然计算优化的两阶段重构算法的具体实现；实验结果展示和分析在 9.5 节展开；最后是参考文献。

9.2　基于自然计算优化的两阶段压缩感知重构模型

图 9.1 是本书提出的两阶段 TS_RS 重构策略的总体框架示意图。其中，所使用的稀疏字典按照方向进行组织，同一方向的原子组成一个方向子字典，整个稀疏字典由其所有的方向子字典联合组成。

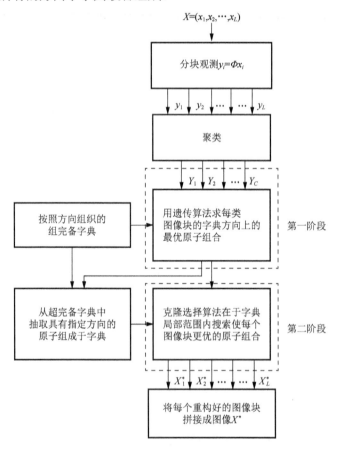

图 9.1　基于两阶段优化的非凸压缩感知重构框架示意图

　　TS_RS 策略分为两个重构阶段。在第一个阶段，图像块首先被分为 C 类，其中的类别数 C 远小于图像块的数量 L（实验中，C 约为 L 的 1/10），然后每一类图像块共同的在字典方向上的最优原子组合通过遗传算法的优化搜索求得，进而每个图像块获得了一组原子组合估计。与此同时，方法为每类图像块中的图像块都学习到了一个自适应的稀疏子字典，该稀疏子字典中包含了若干的方向子字典，并且这些方向子字典指示了每个类中的图像块的共同的方向结构。在 TS_RS 的第二个重构阶段，优化了每个图像块在第一阶段获得的原子组合。本书设计和使用了克隆选择算法来搜索在第一阶段获得的每个图像块的稀疏子字典，从而获得该图像块在其他字典参数上的更优原子组合。

　　值得注意的是，在 TS_RS 重构的第一阶段中，为每个图像块学习到了一个稀疏子字典，这些子字典是从已有的大规模过完备字典中抽取原子组成的。尽管在字典学习过程中原子的形态并没有像现有的一些字典学习方法（如 KSVD 方法[6]等）那样发生变化，但所获得的每个稀疏子字典都描述了特定的图像结构，能够减小重构中的字典搜索范围。在这个意义上，TS_RS 方法中也包含了字典的自适应学习过程。

　　在本书作者所在团队已有的工作中，也提出了分别基于遗传进化算法和克隆选择算法的重构方法[7,8]。本章中建立的两阶段的 TS_RS 方法中，结合使用了遗传进化算法和克隆选择两种方法进行重构。本章方法一方面是对已有重构模型的延拓，即采用了结构稀疏约束的重构模型；另一方面在模型和优化算法等方面极大地提升了已有的工作，例如，对字典结构的分析和组织，提出了在第二阶段基于克隆选择的优化策略，针对方向结构设计了种群初始化方法，等等。

9.3　基于过完备字典和结构稀疏的重构策略

9.3.1　块压缩感知重构

　　本书所采用的基于分块策略的压缩观测方式是，将一幅图像 $I \in i^{\sqrt{n} \times \sqrt{n}}$ 分成大小为 $\sqrt{B} \times \sqrt{B}$ 不重叠的块（本书中 $\sqrt{B} = 16$），再对图像块进行编号，并将图像块对应的向量记为 $X = (x_1, x_2, \cdots, x_L)$。所有图像块用同一个观测矩阵 $\Phi \in i^{m \times B}$ 进行独立观测，从而获得了图像块观测向量的集合，记为 $Y = \Phi X = (y_1, y_2, \cdots, y_L)$。块压缩感知框架下的重构目标就是从观测向量 Y 中获得对图像向量 X 和图像 I 的重构估计。仿真实验中的采样处理是对数字信号进行压缩观测，以模拟和逼近对真实自然信号的采样，便于重构算法的评价。

　　在块压缩感知框架下，基于原子组合寻优模型的图像重构可以建模为

$$(D_i^*, s_i^*) = \arg_{D_i, s_i} \min \| y_i - \Phi D_i s_i \|^2, \quad \text{s.t.} \| D_i^{\mathrm{T}} \|_{p,0} \leqslant K, \quad i = 1, 2, \cdots, L \quad (9.6)$$

该模型中，为一幅图像的 L 个分块分别进行原子组合寻优，即在原子规模为 N 的过完备字典中分别找到原子组合 D_i^*，$i=1,2,\cdots,L$，来对各个图像块进行重构估计。显然，在稀疏度 K 给定时，每个原子组合都有 C_N^K 种取法，是一个组合优化问题；并且，由于重构和表示图像块的原子组合并不唯一，使得单个图像块的重构问题也非常复杂。因此，本章的工作致力于两个方面：一是建立基于结构稀疏的重构模型；二是为重构模型建立全局寻优的搜索策略和求解方法。

9.3.2　结构稀疏约束的重构模型

在分块方式下，一幅图像中的图像块往往存在大量的相似性，并且单幅图像的图像块通常只有几类结构。在基于字典的表示时，同一组原子组合可以表示一组具有相似结构的图像块。因此，在本章基于原子组合寻优的块压缩感知重构模型中，对相似的一类图像块进行联合重构，求解能够表示它们的共同的原子组合。这也相当于，对待重构图像信号 X 在字典中的稀疏表示系数矩阵 $\mathcal{G}$ 加入结构稀疏约束，要求矩阵 $\mathcal{G}$ 具有如图 9.2 所示的稀疏结构。图中的每一列代表了一个图像块的稀疏系数，灰色方格表示该位置的系数为非零值，白色方格则表示该系数取值为零。在图中所示的矩阵结构中，L 列系数的支撑只有 C 种（$C_i L$）不同的取法。这对应了将图像块分为 C 组，每组图像块用同一组原子来进行稀疏表示。当然，原子的组合系数可以不同。

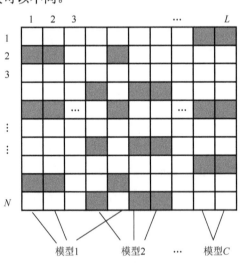

图 9.2　具有结构稀疏的系数矩阵示意图

在图像的分块压缩感知重构中，这种结构稀疏约束意味着式（9.6）中的 L 个求解原子组合 $D_i^*(i=1,2,\cdots,L)$ 的问题，只有 C 个不同的解。也就是说，需要求解的原子组合的个数远小于图像块的数量；而在求解每个原子组合时又施加了多个约束，减小了单个重构问题的不确定性，提高了重构精度。

记图像块的一个划分为 $Q: i^B \to \{1,2,\cdots,C\}$，记 $q_i = Q(x_i) \in \{1,2,\cdots,C\}$ 为图像块 x_i 的类标。Q 将 L 个图像块分为 C 类，基于结构稀疏约束的图像压缩感知重构模型为

$$(\check{D}_i^*, s_i^*) = \arg_{\check{D}_i, s_i} \min \| y_i - \Phi\check{D}_i s_i \|^2, \quad \text{s.t.} \| \check{D}_i^{\mathrm{T}} \|_{p,0} \leqslant K, \quad i = 1,2,\cdots,C \quad (9.7)$$

其中，输出 $\check{D}_i^*$ 是用于估计第 i 类图像块的共同的原子组合，观测矩阵 $Y_i = \{y_{\cdot i} \mid q_{\cdot i} = i\}(i = 1,2,\cdots,C)$ 是第 i 类图像块的观测向量组成的矩阵。该类图像块对应 $\check{D}_i$ 的系数矩阵 S_i 由最小二乘公式确定，即 $S_i = (\Phi\check{D})^+ Y_i$，其中，$S_i$ 中的每一列对应该类中的一个图像块用原子组合 $\check{D}_i$ 进行表示时的原子组合系数。

根据求解式（9.7）获得的 $\check{D}_i^* (i = 1,2,\cdots,C)$，就可以得到用于估计类中每个图像块的原子组合：

$$\overline{D}_j = \check{D}_i^*, \quad q_j = i, j = 1,2,\cdots,L, \ i = 1,2,\cdots,C \quad (9.8)$$

各图像块将被估计为 $\overline{X} = (\overline{D_1 s_1}, \overline{D_2 s_2}, \cdots, \overline{D_L s_L})$，其中，$\overline{s}_j, j = 1,2,\cdots,L$ 是根据 $\overline{D}_j$ 和 y_j 用式（9.5）的最小二乘公式计算得到的。

在求解结构稀疏约束的重构模型前，还需要获得对图像块的划分。但在压缩感知应用中，图像块 X 为未知的待重构的信号，仅知道压缩观测 $Y = \Phi X$，难以获得对图像块的划分。庆幸的是，根据 JL（Johnson-lindenstrauss lemma）定理[9]，随机高斯映射 Φ 是保距的，因此可以通过观测 Y 的聚类获得图像块的划分 Q。在实验中，本章使用了仿射传播（affinity propagation，AP）聚类方法[10]来对 Y 中的各个观测向量进行聚类，从而获得对图像块的划分。AP 方法是一种简单有效的聚类算法，其最大特点是不需要事先对类别数进行指定，并且速度快，稳定性好。

9.4　基于自然计算优化的两阶段非凸重构方法

用自然计算优化方法对优化问题进行求解的方式与其他的优化方法不同，并不是对单个解进行迭代优化，而是同时优化一组解。在算法设计中，也并非设计单个解的更新公式，而是通过对算法中的各个环节和要素，如种群初始化方式、各种算子操作、评价函数等，进行设计来获得解种群的优化。

本节将介绍基于自然计算优化方法实现的 TS_RS 重构算法。其中，将分别介绍用于一阶段重构的遗传优化算法（genetic algorithm，GA）和二阶段重构的克隆选择算法（clonal selection algorithm，CSA），并重点展示如何通过灵活多样的进化策略设计图像的结构先验和约束实现。

9.4.1　基于遗传进化的第一阶段重构

在一阶段重构中，首先使用聚类算法，将图像块观测聚为 C 类，方法采用的

是 AP 聚类方法，实验中，$C \approx 0.1L$。对每个聚类使用遗传算法求解，获得每类图像块在字典方向上的共同原子组合。遗传算法[11]模拟生物体的进化机制，它在工程应用中的实现包括编解码方式设计、初始化方式、适应度函数和算子设计等。一阶段的重构算法流程见表 9.1。

表 9.1 求解每类图像块的共同原子组合的遗传算法

输入：观测向量 Y，观测矩阵 Φ，过完备字典 $\mathcal{D}$，稀疏度 K。GA 算法各参数；

输出：重构图像估计 $\overline{X}$，解种群 $\overline{P_i}$ 和种群中最优个体 $\overline{b_i}$，$\overline{b_i} \in \overline{P_i}$，$i = 1,2,\cdots,L$。

-对 Y 聚类得到 $Y_1, Y_2, \cdots, Y_C$；

- For $j = 1,2,\cdots,C$，用遗传进化算法求解 Y_j 对应的图像块的共同原子组合 $\hat{D}_j$；

    1：初始化解种群 $P^{(0)}$，$t = 0$；

    2：对当前种群 $P^{(t)}$ 执行交叉操作，产生交叉种群 $P_{\mathrm{Cr}}^{(t)}$；

    3：对交叉种群 $P_{\mathrm{Cr}}^{(t)}$ 执行变异操作，产生变异种群 $P_{\mathrm{M}}^{(t)}$；

    4：在 $P_{\mathrm{M}}^{(t)} \bigcup P^{(t)}$ 中根据适应度函数产生新一代种群 $P_{\mathrm{M}}^{(t+1)}$；

    5：$t \leftarrow t+1$，并进行终止判断：若 $t > \overline{t}_{\max}$，转 6，否则，转 2；

    6：得到种群中最优个体：$\hat{b}_j^* = \arg\max f_s(b^{(t)}), b^{(t)} \in P^{(t)}$；

    7：将最优种群和个体赋给类中图像块：$\forall i \in \{k \mid q_k = j\}$，$\overline{P_i} = P^{(t)}$，$\overline{b_i} = \hat{b}_j^*$；

-End For

-图像估计。根据 $\overline{b_i}$ 估计 $\overline{x_i}$：$\overline{D_i} = \mathrm{dec}(\overline{b_i})$，$\overline{x_i} = \overline{D_i}[\Phi \overline{D_i}^+ y_i]$，$i = 1,2,\cdots,L$；

    拼接得到 $\overline{X} = (\overline{x_1}, \overline{x_2}, \cdots, \overline{x_L})$

1）进化编码和解码

在本章中，将重构问题建模为组合优化问题，也就是从字典的 N 个原子中选出最多 K 个原子，用于图像块的重构估计。如前所述，字典 $\mathcal{D}$ 中的任一原子 d_i，$i = 1,2,\cdots,N$，可以用其原子序号，即下标 i，进行唯一标识。同理，一个原子组合 $D = (d_{n_1}, d_{n_2}, \cdots, d_{n_k})$ 与组合中原子的序号组成的整数序列 $b = n_1 n_2 \cdots n_k$ 也是一一对应的。因此，编码方式采用整数编码，将一个原子组合编码成一个整数序列，序列由该原子组合中的原子在字典 $\mathcal{D}$ 中的序号组成。编解码过程如下所示：

$$D = (d_{n_1}, d_{n_2}, \cdots, d_{n_k}) \xrightarrow[\mathrm{dec}]{\mathrm{enc}} b = n_1 n_2 \cdots n_k \qquad (9.9)$$

其中，$n_j \in \{1,2,\cdots,N\}$；$j = 1,2,\cdots,K$。将编码操作记为 $b = \mathrm{enc}(D)$，解码操作记为 $D = \mathrm{dec}(b)$。编码序列中的每个整数是一个基因位，也是操作的基本单元。经过编码后，所需要求解的问题从对原子组合 D 的求解变为对序列 b 的求解，即从整数 $\{1,2,\cdots,N\}$ 中挑选出 K 个来，使得适应度函数最小。

值得注意的是，在每次对 D 或 b 次进行操作前，需要进行重复检查，将 D 中重复出现的列或者 b 中重复出现的序号去除，以确保原子组合中没有重复出现的原子，同时确保各种矩阵操作（如求逆计算）的有效性。在重复检查后，获得的

原子组合会出现原子列数（即稀疏度）小于 K 的情况，但稀疏约束项 $\|D\|_{p,0} \leqslant K$ 仍然是满足的。

对一个原子组合进行编码后得到的整数序列亦称为一个个体，而一个种群中则包含了若干个个体。在迭代优化过程中，种群中始终保留了当前获得的最优个体，种群规模设置为 P_s（实验中 $P_s=36$）。第 t 代的种群记为 $P^{(t)} = \{b_1^{(t)}, b_2^{(t)}, \cdots, b_{P_s}^{(t)}\}$。

2）种群初始化

对一个种群进行初始化时，设计了两种初始化方式。具体采用其中的哪一种方式，取决于算法将待重构图像块判断为光滑块还是非光滑块。第一种初始化方式是针对光滑块设计的，对种群中的个体采取完全随机的初始化方式，这是在遗传算法中最为常见的初始化方式。第二种初始化方式是针对非光滑块设计的，种群中的每个个体由过完备字典中的其中一个方向字典产生。而为了确保种群能表达任意方向结构，每个方向字典产生的个体数是相等的。在实验中种群规模为 $P_s = 36$，而字典中恰好有 36 个方向子字典，因此从每个方向子字典中将以随机的方式产生一个个体。

在初始化中采用两种初始化方式是为了对图像块的方向结构作出更准确的估计。对于光滑图像块，其方向结构并不明显，表示它的原子也是如此，因此，在种群初始化时，采用完全随机的方式。而非光滑的图像块，通常具有一定的方向结构，采用在每个方向子字典中分别产生个体的初始化方式，能够确保种群中的个体包含足够多的方向，可以捕获图像在任意字典方向上的结构。

为了判断一个图像块是否光滑图像块，采用对图像块的方差进行阈值判断的方法。由于图像块是未知的待重构对象，又一次基于 JL 定理[9]，用图像块的观测作为替代。首先计算各个图像块的观测向量的方差，假设图像块的观测向量为 $y_i = (y_{i1}, y_{i2}, \cdots, y_{im})$（$i = 1, 2, \cdots, L$），它们的方差用式（9.10）进行计算：

$$\sigma_i = \left[\frac{1}{m-1} \sum_{j=1}^{m} (y_{ij} - \overline{y_i})^2 \right]^{1/2}, \quad i = 1, 2, \cdots, L \tag{9.10}$$

其中，$\overline{y_i}$ 为单个图像块观测向量的均值，按照式（9.11）进行计算：

$$\overline{y_i} = \frac{1}{m} \sum_{j=1}^{m} y_{ij} \tag{9.11}$$

判断阈值采用所有图像块观测向量的方差的均值 $\overline{\sigma}$，按照式（9.12）进行计算：

$$\overline{\sigma} = \frac{1}{L} \sum_{i=1}^{L} \sigma_i \tag{9.12}$$

对图像块的光滑性进行判断的具体方法是，若 $\sigma_i \geqslant \overline{\sigma}$，则将 x_i 判定光滑块；否则将图像块 x_i 判定为非光滑块。

在一阶段重构中，需要为一类图像块的共同种群进行初始化，采用的方法是对类中的每个图像块的光滑性进行判断，并进行统计分析。具体的做法是，如果某类图像块中光滑块的数量占优，采用第一种初始化方式，即在整个字典中随机初始化；如果非光滑块的数量占优，则采用第二种初始化方式，即每个个体在方向字典上进行初始化。

3）适应度函数

适应度函数是用户自定义优化目标函数，用于评价个体的优劣。个体适应度值越大，所对应的个体越优。在本重构问题中，也就意味着个体所对应的原子组合能更好地表示类中的各个图像块。在每一次迭代中，群体中所有个体都要被重新评估，评估结果将用于指导算子操作和搜索过程。本算法中，种群 $P^{(t)}$ 中个体 $b_i^{(t)} \in P^{(t)}$ 对观测向量 Y_j 的适应度用以下公式进行计算：

$$f_s(b_i^{(t)}) = 1 / \left\| Y_j - \Phi \mathrm{dec}(b_i^{(t)}) S_j \right\|_F^2 \tag{9.13}$$

其中，S_j 是原子组合用于表示类中各个图像块的组合系数，是根据最小二乘法计算的。从适应度计算方法可以看出，算法对个体（即原子组合）的评价是直接针对图像观测值的，而非像贪婪方法那样，只针对图像观测的一部分。

4）操作算子

遗传进化算法的操作算子模拟达尔文提出的生物进化过程。主要操作算子有：遗传交叉、遗传变异和遗传选择。

遗传交叉算子是遗传进化算法的主要操作。这里采用单点交叉方式。首先为种群 $P^{(t)}$ 中的每个个体产生配对个体，每对个体以交叉概率 p_c 发生交叉。一对个体发生交叉时，将通过单点交叉的方式产生两个新的交叉个体，也就是说，为待交叉的个体对 $b_i^{(t)}$，$b_j^{(t)} \in P^{(t)}$ 随机产生一个交叉点 l（$1 < l < k$），并交换待交叉个体的交叉点后的各个位，进而得到两个交叉个体 $\overline{b}_i^{(t)}$ 和 $\overline{b}_j^{(t)}$。交叉过程如下所示：

$$\begin{aligned} b_i^{(t)} &= n_1 n_2 \cdots n_l n_{l+1} \cdots n_k \\ b_j^{(t)} &= n_1' n_2' \cdots n_l' n_{l+1}' \cdots n_k' \end{aligned} \xrightarrow{\text{Crossover}} \begin{aligned} \overline{b}_i^{(t)} &= n_1 n_2 \cdots n_l n_{l+1}' \cdots n_k' \\ \overline{b}_j^{(t)} &= n_1' n_2' \cdots n_l' n_{l+1} \cdots n_k \end{aligned} \tag{9.14}$$

所有交叉操作产生的个体组成交叉种群 $P_{\mathrm{Cr}}^{(t)}$，种群规模为 $(2 \times p_s \times p_c)$。

在 GA 算法中，遗传交叉操作用于确保种群中的个体能够充分交流优化信息；在 TS_RS 中，该操作对应了原子组合间的在字典方向上的重构信息交流，对于准确估计图像块的方向结构有重要作用。特别是对于非光滑图像块，在其初始化中采用了按方向初始化的方式，每个个体用于捕获一个字典方向上的图像结构。在重构过程中，通过一次遗传交叉操作，可以获得具有两个字典方向的个体，能够用于描述具有两个方向结构的图像块；而通过多次遗传交叉操作，则可以充分地搜索各个字典方向的组合，获得对图像块在字典方向上的最优原子组合。

遗传变异操作的作用是保持种群的多样性。遗传变异操作对交叉种群 $P_{\mathrm{Cr}}^{(t)}$ 进行，这里采取单点随机变异的方式，即 $\forall b_i^{(t)} = n_1 n_2 \cdots n_K \in P_{\mathrm{Cl}}^{(t)}$ 中的每个位 n_i 以变异概率 $\overline{p}_{\mathrm{m}}$ 发生变异，个体 $b_i^{(t)}$ 变异后成为变异个体 $\overline{b}_i^{(t)}$，而变异操作后将产生变异种群 $P_{\mathrm{M}}^{(t)}$。假设变异位置为 $l_1, l_2, \cdots$，变异过程如下所示：

$$b_i^{(t)} = n_1 n_2 \cdots n_{l_j} \cdots n_K \xrightarrow{\text{Mutation}} \overline{b}_i^{(t)} = n_1 n_2 \cdots n'_{l_j} \cdots n_K, \quad n'_{l_j} \in \{1, 2, \cdots, L\} \quad (9.15)$$

遗传选择操作是在当前种群 $P^{(t)}$ 及其变异种群 $P_{\mathrm{M}}^{(t)}$ 中，依据适应度函数，选出最优个体组成新一代种群 $P^{(t+1)}$。这种精英保留策略[12]，能够确保所产生的新一代种群 $P^{(t+1)}$ 不会劣于当代种群 $P^{(t)}$，并确保种群在多次迭代后朝最优解收敛。GA 算法的迭代过程如图 9.3 所示。

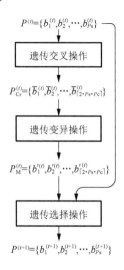

$$P^{(t)} = \{b_1^{(t)}, b_2^{(t)}, \cdots, b_{Ps}^{(t)}\}$$

遗传交叉操作

$$P_{\mathrm{Cr}}^{(t)} = \{\overline{b}_1^{(t)}, \overline{b}_2^{(t)}, \cdots, \overline{b}_{\lceil 2 \cdot Ps \cdot Pc \rceil}^{(t)}\}$$

遗传变异操作

$$P_{\mathrm{M}}^{(t)} = \{b_1'^{(t)}, b_2'^{(t)}, \cdots, b_{\lceil 2 \cdot Ps \cdot Pc \rceil}'^{(t)}\}$$

遗传选择操作

$$P^{(t+1)} = \{b_1^{(t+1)}, b_2^{(t+1)}, \cdots, b_{Ps}^{(t+1)}\}$$

图 9.3　遗传进化算法迭代示意图

5）其他

遗传进化算法是一类基于种群的随机搜索算法，当迭代次数 $t \to \infty$ 时，算法能以概率 1 收敛到最优解。考虑到算法的实用性，将终止条件设定为迭代次数达到预设最大值 $\overline{t}_{\max}$。

自然计算优化方法中，参数较多，且难以通过理论和实验分析进行调整。常用的做法是根据已有的经验取值来确定。本书的遗传选择算法中的主要参数取值为：种群规模 $P_{\mathrm{s}} = 36$；交叉概率 $p_{\mathrm{c}} = 0.6$；变异概率 $\overline{p}_{\mathrm{m}} = 0.02$；最高迭代次数 $\overline{t}_{\max} = 200$。其中的交叉概率和变异概率取值都是 GA 算法的常用值。最高迭代次数的确定方法是，在重构的一次实验中，记录各次迭代的最优适应度值，并将结果序列中上升拐点对应的迭代次数作为最高迭代次数。当然，这种方法也不是十分稳定和准确的，但在实际应用中，比较常见和有效。

算法的计算复杂度取决于适应度函数的计算次数，而适应度函数计算的关键运算是矩阵的求逆。以矩阵求逆作为基本运算单元，TS_RS 一阶段算法的计算复杂度为 $O(C \times P_s \times P_c \times \bar{t}_{max})$，即基本运算的次数与算法迭代的次数、交叉种群的规模、图像块的类别数等有关。当然，数据采样率越高时，基本的矩阵求逆运算的计算量也会加大。因此数据采样率提高时，需要更多的时间进行重构。值得注意的是，进化算法本身是采用并行搜索机制的，因此并行计算可以潜在地提高算法的运行速度。

9.4.2　基于克隆选择的第二阶段重构

自然图像的内容通常是分片光滑的，并且在局部空间上是缓慢变化的。因此，在空间位置上相邻的图像块往往具有相同的结构，可以认为它们能用一组具有相同方向和尺度，但有不同位移的原子来稀疏表示。第二阶段的重构就利用了这种性质来优化第一阶段的重构结果。

在算法描述之前，首先定义两个集合。第一个集合定义了与原子 $d_i (i=1,2,\cdots,N)$ 具有相同方向和尺度参数的原子的集合，如下所示：

$$\sum_{d_i} \triangleq \{d_j \mid \theta_j = \theta_i,\ a_j = a_i,\ d_j \in \mathcal{D}\} \tag{9.16}$$

第二个集合是为原子组合 $\overline{D}_j = (d_{n_1}, d_{n_2}, \cdots, d_{n_K})$ 定义的，如下所示：

$$\sum_{D_j} \triangleq \left\{ (d'_{n_1}, d'_{n_2}, \cdots, d'_{n_K}) \mid d'_{n_i} \in \sum_{d_{n_i}},\ i=1,2,\cdots,K \right\} \tag{9.17}$$

该集合中包含了一组满足该式条件的原子组合。

第二阶段的优化是基于这样的图像块假设，对于图像块 $x_i (i=1,2,\cdots,L)$，如果有另外的一个图像块 $x_j (i \neq j)$，是一个与它相邻的并具有相同结构的图像块，那么假设 $\sum_{\overline{D}_j}$ 中的一个原子组合能够有效地表示 x_j。通过考察每个图像块的邻域块的原子组合的集合，能够在相邻图像块之间进行重构信息的交换。同时，为了将重构信息通过图像块的非局部相似关系进行传播，这一阶段也考虑了每个图像块的非局部相似块。具体来说，TS_RS 的第二阶段考察由第一阶段获得的原子组合 $\overline{D}_i$ 对应的 $\sum_{\overline{D}_j}$ 中，是否存在比 $\overline{D}_i$ 能更好表示 x_j 的原子组合，从而提升第一阶段的重构结果。在搜索一个原子组合 $\overline{D}_j$ 对应的 $\sum_{\overline{D}_j}$ 时，也相当于搜索在第一阶段获得的能够表示图像块 x_j 的方向的一个子字典，由于在搜索过程中，每个原子的方向是不变的，仅在位移上有改变（在本方法优化中未对尺度参数加以考虑）。在 TS_RS 中，使用克隆选择算法来完成这个优化任务。

克隆选择算法模拟了 Burnet 提出的克隆选择理论，Castro 等则建立了克隆选择算法的应用框架[13,14]。与遗传算法适合全局搜索不同，克隆选择算法更适合局部搜索。在 TS_RS 重构策略中，第一个阶段需要对字典方向的组合进行全局搜索，因此采用了遗传算法；而第二阶段则需要以上一阶段获得的多个原子组合为起点，多次展开局部搜索。正是出于对优化问题与搜索方法的匹配程度的考虑，本方法的两个重构阶段分别采用了两种不同的自然计算优化算法。第二阶段的克隆选择算法的编解码方式与第一阶段的遗传进化算法相同，具体的重构算法流程见表 9.2。克隆选择算法如图 9.4 所示。

表 9.2　求解每个图像块的原子组合的克隆选择算法

输入：观测向量 Y，观测矩阵 Φ，过完备字典 $\mathcal{D}$，CSA 算法各参数；
第一阶段获得的各个图像块的解种群 $\overline{P}_i$ 及最优解 $\overline{b}_j$，$i=1,2,\cdots,L$。

输出：各个图像块的最优原子组合 D_i^*，$i=1,2,\cdots,L$，以及图像估计 X^*。

- For $i=1,2,\cdots,L$，求解 D_i^*：

1：种群初始化，$\overline{P}_i \bigcup \{\overline{b}_j | j \in \mathcal{N}_i^l \bigcup \mathcal{N}_i^n \}$，$t=0$，记 $P^{(t)}=\{b_1^{(t)},b_2^{(t)},\cdots\}$；

2：通过克隆操作，获得克隆种群 $P_{\mathrm{Cl}}^{(t)}=\{P_{\mathrm{Cl}}^{(t)}(1),P_{\mathrm{Cl}}^{(t)}(2),\cdots\}$，$P_{\mathrm{Cl}}^{(t)}(i)$ 依据 $b_i^{(t)}$ 获得；

3：通过克隆变异操作，获得 $P_{\mathrm{M}}^{(t)}=\{P_{\mathrm{M}}^{(t)}(1),P_{\mathrm{M}}^{(t)}(2),\cdots\}$，$P_{\mathrm{M}}^{(t)}(i)$ 依据 $P_{\mathrm{Cl}}^{(t)}(i)$ 获得；

4：通过克隆选择操作，获得 $P^{(t+1)}=\{b_1^{(t+1)},b_2^{(t+1)},\cdots\}$，其中 $b_i^{(t+1)}$ 为 $b_i^{(t)} \bigcup P_{\mathrm{M}}^{(t)}(i)$ 中亲和度最高的个体，$t \leftarrow t+1$；

5：若 $t=1$，删除 $P^{(1)}$ 中具有较小适应度的个体，使种群规模为 P_s；

6：若 $t>t_{\max}$，停止迭代，转 7，否则，转 4；

7：最优个体：$b_i^* = \arg\max f_s(b^{(t)}),b^{(t)} \in P^{(t)}$，最优原子组合：$D_i^* = \mathrm{dec}(b_i^*)$；

- End For

- 估计各个图像块：$x_i^* = D_i^*[(\Phi D_i^*)^+ y_i]$，$i=1,2,\cdots,L$；并拼接得到图像估计 X^*

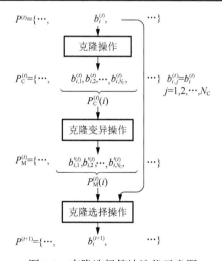

图 9.4　克隆选择算法迭代示意图

1）种群初始化

本阶段的种群初始化是依据第一阶段的结果获得的。第 i 个图像块的初始种群包含三个部分：第一部分为图像块自身在上一阶段获得的解种群 $\bar{P}_i$；第二部分为与 x_i 最相似的 n_1 个图像块的最优原子组合（图像块的相似性度量与图像块聚类中采用的一样）；第三部分是 x_i 的 n_2 个在位置上与该图像块最近邻的图像块的最优原子组合。本章实验中，$n_1 = 4$，$n_2 = 8$。

记 x_i 的相邻块的下标集合为 $\mathcal{N}_i^l$，其非局部相似块的下标集合为 $\mathcal{N}_i^n$。其中，$\mathcal{N}_i^n$ 根据 y_i 与其他观测向量的距离计算获得。x_i 的原子组合 D_i 的初始解种群为 $\bar{P}_i \cup \{\bar{b}_j \mid j \in \mathcal{N}_i^l \bigcup \mathcal{N}_i^n\}$。种群的规模与遗传算法的相同，也记为 P_s，由于遗传算法和克隆选择算法中的种群具有相同的含义，因此克隆选择算法的第 t 代种群仍记为 $P^{(t)} = \{b_1^{(t)}, b_2^{(t)}, \cdots, b_{P_s}^{(t)}\}$。

2）亲和度函数

克隆选择算法中的个体评估函数称为亲和度函数，与遗传算法中的适应度函数有相同的作用，用于评估个体的优劣。在本应用中，亲和度函数用于评估一个原子组合对表示单个图像块的适合程度。种群 $P^{(t)}$ 中个体 $b_i^{(t)} \in P^{(t)}$ 对观测向量 y_i 的亲和度，用以下公式进行计算：

$$f_a(b_i^{(t)}) = \frac{1}{\left\| y_i - \Phi \mathrm{dec}(b_i^{(t)}) s_i \right\|^2} \tag{9.18}$$

其中的系数向量 s_i 也根据观测向量和原子组合按照最小二乘公式进行计算。

3）操作算子

克隆选择算法的操作算子模拟生物体内免疫系统的工作原理。主要操作算子有克隆、克隆变异和克隆选择算子。

克隆操作是复制种群中的个体，并将它们组成克隆种群。本章中对种群中的每个个体采用等规模克隆的策略，对种群 $P^{(t)}$ 中的个体 $b_i^{(t)} \in P^{(t)}$ 克隆 N_c 次，组成克隆子种群 $P_{\mathrm{Cl}}^{(t)}(i)$。所有个体的克隆子种群将组成总的克隆种群，记为 $P_{\mathrm{Cl}}^{(t)} = \{P_{\mathrm{Cl}}^{(t)}(1), P_{\mathrm{Cl}}^{(t)}(2), \cdots\}$。克隆种群规模为 $N_c \times P_s$，其中的每个个体都将用亲和度函数进行评估。

克隆变异操作是克隆选择算法中的主要操作。将克隆变异操作后得到的克隆变异种群记为 $P_M^{(t)} = \{P_M^{(t)}(1), P_M^{(t)}(2), \cdots\}$，其中，$P_M^{(t)}(i)$ 由 $P_{\mathrm{Cl}}^{(t)}(i)$ 中的个体变异产生。$\forall b_i^{(t)} = n_1 n_2 \cdots n_K \in P_{\mathrm{Cl}}^{(t)}$，假设变异位置为 $l_1, l_2, \cdots$，变异过程如下：

$$b_i^{(t)} = n_1 n_2 \cdots n_{l_j} \cdots n_K \xrightarrow{\text{Mutation}} \bar{b}_i^{(t)} = n_1 n_2 \cdots n_{l_j}' \cdots n_K, \quad n_{l_j}' \in \{k \mid d_k \in \Sigma_{d_{n_{l_j}}}\} \tag{9.19}$$

从式（9.19）可以看出，克隆变异操作的过程与遗传算法中的遗传变异操作相似，但主要有两个不同之处。第一个是克隆变异的概率 p_m 远大于遗传进化算法

中的变异概率 $\bar{p}_m$，实验中 $p_m = 0.3$，远大于 $\bar{p}_m = 0.02$。第二个与重构模型有关，本阶段 CSA 算法搜索的范围不是整个过完备字典 $\mathcal{D}$，而是字典中由特定方向的原子组成的子字典。由于两个阶段算法的解空间不同，使得 CSA 种群的每个个体的变异范围要受到约束。

克隆选择操作用于在当前种群和变异种群中，产生新一代种群 $P^{(t+1)} = \{b_1^{(t+1)}, b_2^{(t+1)}, \cdots\}$，其中，$b_i^{(t+1)}$ 为 $b_i^{(t)} \bigcup P_M^{(t)}(i)$ 中亲和度最高的个体。

从克隆选择算法的迭代过程。可以看出，个体 $b_i^{(t+1)}$ 的产生，仅与其父代个体 $b_i^{(t)}$ 及其克隆变异子种群 $P_M^{(t)}(i)$ 有关，与其他个体无关。因此克隆选择算法是用于对每个初始个体 $b_i^{(0)} \in P^{(0)}$ 进行局部搜索的方法。也就是说，通过对 $b_i^{(0)}$ 多次迭代的克隆和克隆变异操作，考察了 $b_i^{(0)}$ 及其多个变异版本对目标函数的优化效果。并通过多次克隆选择操作，最终获得不劣于 $b_i^{(0)}$ 的个体。

此外，在 $t = 0$ 次迭代中，由于初始种群的构造方式，种群 $P^{(0)}$ 的个体个数大于 P_s，因此在克隆选择操作之后，还要用一个选择操作，将 $P^{(1)}$ 中的个体个数变为 P_s。

4）其他

克隆终止条件设定为最高迭代次数达到预设值 t_{max}，实验中 $t_{max} = 20$。克隆选择算法中的主要参数取值：种群规模为 $P_s = 36$（初始规模为 $P_s + n_1 + n_2$）；每个个体的克隆规模为 $N_c = 10$；克隆变异概率为 $p_m = 0.3$。第二阶段算法的计算复杂度为 $O(L \times N_c \times P_s \times t_{max})$，即亲和度函数的计算次数与迭代次数、克隆种群的规模、图像的大小等有关。

9.5 仿真实验及结果分析

实验在五幅 512×512 的自然图像上进行，如图 9.5 所示。观测矩阵采用高斯随机矩阵，图像块的稀疏度设为 $K = 32$。所采用的稀疏字典是 Ridgelet 过完备字典，其中包含了 11281 个原子。将字典按照原子的方向参数进行划分，共分为 36 个方向子字典。对比算法则采用 OMP 算法[15]和 IHT 算法[16,17]两种，它们都是经典的用于求解零范数约束的压缩感知重构问题的方法。在对比实验中，对比算法的实验方法是根据图像的分块压缩观测和 Ridgelet 过完备字典，依次对各个图像块进行重构，并将对图像块的重构结果拼接为对整幅图像的估计值。对各个算法进行测试时，考虑到观测方式的随机性，对每幅图像在每个压缩观测率下获取 5 个观测，其他对比算法对每个观测运行 1 次，在每个压缩观测率下，得到 5 次重构结果，并取平均值；而由于自然计算优化算法自身存在的随机性，对每个观测值用 TS_RS 算法进行 6 次实验，也就是在每个压缩观测率下，共运行 30 次，所展示的结果是这 30 次结果的平均。实验硬件平台是 PC，配置 3GHz 的 Intel 双核 CPU，软件平台是 Windows XP 操作系统和 MATLAB7.11（R2010b）仿真软件。图像的数值评价指标采用峰值信噪比（peak signal-to-noise ratio，PSNR）和结构相似性指数度量（structural similarity index measurement，SSIM）[18]两种。

（a）Barbara　　　　（b）Lena　　　　（c）Einstein　　　　（d）辣椒　　　　（e）船

图 9.5　用于实验的自然图像（512×512）

图 9.6 是各个算法对 Barbara 图像的重构时间的大致对比。其中，OMP 算法的运行时间最短，其基本运算是求取矩阵的伪逆运算，算法复杂度为 $O(L \times K)$。IHT 算法的每次迭代时间也很快，但为了比较相当重构时间下的重构性能，将 IHT 算法的迭代次数设为 $t_{IHT} = 1500$ 代，其运行时间稍高于本书算法。IHT 算法的基本运算为矩阵乘法，算法复杂度为 $O(L \times t_{IHT})$。本章算法的运行时间根据压缩观测率不同，一般为 2～3h，是三种方法中时间最长的，并且算法的复杂度也比较高。

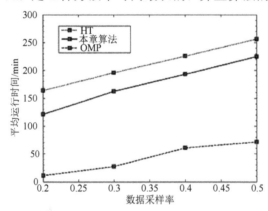

图 9.6　TS_RS 及对比方法对 Barbara 图的重构时间对比图

图 9.7 给出了本章算法对 Lena 和 Barbara 图像进行重构的 PSNR 值的盒图，用于分析重构方法的稳定性。图中每个盒是一个压缩观测率下 30 次运行结果的统计。从两个盒图可以看出，两幅图像在各个压缩观测率的重构结果统计中，几乎没有野值点，说明 TS_RS 方法的重构结果较为稳定。并且，随着数据采样率的增大，盒的高度也逐步变小，说明随着信号信息的增加，重构模型的不确定性也随之减小。

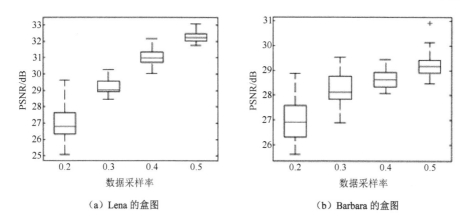

（a）Lena 的盒图　　　　　　　　　　　（b）Barbara 的盒图

图 9.7　TS_RS 方法对 Lena 和 Barbara 图的重构结果盒图

图 9.8 和图 9.9 分别是对两个单方向结构的图像块的重构结果分析，用于展示

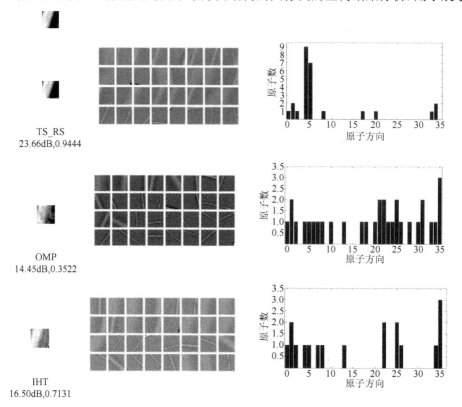

图 9.8　TS_RS 及对比方法对边缘块的重构结果图

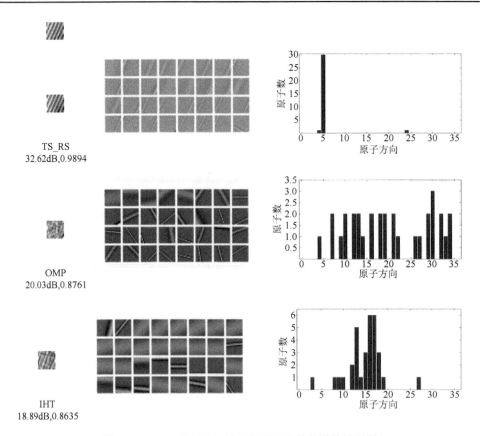

图 9.9　TS_RS 及对比方法对条状纹理块的重构结果图

所提出的 TS_RS 方法估计图像块的方向结构的性能。所挑选的两个图像块均从 Barbara 图像中挑选，并且都有单一方向结构，一个是边缘块，一个是条状纹理块，实验中采用的压缩观测率均为 0.3。表中有三列数据，第一列从上往下依次为原图像块，分别用 TS_RS、OMP 和 IHT 方法获得的重构图像块；第二列是各方法获得的表示第一列图像块的各个原子；第三列是对第二列原子的方向参数的统计图。从图中的第一列的图像块的视觉效果对比可以看出，TS_RS 的重构效果最好，所获得的图像块的方向结构与原图像块最为一致，并且图像块中的边缘结构和条纹状纹理均最为清晰。从图像块的数值指标的对比也可以看出，TS_RS 方法获得图像的数值指标最高。

从图 9.8 和图 9.9 两个图中第二列的原子的方向结构对比，以及第三列的原子方向参数的统计直方图的对比可以看出，TS_RS 方法为具有单方向结构的图像块所选择的原子中，大部分具有与图像块相同或相近的方向结构，因此能够获得具有清晰边缘或条状纹理的重构图；而对比算法所选择的原子的方向参数则散落在多个字典方向上，大部分原子与所重构的图像块并不一致，由此得到的图像块重构图中容易产生模糊的边缘和杂乱的指向。该实验说明，本书提出的两阶段重构 TS_RS 方法所采用的按原子方向设计初始化种群策略以及相应的算子操作，能够获得图像块在字典方向上的有效估计，从而得到对图像块方向上的准确估计。

图 9.10 是压缩观测率为 0.5 的情况下，两阶段重构 TS_RS 方法对 Lena 和 Barbara 两幅图像进行重构，得到的两个重构阶段的结果对比图。该结果图用于展示第二阶段重构的作用，及其对第一阶段的提升效果。从结果图的对比可以看出，第二阶段的优化方法能够有效提升第一阶段的视觉效果，得到细节更为丰富和准确的图像。这主要得益于第二阶段的重构中，图像块在第一阶段获得的重构结果。即一组原子组合，能够通过相邻和非局部相似的关系在图像块之间传递和交换，特别是，通过克隆选择算法在子字典中的优化搜索，能够修正第一阶段的重构不准确性，同时提升图像的局部一致性。从两个阶段的结果图对比也可以看出，第二阶段的结果图的局部一致性更好，即光滑区域更为平滑，而边缘和曲线结构更为连贯，视觉效果和数值指标上的提升也很明显。

（a）对 Lena 第一阶段结果（32.20dB，0.9434）

（b）对 Lena 第二阶段结果（33.62dB，0.9621）

（c）对 Barbara 第一阶段结果（26.32dB，0.8629）

（d）对 Barbara 第二阶段结果（30.91dB，0.9288）

图 9.10　TS_RS 方法两个阶段的重构结果图

　　表 9.3 是三种重构方法获得的平均 PSNR 值和 SSIM 值对比，其中，TS_RS
方法的每个数值是 30 次实验的平均结果，而对比算法的是 5 次实验的平均结果。
从表中的数值指标的对比可以看出，本书所提出的 TS_RS 方法在大部分情况下的
PSNR 值和 SSIM 值都是最高的，并且与各个对比算法相比，具有较大的优势。这
充分说明了，本书所提出的两阶段的重构模型是有效的。同时也说明，基于自然
计算优化方法实现的 TS_RS 重构算法能够有效求解零范数和结构稀疏先验约束
的重构模型。

表 9.3　TS_RS 及对比方法的 PSNR（dB）和 SSIM 结果

图像	方法	压缩观测率			
		0.2	0.3	0.4	0.5
Lena	TS_RS	**29.22(0.8711)**	**31.05(0.9306)**	**32.23(0.9530)**	**32.85(0.9612)**
	OMP	25.50(0.8472)	28.08(0.9080)	30.51(0.9442)	32.17(0.9599)
	IHT	27.88(0.8496)	30.11(0.9188)	31.56(0.9468)	32.24(0.9590)
Barbara	TS_RS	**26.91(0.7869)**	**28.23(0.8820)**	**28.67(0.9181)**	**29.25(0.9368)**
	OMP	21.69(0.7701)	22.87(0.8241)	25.43(0.8991)	27.08(0.9288)
	IHT	24.79(0.7517)	26.40(0.8477)	27.94(0.9027)	28.91(0.9288)
Einstein	TS_RS	**31.37(0.8440)**	**33.15(0.9165)**	**34.11(0.9414)**	**34.86**(0.9520)
	OMP	28.32(0.8444)	29.86(0.8902)	32.67(0.9341)	34.24(**0.9528**)
	IHT	30.38(0.8317)	32.15(0.9013)	33.32(0.9329)	34.34(0.9486)
辣椒	TS_RS	**29.29(0.8421)**	**30.58(0.9109)**	**31.56(0.9396)**	**32.13(0.9521)**
	OMP	24.72(0.8227)	27.97(0.8920)	30.05(0.9273)	31.51(0.9470)
	IHT	28.09(0.8392)	29.40(0.8995)	30.86(0.9335)	31.74(0.9481)
船	TS_RS	**26.93(0.7803)**	**28.60(0.8841)**	**29.74(0.9213)**	**30.26**(0.9368)
	OMP	21.68(0.7416)	25.48(0.8628)	27.56(0.9120)	29.14(**0.9372**)
	IHT	25.97(0.7733)	27.69(0.8663)	29.12(0.9141)	29.87(0.9348)

注：加粗数据为较优解。

　　图 9.11～图 9.14 展示了 TS_RS 及对比方法对多幅测试图像的重构视觉结果，
压缩观测率均为 0.3。所选取的图像均为各方法获得的具有最高 PSNR 数值指标的
结果。从结果图的对比可以看出，TS_RS 方法获得的结果图像更忠实于原图像，
而且对图像的几何结构，特别是方向结构的重构较为准确。图 9.11 中，TS_RS 方
法获得的 Lena 图像在光滑区域中的伪影更少，而边缘更为锐利和清晰。局部放大
图中可以看出，TS_RS 方法的重构图中的块效应较少，图像的细节重构更准确。
图 9.12 中，使用 TS_RS 方法得到的 Barbara 图像与对比的贪婪算法获得的图像相
比，具有更为优良的视觉效果，特别是在局部图中所展示的各个细条状纹理区域
中，TS_RS 方法能够获得更为清晰连贯的边缘和纹理结构，该方法对方向结构的
重构估计能力，远远优于对比方法，图 9.13 和图 9.14 中的图像对比也说明了
这一点。

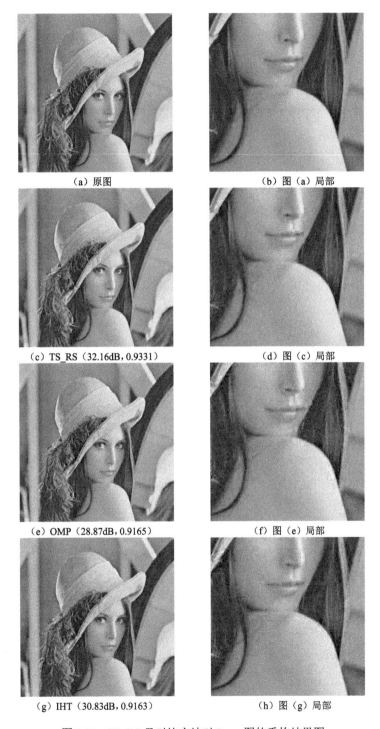

(a) 原图

(b) 图 (a) 局部

(c) TS_RS（32.16dB，0.9331）

(d) 图 (c) 局部

(e) OMP（28.87dB，0.9165）

(f) 图 (e) 局部

(g) IHT（30.83dB，0.9163）

(h) 图 (g) 局部

图 9.11　TS_RS 及对比方法对 Lena 图的重构结果图

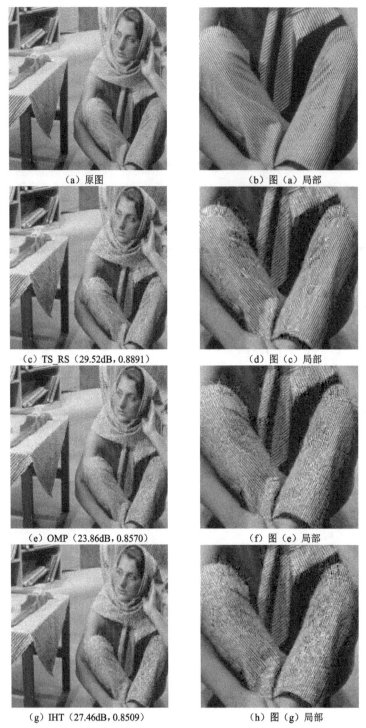

（a）原图 （b）图（a）局部

（c）TS_RS（29.52dB，0.8891） （d）图（c）局部

（e）OMP（23.86dB，0.8570） （f）图（e）局部

（g）IHT（27.46dB，0.8509） （h）图（g）局部

图 9.12 TS_RS 及对比方法对 Barbara 图的重构结果图

（a）原图

（b）TS_RS（30.23dB，0.8892）

（c）OMP（25.87dB，0.8712）

（d）IHT（28.30dB，0.8710）

图 9.13　TS_RS 及对比方法对 Boats 图的重构结果图

（a）原图

（b）TS_RS（31.91dB，0.9153）

(c) OMP（28.38dB，0.8999）　　　　　　(d) IHT（30.03dB，0.8994）

图 9.14　TS_RS 及对比方法对 Peppers 图的重构结果图

参 考 文 献

[1] DUARTE M F, ELDAR Y C. Structured compressed sensing: From theory to applications [J]. IEEE Transactions on Signal Processing, 2011, 59(9): 4053-4085.

[2] TROPP J, GILBERT A. Signal recovery from random measurements via orthogonal matching pursuit[J]. IEEE Transactions on Information Theory, 2007, 53(12): 4655-4666.

[3] BLUMENSATH T, DAVIES M. Iterative hard thresholding for compressed sensing[J]. Applied and Computational Harmonic Analysis, 2009, 27(5): 265-274.

[4] 焦李成, 公茂果, 王爽, 等. 自然计算、机器学习与图像理解前沿[M]. 西安: 西安电子科技大学出版社, 2008.

[5] YANG X S. Nature-Inspired Metaheuristic Algorithms: Second Edition[M]. Beckington: Luniver Press, 2010.

[6] AHARON M, ELAD M, BRUCKSTEIN A. K-SVD: An algorithm for designing overcomplete dictionaries for sparse representation[J]. IEEE Transactions on Singnal Processing, 2006, 54(11): 4311-4322.

[7] 杨丽. 基于 Ridgelet 冗余字典和遗传进化的压缩感知重构[D]. 西安: 西安电子科技大学硕士毕业论文, 2012.

[8] 马红梅. 基于 Curvelet 冗余字典和免疫克隆优化的压缩感知重构[D]. 西安: 西安电子科技大学硕士毕业论文, 2012.

[9] DASGUPTA S, GUPTA A. An elementary proof of a theorem of Johnson and Lindenstrauss[J]. Random Structures and Algorithms, 2003, 22: 60-65.

[10] FREY B, DUECK D. Clustering by passing messages between data points[J]. Science, 2007, 315(5814): 972-976.

[11] HOLLAND H. Adaptation in Natural and Artificial System: An Introductory Analysis with Application to Biology, Control, and Artificial Intelligence[M]. Massachusetts: MIT Press, 1992.

[12] 王宇平. 进化计算的理论和方法[M]. 北京: 科学出版社, 2011.

[13] CASTRO L, ZUBEN F. The clonal selection algorithm with engineering applications[C]//Proceedings of Genetic and Evolutionary Computation Conference, 2000: 36-37.

[14] CASTRO L, ZUBEN F. Learning and optimization using the clonal selection principle[J]. IEEE Transactions on Evolutionary Computation, 2002, 6(3): 239-251.

[15] TROPP J, GILBERT A. Signal recovery from random measurements via orthogonal matching pursuit[J]. IEEE Transactions on Information Theory, 2007, 53(12): 4655-4666.

[16] BLUMENSATH T, DAVIES M. Iterative hard thresholding for compressed sensing[J]. Applied and Computational Harmonic Analysis, 2009, 27(5): 265-274.

[17]　BLUMENSATH T. Accelerated iterative hard thresholding[J]. Signal Processing, 2012, 92(3): 752-756.

[18]　WANG Z, BOVIK A C, SHEIKH H R, et al. Image quality assessment: From error visibility to structural similarity[J]. IEEE Transactions on Image Processing, 2004, 13(4): 600-612.

[19]　SRINIVAS M, PATNAIK L. Adaptive probabilities of crossover and mutation in genetic algorithms[J]. IEEE Transactions on Systems, Man and Cybernetics, Part A: Systems and Humans, 1994, 24(4): 656-667.

[20]　ZHAN Z H, ZHANG J, LI Y, et al. Adaptive particle swarm optimization[J]. IEEE Transactions on Systems, Man and Cybernetics, Part B: Cybernetics, 2009, 39(6): 1362-1381.

第10章 基于免疫克隆优化的认知
无线网络频谱分配

10.1 引　言

目前，随着无线通信业务的持续增长，无线频谱资源越来越紧缺，导致新业务开展困难。现有的频谱管理体制将频谱分配给注册的授权用户（也称主用户），无论授权用户使用与否，非授权用户（也称次用户、认知用户）均不能使用该频段。而美国联邦通信委员会（FCC）的研究报告表明，已有授权用户对频谱的占用率并不高[1]。为了提高对有限的无线频谱资源的利用率，提出了在下一代网络中（也称认知网络）中，采用动态频谱共享机制。在认知无线网络中，次用户可以在主用户许可的情况下，通过对频谱使用状况的实时感知，在不干扰主用户通信的前提下，动态接入主用户的空闲频段（频谱空穴），从而最大限度地利用频谱资源，提高频谱使用效率。因此，认知无线网络的动态频谱感知和分配技术已经成为业界关注的热点之一[1]。

根据认知无线网络组网架构、频谱接入等技术的不同，现有的频谱分配方法主要包括博弈论[2-5]、拍卖理论[6-10]以及图着色等[11-15]。由于基于图着色的解决方法具有较好的灵活性和适用性，得到了研究者的普遍关注。文献[11]提出了一种基于 List 着色的频谱分配算法，没有考虑频谱效益的差异性；文献[12]给出了频谱分配的图着色模型和分配算法（CSGC），并对频谱分配的效益和公平性进行了较详尽的分析，但运算量较大；文献[13]在此基础上提出了一种并行图着色频谱分配算法，降低了运算量；文献[14]提出了具有良好收敛性能（汇聚时间）的启发式动态频谱分配算法，提高了算法对系统变化的适应能力；文献[15]将遗传算法引入频谱分配，并证明了其可行性。

频谱分配模型可以看做一个优化问题，同时其最优着色算法是一个 NP-Hard 问题[12,14]。因此，此问题适合用智能方法求解。基于此，本书利用免疫克隆选择算法具有快速的收敛速度、较好的种群多样性以及避免早熟收敛的特性，提出了一种新的基于免疫克隆选择计算的认知无线网络频谱分配方法，并通过对比实验及基于 WRAN 的系统级仿真，表明了本书方法的优越性和有效性。

10.2　认知无线网络的频谱感知和分配模型

10.2.1　物理层频谱感知过程

认知无线网络中，物理层频谱感知算法的主要功能是通过监测主用户发射机的信号来判断通信范围内是否存在主用户，从而确定空闲频谱。由于本书主要是解决感知到频谱后，如何进行分配的问题，因此，结合 IEEE 802.22 无线区域网（wireless regional area networks，WRAN）的特点，对频谱的感知采用两阶段检测法[16]。

IEEE 802.22 标准使用固定的一点对多点无线空中接口，它至少包括一个基站（BS）、一个或多个用户驻地设备（CPE）。BS 管理着整个小区和相关的所有用户终端（CPE）。BS 通过全向天线将信号发送给 CPE，BS 根据从 CPE 接收到的反馈信息和自己的感知信息决策进一步的行动，做出相应调整，改变系统的相关工作参数（如发射功率、占用信道、编码方式等）以保护授权用户。WRAN 系统的最大覆盖范围为可达 100km。

WRAN 自动感知电视信道的 RF 频谱，工作于 54～862MHz VHF/UHF（扩展频率范围 47～910MHz）频段中的 TV 信道，可与电视等已有设备共存且不对电视业务产生干扰[17]。为了提高检测的精度和灵敏度，感知过程采用两段式感知机制：在快速感知阶段，采用多分辨率频谱检测算法，对整个宽频带范围进行灵活、可变的快速信号检测，通常采用单一的感知方法（如能量检测、导频信号能量检测等），迅速感知是否存在授权用户；在精细感知阶段，利用精细特征检测来捕获授权用户的详细信息。更详细的感知过程可参考文献[16]。

本书的主要研究内容是在感知到可用频谱后，如何在满足一定的分配目标下，将可用频谱在次用户间进行分配，以达到收益最大。

10.2.2　物理连接模型及建模过程

假设在一个 $X \times Y$ 的区域中，随机分布着 I 个主用户和 N 个次用户，可用频谱被划分为 M 个完全正交的频段，次用户在满足频谱分配规则的前提下，可以同时使用多个频谱，各个频谱的性质相同。假设用户间的干扰由其地理位置上的相互距离决定，各用户（包括主用户和次用户）使用全向天线。对于每个频谱，主用户都对应一个覆盖区域，这个区域是以主用户为圆心、以 $r_p(i,m)(i \in I, m \in M)$ 为覆盖半径的一个圆形区域。如果次用户在这个覆盖区域内使用与主用户相同的频谱，将对主用户产生干扰，导致传输失败。而对于次用户来讲，其在每个频谱上也有一个干扰区域，这个干扰区域是以该次用户为圆心、以 $r_s(n,m)$ 为半径的一个

圆形区域 $(n \in N)$，次用户通过调整其功率（干扰半径），避免与主用户冲突。只有主用户在某个频谱上的覆盖范围和次用户在该频谱上的干扰范围在地理上没有重叠的时候，使用与主用户相同的频谱才不会对主用户产生干扰。同时，如果两个次用户在某个频谱上的干扰区域出现重叠，则他们也不能同时使用该频谱，并定义这两个用户在该频谱上为邻居。这里假设所有的主用户和次用户都使用相同的功率，所有主用户和次用户在各个信道上的覆盖区域大小分别相同，具有相同的覆盖半径。

为了更好地描述系统，图 10.1 给出一个 WRAN 使用连接的示意图。

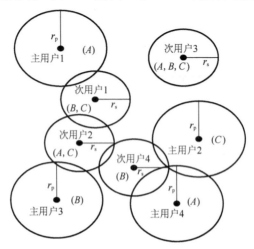

图 10.1　认知无线网络拓扑示意图

区域中随机分布着 4 个主用户和 4 个次用户，系统中有 3 个可用广播频谱(A、B、C)。这里，广播基站 $i(1 < i < 4)$ 是主用户，无线接入点 $n(1 < n < 4)$ 是次用户。每个主用户 i 占用一个信道 m，其保护范围是 $r_p(i, m)(m \in M)$，每一个次用户 n，$r_s(n, m)$ 是其干扰范围。只有满足 $r_s(n, m) + r_p(i, m) \le d(n, i)$ 时，次用户与主用户使用相同的信道不会造成干扰。图 10.1 中括号里的数字对主用户来说，指的是其使用的频谱，对次用户来说是感知到的可用频谱。从图 10.1 中可以看出，次用户 1 的干扰范围和主用户 1 的覆盖范围出现重叠，因此对于次用户 1 来说，只有频谱 B 和 C 是可用的；而次用户 3 因为其干扰范围与各主用户的覆盖范围均不重叠，故频谱 A、B、C 对其来说均可用。另外，次用户 1 和次用户 2 在频谱 C 上为邻居，其他表示类似。

在认知无线网络应用环境中，网络的拓扑结构会随着环境的变化而发生改变，其改变可以通过系统每个周期的检测报告获得。由于认知无线网络系统进行频谱分配的时间相对于频谱环境变化的时间很短，因此，假定一个检测周期内的系统拓扑结构不会发生改变。

10.2.3　认知无线网络频谱分配的图着色模型

根据认知无线网络的特点，其频谱分配必须考虑三方面的问题[10-12]：①次用户对主用户的干扰；②次用户相互之间的干扰；③认知无线网络系统的收益。在基于图着色的频谱分配模型中，将频谱分配给认知用户，相当于为图中节点着色。

具体建模过程如下：将某时刻感知到的网络拓扑转化为一个无向冲突图 $G=(V,S,E)$。$V=\{v_i \mid i=1,2,\cdots,n\}$ 是顶点集合，一个顶点代表认知无线网络中的一个认知用户；S 代表每个节点的颜色列表，即可用频谱；$E=\{e_{ij} \mid i,j=1,2,\cdots,n\}$ 是图中无向边的集合，$e_{ij}=0$ 表示顶点 i,j 不相连，其代表的认知用户可以使用同一频谱，相应地，$e_{ij}=1$ 表示顶点 i,j 之间有一条边相连，其代表的认知用户不能使用同一频谱，即它们相互冲突（由干扰约束范围决定）。因此，满足条件的有效频谱分配对应的着色条件可以描述为：当两个不同顶点间存在一条颜色为 m（频谱 m）的边时，这两个顶点不能同时着 m 色，即不能同时使用频谱 $m(m \in S)$。

由此可见，基于图着色理论的认知无线网络频谱分配模型与传统频谱分配模型的不同之处在于增加了对主用户干扰的考虑，同时也考虑了用户的可用频谱的空时差异性问题。

10.2.4　认知无线网络的频谱分配矩阵

根据图着色分析，认知无线网络频谱分配模型可以建模为用以下矩阵表示[11-13]：可用（空闲）频谱矩阵 L（leisure）、效益矩阵 B（benefit）和干扰矩阵 C（comstraint）、无干扰分配矩阵 A（allocation）。

假定共有 N 个次用户，认知无线网络感知到的可用频带数为 M，频带间相互正交。对各个矩阵进行如下定义。

定义 10.1　可用频谱矩阵 L。

可用频谱矩阵是指在某个空间、某个时间主用户不占用的频谱资源。一个频谱对次用户是否可用频谱矩阵 L 表示，记为

$$L=\left\{l_{n,m} \mid l_{n,m} \in \{0,1\}\right\}_{N \times M} \tag{10.1}$$

其中，$l_{n,m}=1$ 表示次用户 $n(1 \leqslant n \leqslant N)$ 可以使用频谱 $m(1 \leqslant m \leqslant \mathrm{M})$；$l_{n,m}=0$ 表示次用户 n 不能使用频谱 m。

定义 10.2　效益矩阵 B。

不同的次用户由于所处的环境和采用的发射功率等有所不同，在同一个有效空闲频谱上获得的效益可能不一样。用户获得的效益用效益矩阵 B 表示：$B=\left\{b_{n,m}\right\}_{N \times M}$ 表示用户 $n(1 \leqslant n \leqslant N)$ 使用频谱 $m(1 \leqslant m \leqslant M)$ 后得到的收益。

很显然，当 $l_{n,m}=0$ 时，必有 $b_{n,m}=0$，保证只有有效可用的频谱才有收益矩阵。

在 IEEE 802.22 WRAN 中，定义效益矩阵为带宽速率，效益分为 6 个等级，与调制方式（QPSK、QAM 等）及编码速率有关。具体的参数参考 IEEE 802.22 的认知无线区域网提案[17]。

定义 10.3　干扰矩阵 C。

对于某一个可用频谱，不同的次用户都可能使用该频谱，这样次用户之间可能会产生干扰。次用户之间的干扰用干扰矩阵 C 表示：

$$C=\left\{c_{n,k,m}\mid c_{n,k,m}\in\{0,1\}\right\}_{N\times N\times M} \tag{10.2}$$

其中，$c_{n,k,m}=1$ 表示次用户 n 和 k $(1\leqslant n,k\leqslant N)$ 同时使用频谱 m $(1\leqslant m\leqslant M)$ 时会产生干扰，相反，$c_{n,k,m}=0$ 表示不会产生干扰。

当 $r_s(n,m)+r_p(k,m)\leqslant d(n,k)$ 时产生干扰，即 $c_{n,k,m}=1$。干扰矩阵由可用频谱矩阵决定。当 $n=k$ 时，$c_{n,n,m}=1-l_{n,m}$。并且矩阵元素要满足 $c_{n,k,m}\leqslant l_{n,m}\times l_{k,m}$，即只有频谱 m 同时对次用户 n 和 k 可用时，才可能产生干扰。

定义 10.4　无干扰分配矩阵 A。

将可用、无干扰的频谱分配给用户，得到无干扰分配矩阵：

$$A=\left\{a_{n,m}\mid a_{n,m}\in\{0,1\}\right\}_{N\times M} \tag{10.3}$$

其中，$a_{n,m}=1$ 表示将频带 m 分配给次用户 n，$a_{n,m}=0$ 表示没有将频带 m 分配给次用户 n。无干扰分配矩阵必须满足干扰矩阵 C 定义的如下无干扰约束条件：

$$a_{n,m}\times a_{k,m}=0,\ c_{n,k,m}=1,\ \forall n,k<N,\ m<M \tag{10.4}$$

从上面的定义和分析可知，满足分配限制条件的分配矩阵 A 不止一个，用 $\wedge N$、M 表示所有满足条件的分配矩阵 A 的集合。给定某一无干扰频谱分配 A，次用户 n 因此获得的总收益用效益向量 R 表示：

$$R=\left\{r_n=\sum_{m-1}^{M}a_{n,m}\times b_{n,m}\right\}_{N\times 1} \tag{10.5}$$

认知无线网络频谱分配的目标即最大化网络效益 $U(R)$，则频谱分配可表示为如下所示的优化问题：

$$A^*=\underset{A\in\wedge(L,C)N,M}{\arg\max}\ U(R) \tag{10.6}$$

其中，$\arg(\cdot)$ 表示求解网络效益最大时所对应的频谱分配矩阵 A。因此，A^* 即为所求的最优无干扰频谱分配矩阵。

由于不同的应用需求需要有不同的效益函数，考虑到网络中的流量和公平性需求，$U(R)$ 的定义一般采用如下三种形式。

（1）最大化网络的效益总和（max sum reward，MSR），其目标是网络系统的总收益最大，优化问题表示为

$$U_{\text{sum}} = \sum_{n=1}^{N} r_n = \sum_{n=1}^{N} \sum_{m=1}^{M} a_{n,m} \times b_{n,m} \qquad (10.7)$$

为了与以下的两种收益函数有相同的尺度，本书使用平均收益代替总收益。定义平均最大化网络收益总和（MSR mean，MSRM）为

$$U_{\text{mean}} = \frac{1}{N} \sum_{n=1}^{N} r_n = \frac{1}{N} \sum_{n=1}^{N} \sum_{m=1}^{M} a_{n,m} \times b_{n,m} \qquad (10.8)$$

（2）最大化最小带宽（max min reward，MMR）。其目标是最大化受限用户（瓶颈用户）的频谱利用率。优化问题表示为

$$U_{\text{min}} = \min_{1 \leqslant n \leqslant N} r_n = \min_{1 \leqslant n \leqslant N} \left(\sum_{m=1}^{M} a_{n,m} \times b_{n,m} \right) \qquad (10.9)$$

（3）最大比例公平性度量（max proportional fair，MPF）。其目标是考虑每个用户的公平性。为了保证与 U_{mean} 和 U_{min} 可比，将公平性度量改为

$$U_{\text{fair}} = \left(\prod_{n=1}^{N} r_n \right)^{\frac{1}{N}} = \left(\prod_{n=1}^{N} \sum_{m=1}^{M} a_{n,m} \times b_{n,m} + 10^{-4} \right)^{\frac{1}{N}} \qquad (10.10)$$

因此，在同样的分配下，有 $U_{\text{mean}} \geqslant U_{\text{fair}} \geqslant U_{\text{min}}$。

10.3　基于免疫克隆优化的频谱分配具体实现

10.3.1　算法具体实现

本频谱分配问题描述为在可用频谱矩阵 L、效益矩阵 B、干扰矩阵 C 已知的情况，如何找到最优的频谱分配矩阵 A，使得网络效益 $U(R)$ 最大。

本章设计的基于免疫克隆选择计算的频谱分配算法基本步骤如下（步骤 1～8）（注：P 表示抗体种群，p 表示一个抗体）。

步骤 1：初始化。

设进化代数 g 为 0，随机初始化种群 $P(g) = \{P_1(g), P_2(g), \cdots, P_s(g)\}$，其中 s(size) 表示种群规模。同时设置记忆单元 $M_u(g)$，规模大小为 t，初始为空。抗体采用二进制编码，每个抗体长度为 $l = \sum_{n=1}^{N} \sum_{m=1}^{M} l_{n,m}$，即 l 为可用频谱矩阵 L 中元素值不为 0 的元素个数；每个抗体代表了一种可能的频谱分配方案。同时，分别记录矩阵 L 中值为 1 的元素对应的 n 与 m，并将其按照先 n 递增、后 m 递增的方式保存在 L_1 中。即 $L_1 = \{(n,m) \mid l_{n,m} = 1\}$。显然，$L_1$ 中元素个数为 l。

步骤 2：抗体表示到频谱分配方案的映射。

将种群中每个抗体 $p_i^g (1 < i < s)$ 的每一位 $j (1 \leqslant j \leqslant l)$ 映射为矩阵 A 的元素 $a_{n,m}$，其中 (n,m) 的值为 L_1 中相应的第 j 个元素 $j (1 \leqslant j \leqslant l)$。此时，所对应的分

配矩阵 A 即为一种可能的频谱分配方案。

步骤 3：干扰约束的处理。

对分配矩阵 A 进行修正，要求必须满足干扰矩阵 C，具体实现过程如下：对任意 m，如果 $c_{n,k,m}=1$，则检查矩阵 A 中第 m 列的第 n 行和第 k 行元素值是否都为 1。若是，则随机将其中一个位置 0，另一位保持不变。此时得到的分配矩阵 A 则为经过约束处理的可行解；同时，对相应的抗体表示进行映射，更新 $P(g)$。

步骤 4：对 $P(g)$ 进行亲和度函数评价。

由于频谱分配所要实现的目标是最大化网络效益 $U(R)$，故本章直接将 $U(R)$ 作为亲和度函数。对 $P(g)$ 中的 s 个抗体进行亲和度计算，结果按从大到小降序排序，并用亲和度高的前 $t(t<s)$ 抗体对记忆单元 $M_u(g)$ 进行更新（如果记忆单元为空，则直接将 t 个抗体放入 $M_u(g)$；否则，按照亲和力大小进行替换，保证记忆单元中保留适应度最高的 t 个抗体）。因此，记忆单元 $M_u(g)$ 亲和度最大的抗体所对应的分配矩阵 A 即为所求的最优频谱分配方案。

步骤 5：终止条件判断。

如果达到最大进化次数 g_{max}，算法终止，将记忆单元中保存的亲和度最高的抗体映射为 A 的形式，即得到了最佳的频谱分配；否则，转步骤 6。

步骤 6：克隆操作。

本章采取对亲和度高的前 t 个抗体进行克隆。对克隆操作 T_c^C 定义为

$$P'(g) = T_c^C(P(g)) = [T_c^C(P_1(g)), T_c^C(P_2(g)), \cdots, T_c^C(P_t(g))]^{\mathrm{T}} \quad (10.11)$$

具体克隆方法如下：设选出的 t 个抗体按亲和度降序排序为：$P_1(g), P_2(g), \cdots, P_t(g)$，则对第 q 个抗体 $P_q(g)$ $(1 \leqslant q \leqslant t)$ 克隆产生的抗体数目为

$$N_q = \mathrm{Int}\left(n_t \times \frac{f(P_q(g))}{\sum\limits_{h=1}^{t} f(P_h(g))} \times \frac{1}{c_{(P_q(g))}} \right) \quad (10.12)$$

其中，$\mathrm{Int}(\cdot)$ 表示向上取整；$f(\cdot)$ 表示抗体的亲和度；$n_t > t$ 是控制参数；$c_{(P_q(g))}$ 表示抗体 $P_q(g)$ 的浓度，其计算公式定义为 $c_{(P_q(g))} = \sum\limits_{h=1}^{t} S(P_q(g), P_h(g))$；$S(\cdot)$ 表示相似的抗体集合。其中，$S(P_q(g), P_h(g)) = \begin{cases} 1, & \text{当} d(P_q(g), P_h(g)) < \theta \\ 0, & \text{其他} \end{cases}$，$d(\cdot)$ 表示两者之间的汉明距离，θ 为阈值。

上述公式表明，抗体的亲和度函数越高，抗体浓度越小，克隆规模越大。这样有利于保持种群多样性，避免早熟收敛。

克隆之后，种群变为

$$P'(g) = \{(P'_1(g)),(P'_2(g)),\cdots,(P'_t(g))\} \qquad (10.13)$$

步骤 7：变异。

依据概率 p_m 对克隆后的种群 $P(g)$ 进行变异操作 T_g^C，得到抗体种群 $P''(g)$。变异过程表示为

$$p(P'_i(g) \to P''_i(g)) = (p_m)^{d(P'_i(g),P''_i(g))}(1-p_m)^{(l-d(P'_i(g),P''_i(g)))} \qquad (10.14)$$

其中，$d(*)$ 为汉明距离；l 为编码长度。变异采用基本位变异[15]。变异后的种群为

$$P''(g) = \{(P''_1(g)),(P''_2(g)),\cdots,(P''_t(g))\} \qquad (10.15)$$

步骤 8：克隆选择 T_s^c。

为了保持群体规模 s 稳定，当 $\sum_{q=1}^{t} N_q < s$ 时，随机产生 $s - \sum_{q=1}^{t} N_q$ 个新的抗体进行补充；否则，取前 s 个抗体组成新的抗体种群，记为 $P(g+1) = T_s^c(P''(g))$；转步骤 2。

10.3.2 算法特点和优势分析

（1）抗体编码长度较短，减少了搜索空间。为求得分配矩阵 A，传统的做法是将 A 中所有元素均采用一位二进制编码表示，这样将使抗体编码中包含大量冗余。原因在于：因为 A 需要满足可用频谱矩阵 L 的约束限制，L 中值为 0 的元素相对应的分配矩阵 A 中的元素值也必定为 0。所以本书仅对与 L 中值为 1 的元素位置对应的 A 中的元素进行编码，故抗体长度为 L 中值为 1 的元素个数。同时，利用可用频谱矩阵 L 的特性，建立了频谱分配矩阵 A 和抗体编码之间的映射，减小了搜索空间[14,18]。

（2）克隆采用自适应克隆，适应度高且浓度小的抗体克隆规模较大，相比基本克隆算法[17]，本算法保证了抗体的多样性，有效避免了未成熟收敛。并且，在计算抗体浓度时，本书定义了一种简单的基于汉明距离的抗体相似度度量方法，与信息熵计算方法[19]相比，避免了冗余信息的重复计算，减少了计算量。

（3）记忆单元的使用，有利于算法快速收敛。

10.3.3 算法收敛性证明

设抗体种群空间为 $I^s = \{P : P = [P_1, P_2 \cdots P_s], P_g \in I, 1 \leqslant g \leqslant s\}$。$s$ 为抗体种群规模。抗体种群 $P(g)$（第 g 代）在克隆选择算子的作用下，其种群演化过程可以表示为

$$P(g) \xrightarrow[克隆]{T_c^C} P'(g) \xrightarrow[变异]{T_g^C} P''(g) \xrightarrow[选择]{T_s^C} P(g+1) \qquad (10.16)$$

对于任意初始抗体种群 $P(0) \in I^s$，ICSA （免疫克隆选择算法）的种群演化

过程用数学模型可以表达为

$$P(g+1) = T_s^C \circ T_g^C \circ T_c^C (P(g)) = \bigcup_{i=1}^{n} T_s^C (T_g^C (T_c^C (P_i(g))) \bigcup P_i(g), \quad g = 1, 2, \cdots \quad (10.17)$$

具体描述为在编码方式确定后，ICSA 是从一个状态到另一个状态的有记忆随机游动，因此，这一过程可以用马尔可夫链描述。

定义 10.5　算法收敛性。

设 B^* 表示问题的全局最优解，$\vartheta(P)$ 表示抗体种群 P 中包含的最优解个数。如果对于任意的初始状态 P_0，均有

$$\lim_{g \to \infty} p\{P(g) \bigcap B^* \neq \varnothing | P(0) = P_0\} = \lim_{g \to \infty} p\{\vartheta(P(g)) \geqslant 1 | P(0) = P_0\} = 1 \quad (10.18)$$

则称算法以概率 1 收敛到最优种群集[20-24]（注：P(population) 表示抗体种群，p(probability) 表示概率，下面的证明中含义相同）。

定理 10.1　本书算法 ICSA 是以概率 1 收敛的。

证明　记 $p_0(g) = p\{\vartheta(P(g)) = 0\} = p\{P(g) \bigcap B^* \neq \varnothing\}$，由贝叶斯条件概率公式有

$$p_0(g+1) = p\{\vartheta(P(g+1)) = 0\}$$
$$= p\{\vartheta(P(g+1)) = 0 | \vartheta(P(g)) \neq 0\} \times p\{\vartheta(P(g)) \neq 0\} \quad (10.19)$$
$$+ p\{\vartheta(P(g+1)) = 0 | \vartheta(P(g)) = 0\} \times p\{\vartheta(P(g)) = 0\}$$

由 $\vartheta(P)$ 的定义可知

$$p\{\vartheta(P(g+1)) = 0 | \vartheta(P(g)) \neq 0\} = 0 \quad (10.20)$$

因此

$$p_0(g+1) = p\{\vartheta(P(g+1)) = 0 | \vartheta(P(g)) = 0\} \times p_0(g) \quad (10.21)$$

记

$$\xi = \min_{g} \{\vartheta(P(g+1)) \geqslant 1 | \vartheta(P(g)) = 0\}, g = 0, 1, 2, \cdots \quad (10.22)$$

则有

$$p\{\vartheta(P(g+1)) \geqslant 1 | \vartheta(P(g)) = 0\} \geqslant \xi > 0 \quad (10.23)$$

因此

$$p\{\vartheta(P(g+1)) = 0 | \vartheta(P(g)) = 0\}$$
$$= 1 - p\{\vartheta(P(g+1)) \neq 0 | \vartheta(P(g)) = 0\}$$
$$= 1 - p\{\vartheta(P(g+1)) \geqslant 1 | \vartheta(P(g)) = 0\} \quad (10.24)$$
$$\leqslant 1 - \xi < 1$$

因此

$$0 \leqslant p_0(g+1) \leqslant (1-\xi) \times p_0(g) \leqslant (1-\xi)^2 \times p_0(g-1) \cdots \leqslant (1-\xi)^{g+1} \times p_0(0) \quad (10.25)$$

因为 $\lim_{g \to \infty} (1-\xi)^{g+1} = 0, 1 \geqslant p_0(0) \geqslant 0$，所以

$$0 \leqslant \lim_{g \to \infty} p_0(g) \leqslant \lim_{g \to \infty} (1-\xi)^{g+1} p_0(0) = 0 \quad (10.26)$$

故 $\lim\limits_{g\to\infty} p_0(g) = 0$，因此

$$\lim_{g\to\infty} p\{P(g)\bigcap B^* \neq \varnothing \mid P(0) = P_0\} = 1 - \lim_{g\to\infty} p_0(g) = 1 \tag{10.27}$$

也就是

$$\lim_{g\to\infty} p\{\vartheta(P(g)) \geqslant 1 \mid P(0) = P_0\} = 1 \tag{10.28}$$

于是定理 10.1 得证。

10.4　仿真实验与结果分析

仿真实验环境为在一个固定范围内随机放置了一些主用户和次用户，每个主用户从可用频谱池中随机选择频谱进行通信。给定主用户的位置和频谱选择后，每个次用户调整其功率（干扰范围）$r_s(n,m)$ 避免与主用户干扰。假设干扰半径为固定值，并对 50 次随机生成的网络拓扑情况进行了分配计算。

10.4.1　实验数据的生成

实际应用中，由于认知无线网络系统进行频谱分配的时间相对于频谱环境变化的时间很短，因此，假设系统为无噪声、不移动的网络结构，即在系统一次完整的频谱分配过程中，矩阵 L、B、C 保持不变。L、B、C 矩阵的生成采用文献[12]附录 1 提供的伪代码产生：空闲矩阵 L 为随机生成的 $N \times M$ 的 0，1 二元矩阵，并保证每 1 列最少有一个元素为 1（有一个频谱可用）；效益矩阵 B 为 $N \times M$ 的矩阵，效益的定义参考 IEEE 802.22 标准；干扰矩阵集合 C 各矩阵为随机生成的 0，1 二元对称矩阵。同时，各矩阵元素的值必须同时满足本书 10.2.4 节定义的约束条件（定义 10.2、定义 10.3）。N 取值为 1～20、M 取值为 1～30。

10.4.2　算法参数设置

经过反复试验，免疫克隆选择计算中参数的取值如下：最大进化代数 $g_{\max}$ =200；种群规模 $s = 20$，记忆单元规模 $t = 0.3 \times s$；克隆控制参数 $n_t = 50$；相似度阈值 $\theta = 0.2 \times l$（l 为二进制抗体编码长度）；变异概率 $p_m = 0.1$。

10.4.3　实验结果及对比分析

算法在 Windows XP 环境下，使用 MATLAB7.0 进行编程实现。实验结果采用 MSRM、MMR、MPF 来衡量。为了验证本算法的性能，与目前求解此问题经典的算法颜色敏感图着色（color sensitive graph coloring，CSGC）[12] 及遗传算法求解频谱分配（GA-SA）作了比较[15]。比较实验中使用相同的 L、B、C，并将算法运行 50 次，取平均结果。

表 10.1 和表 10.2 是 50 次实验所得到的平均收益,其中分别为 $M=N=5$ 和 $M=N=20$。

表 10.1　网络收益比较（$M=N=5$）　　　　　单位：Mbit/s

迭代次数	算法	MSRM	MMR	MPF
20	本书算法	81.68	21.98	57.23
	GA-SA	76.37	20.58	52.46
100	本书算法	89.50	23.20	58.26
	GA-SA	88.42	21.60	53.98
200	本书算法	89.50	23.20	58.26
	GA-SA	88.48	22.54	54.23
	CSGC	83.26	20.27	50.02

表 10.2　网络收益比较（$M=N=20$）　　　　　单位：Mbit/s

迭代次数	算法	MSRM	MMR	MPF
20	本书算法	104.26	29.68	67.65
	GA-SA	100.37	27.56	52.38
100	本书算法	108.54	36.26	88.23
	GA-SA	100.82	32.68	76.34
200	本书算法	108.54	53.25	88.47
	GA-SA	106.82	42.54	78.65
	CSGC	98.74	36.23	60.12

从表中可以看出,本书算法在网络收益的三个指标上均好于 CSGC 算法和 GA-SA 算法,证明了本书算法的优越性。同时,也可以看出,随着迭代次数的增加,本书算法收敛速度快于遗传算法,说明了本书算法有较快的收敛速度。

为了进一步对比算法的性能,验证了在次用户固定,随着可用频谱 M 的增加,相关算法的性能变化。这里 $N=5$,结果如图 10.2~图 10.4 所示。

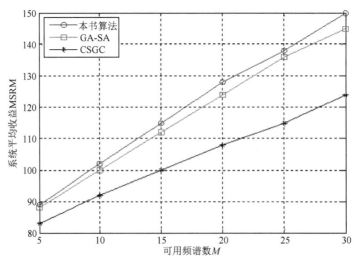

图 10.2　可用频谱对相关算法 MSRM 的影响

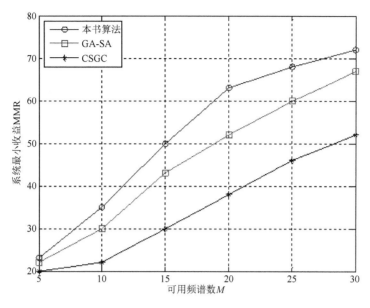

图 10.3　可用频谱对相关算法 MMR 的影响

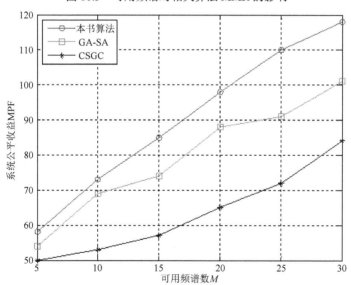

图 10.4　可用频谱对相关算法 MPF 的影响

从图 10.2～图 10.4 中可以看出，随着可用频谱数 M 的增加，系统收益一直在递增。本书算法在收益增加方面优于已有的两种算法，进一步表明了本书算法的有效性。

同时，也验证了在可用频谱 $M=20$ 已知的情况下，次用户数变化对系统收益的影响，结果如图 10.5～图 10.7 所示。实验结果表明：随着次用户数的增加，系统收益降低，但本书算法得到的收益高于相应的两种算法，验证了本书算法的优越性。

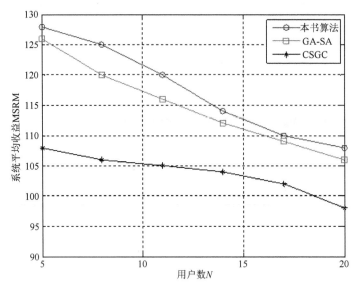

图 10.5　用户数量对相关算法 MSRM 的影响

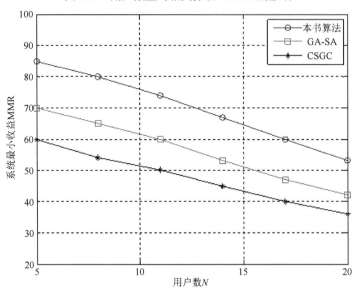

图 10.6　用户数量对相关算法 MMR 的影响

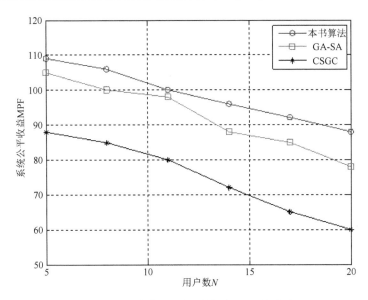

图 10.7　用户数量对相关算法 MPF 的影响

此外，理想最优分配方案可以作为性能分析所能达到的上限，因此经常被用做对比分析。表 10.3 给出了各种算法得到的网络效益与理想最优值的比较，理想最优值由穷举搜索得到[12]。由于寻求最优的分配方案是一个 NP 问题，空间随着规模的增加呈指数增长，为保证穷举搜索计算复杂度的可行性，设置 $N=M=5$。相对误差的计算方法如下：若某次实验算法得到的网络效益最优值为 T，理想最优值为 T_{opt}，则相对误差为 $1-T/T_{opt}$。

从表 10.3 的结果可以看出，本书算法与最优值的相对误差较小。本书算法在经过 100 次进化后，已经与最优解十分接近，进化到 200 代后，基本上可以找到最优解，说明了本书算法的有效性。

表 10.3　相关算法与最优值的比较

迭代次数	算法	相对误差/%		
		MSRM	MMR	MPF
20	本书算法	0.056	0.582	2.650
	GA-SA	0.372	3.569	3.389
100	本书算法	0.006	0.328	1.832
	GA-SA	0.058	2.682	2.342
200	本书算法	0	0	1.275
	GA-SA	0.054	2.544	3.650
	CSGC	0.622	3.238	6.124

10.4.4　基于 WRAN 的系统级仿真

系统仿真平台根据 IEEE 802.22 草案 WRAN 的参考架构并结合系统级仿真的

需求分析来建立。在对服务区域建模时考虑一个无限大的区域，CPE 在各个小区内的位置服从均匀分布，完成小区和 CPE 位置的初始化。具体参数取值如下：小区数目为 7，小区半径 1km，用户基站间最小距离大于 35m，天线类型为全向天线，阴影衰落方差 8dB，阴影衰落系数 0.5，基站天线增益 0dBi，用户天线增益 −1 dBi，热噪声功率谱密度−174dBm/Hz。

由于 WRAN 系统由 BS 实现集中控制，所以采用集中式的分配方案。获得各小区空闲的 TV 信道集后，由 BS 控制各小区内的 CPE 实现对空闲 TV 信道的占用。这里，结合图 10.1，可用频谱矩阵为

$$L=\begin{bmatrix} 0 & 1 & 1 \\ 1 & 0 & 1 \\ 1 & 1 & 1 \\ 0 & 1 & 0 \end{bmatrix} \tag{10.29}$$

对于频谱 A、B、C，干扰矩阵分别为

$$C_A=\begin{bmatrix} 1 & 0 & 0 & 0 \\ 0 & 0 & 0 & 0 \\ 0 & 0 & 0 & 0 \\ 0 & 0 & 0 & 1 \end{bmatrix}, \quad C_B=\begin{bmatrix} 0 & 0 & 0 & 0 \\ 0 & 1 & 0 & 0 \\ 0 & 0 & 0 & 0 \\ 0 & 0 & 0 & 0 \end{bmatrix}, \quad C_C=\begin{bmatrix} 0 & 1 & 0 & 0 \\ 0 & 0 & 0 & 0 \\ 0 & 0 & 0 & 0 \\ 0 & 0 & 0 & 1 \end{bmatrix} \tag{10.30}$$

效益矩阵 B 按照 IEEE 802.22 定义带宽速率（Mbit/s），分为 6 个等级，从 1～6 分别为 3025、4537.5、6050、9075、12100、13612.5[19]，在此仿真环境下为

$$B=\begin{bmatrix} 0 & 9075 & 12100 \\ 6050 & 0 & 13612.5 \\ 4537.5 & 3025 & 6050 \\ 0 & 12100 & 0 \end{bmatrix} \tag{10.31}$$

按照本书提出的方法，最后得到的分配矩阵为

$$A=\begin{bmatrix} 0 & 1 & 0 \\ 0 & 0 & 1 \\ 1 & 0 & 0 \\ 0 & 1 & 0 \end{bmatrix} \tag{10.32}$$

结果表明，频谱 A 给次用户 3 使用，频谱 B 给次用户 1 和 4 使用，频谱 C 分配给次用户 2 使用，此时，网络收益最大。实验结果表明，本书分配方法是有效的。

10.5　本 章 小 结

认知无线网络中，如何对感知到的频谱进行有效分配是实现动态频谱接入的

关键技术。由于频谱分配模型可以表示为一个优化问题，本书使用免疫克隆选择算法求解该问题，提出了一种全新的频谱分配方法，并与 CSGC、GA-SA 算法进行了性能比较。仿真结果表明：本书算法能更好地实现网络效益的最大化，具有较好的性能。同时，结合 WRAN 的系统级仿真对算法进行了应用实现，进一步证明了本书算法的有效性。

参 考 文 献

[1]　AKYILDIZ I F, LEE W Y, VURAN M C, et al. Next generation/dynamic spectrum access/cognitive radio wireless networks: A survey[J]. Computer Networks, 2006, 50(13): 2127-2159.

[2]　JI Z, LIU K J R. Cognitive radios for dynamic spectrum access-dynamic spectrum sharing: A game theoretical overview[J]. IEEE Communications Magazine, 2007, 45(5): 88-94.

[3]　NIYATO D, HOSSAIN E. Competitive pricing for spectrum sharing in cognitive radio networks: Dynamic game, inefficiency of nash equilibrium, and collusion[J]. IEEE Journal on Selected Areas in Communications, 2008, 26(1): 192-202.

[4]　ZOU C, JIN T, CHIGAN C X, et al. QoS-aware distributed spectrum sharing for heterogeneous wireless cognitive networks[J]. Computer Networks, 2008, 52(4): 864-878.

[5]　黄丽亚, 刘臣, 王锁萍. 改进的认知无线电频谱共享博弈模型[J]. 通信学报, 2010, 31(2): 136-140.

[6]　GANDHI S, BURAGOHAIN C, CAO L L, et al. A general framework for wireless spectrum auctions[J]. IEEE Wireless Communications, 2007, 26(8): 22-33.

[7]　JI Z, LIU K J R. Multi-stage pricing game for collusion resistant dynamic spectrum allocation[J]. IEEE Journal on Selected Areas in Communications, 2009, 26(1): 182-191.

[8]　WANG F, KRUNZ M, CUI S G. Price-based spectrum management in cognitive radio networks[J]. IEEE Journal of Selected Topics in Signal Processing, 2009, 2(1): 74- 87.

[9]　GANDHI S, BURAGOHAIN C, CAO L L, et al. Towards real time dynamic spectrum auctions [J]. Computer Networks, 2009, 52(4): 879-897.

[10]　徐友云, 高林. 基于步进拍卖的认知无线网络动态频谱分配[J]. 中国科学技术大学学报, 2009, 39(10): 1064-1069.

[11]　WANG W, LIU X. List-coloring based channel allocation for open-spectrum wireless networks[C]//IEEE Vehicular Technology Conference, 1999, 62(1): 690.

[12]　PENG C Y, ZHENG H T, ZHAO B Y. Utilization and fairness in spectrum assignment for opportunistic spectrum access[J]. Mobile Networks and Applications, 2006, 11(4): 555-576.

[13]　廖楚林, 陈劼, 唐友喜, 等. 认知无线电中的并行频谱分配算法[J]. 电子与信息学报, 2007, 29(7): 1608-1611.

[14]　赵知劲, 彭振, 郑仕链, 等. 基于量子遗传算法的认知无线电频谱分配[J]. 物理学报, 2009, 58(2): 1358-1363.

[15]　MUSTAFA Y, NAINAY E. Island Genetic Algorithm-Based Cognitive Networks[D]. Blacksburg: Virginia Polytechnic Institute and State University, 2009.

[16]　HUR Y, PARK J, WOO W, et al. WLC05-1: A cognitive radio system employing a dual-stage spectrum sensing technique: A multi-resolution spectrum sensing and a temporal signature detection (TSD) technique[C]//IEEE Globecom, 2006: 1-5.

[17]　JOHN B, YOON C C, CARLOS C, et al. IEEE 802.22-06/0004r1.A PHY/MAC Proposal for IEEE 802.22 WRAN Systems Part 1: The PHY[S]. Preceedings IEEE DySPAN: [February 2006].

[18]　ZHAO Z J, PENG Z, ZHENG S L, et al. Cognitive radio spectrum allocation using evolutionary algorithms[J]. IEEE Transactions on Wireless Communications, 2009, 8(9): 4421-4425.

[19] HAN N, SHON S H, CHUNG J H, et al. Spectral correlation based signal detection method for spectrum sensing in IEEE 802.22 WRAN systems[C]//2006 8th International Conference Advanced Communication Technology, 2006, 3(6): 1770.

[20] GONG M G, JIAO L C, ZHANG L N, et al. Immune secondary response and clonal selection inspired optimizers[J]. Progress in Natural Science, 2009, 19(2): 237-253.

[21] 焦李成, 公茂果, 尚荣华, 等. 多目标优化免疫算法、理论与应用[M]. 北京: 科学出版社, 2010: 53-64.

[22] 李阳阳, 焦李成. 求解 SAT 问题的量子免疫克隆算法[J]. 计算机学报, 2007, 30(2): 176-183.

[23] WU Q Y, JIAO L C, LI Y Y, et al. A novel quantum-inspired immune clonal algorithm with the evolutionary game approach[J]. Progress in Natural Science, 2009, 19(10): 1341-1347.

[24] DU H F, GONG M G, LIU R C, et al. Adaptive chaos clonal evolutionary programming algorithm[J]. Science in China Series F: Information Sciences, 2005, 48(5): 579-595.

第 11 章　基于混沌量子克隆的按需频谱分配算法

11.1　引　　言

根据认知无线网络组网架构、频谱接入等技术的不同，现有的频谱分配方法主要包括博弈论[1-5]、拍卖理论[6-10]以及图着色等[11-17]。由于基于图着色的解决方法具有较好的灵活性和适用性，得到了研究者的普遍关注。文献[11]提出了一种基于 List 着色的频谱分配算法；文献[12]给出了频谱分配的图着色模型和分配算法（CSGC），并对频谱分配的收益和公平性进行了较详尽的分析；文献[13]在此基础上提出了一种并行图着色频谱分配算法，降低了运算量；文献[14]提出了具有良好收敛性能（汇聚时间）的启发式动态频谱分配算法，提高了算法对系统变化的适应能力；文献[15]和[16]引入进化算法，提出了基于遗传算法（GA-SA）和量子遗传算法的频谱分配方法（QGA-SA）；文献[17]进一步将蛙跳算法用于频谱感知。

频谱分配模型可以看做一个优化问题，同时其最优着色算法是一个 NP-Hard 问题。因此，此问题适合用智能方法求解。CSGC 分配模型中，没有考虑不同的次用户（节点）对频谱的不同需求，可能造成对频谱需求量较小的次用户反而得到了较多的频谱资源，导致频谱的利用率降低。基于此，本书将次用户对频谱的需求引入分配模型，并充分利用了混沌搜索的遍历性和量子计算的高效性，以及免疫克隆算法快速的收敛速度、较好的种群多样性以及避免早熟收敛的特性，提出了一种新的基于混沌量子克隆优化的认知无线网络频谱分配方法，并通过仿真及对比实验，验证了本书方法的优越性。

11.2　考虑认知用户需求的按需频谱分配模型

11.2.1　基于图着色理论的频谱分配建模

根据认知无线网络的特点，其频谱分配必须考虑三方面的问题：次用户（认知用户）对主用户的干扰；次用户相互之间的干扰；认知无线网络系统的总收益和次用户间的公平性。

在基于图着色的频谱分配模型中，将频谱分配给认知用户，相当于为图中节点着色。具体建模过程如下。

将某时刻感知到的网络结构转化为一个无向冲突图 $G=(V,S,E)$ 。

$V=\{v_i \mid i=1,2,\cdots,n\}$ 是顶点集合，一个顶点代表认知无线网络中的一个认知用户；S 代表每个节点的颜色列表，即可用频谱；$E=\{e_{ij} \mid i,j=1,2,\cdots,n\}$ 是图中无向边的集合，$e_{ij}=0$ 表示顶点 i,j 不相连，其代表的认知用户可以使用同一频谱，相应地，$e_{ij}=1$ 表示顶点 i,j 之间有一条边相连，其代表的认知用户不能使用同一频谱，即它们相互冲突（由干扰约束决定）。因此，满足条件的有效频谱分配对应的着色条件可以描述为：当两个不同顶点间存在一条颜色为 m（频谱 m）的边时，这两个顶点不能同时着 m 色，即不能同时使用频谱 $m(m \in S)$。

由此可见，基于图着色理论的认知无线网络频谱分配模型与传统频谱分配模型的不同之处在于增加了对主用户干扰的考虑，同时考虑了用户的可用频谱的空时差异性问题。

11.2.2　考虑认知用户需求的频谱分配模型

根据以上分析，本书认知无线网络频谱分配模型可以建模为用以下矩阵表示：可用（空闲）频谱矩阵 L（leisure）、效益矩阵 B（benefit）、干扰矩阵 C（comstraint）、无干扰分配矩阵 A（allocation）和次用户需求矩阵 D（demand）。

假定共有 N 个次用户，认知无线网络感知到的可用频带数为 M，频带间相互正交。对各个矩阵进行如下定义。

定义 11.1　可用频谱矩阵 I。

可用频谱矩阵是指在某个空间、某个时间主用户不占用的频谱资源。由于主用户地理位置、发射功率等参数的不同，不同次用户对主用户频谱的可用性可能不同。一个频谱对次用户是否可用使用可用频谱矩阵 L 表示，记为

$$L=\left\{l_{n,m} \mid l_{n,m} \in \{0,1\}\right\}_{N \times M} \qquad (11.1)$$

其中，$l_{n,m}=1$ 表示次用户 $n(1 \le n \le N)$ 可以使用频谱 $m(1 \le m \le M)$；$l_{n,m}=0$ 表示次用户 n 不能使用频谱 m。

定义 11.2　收益矩阵 B。

不同的次用户由于所处的环境和采用的发射功率等技术有所不同，在同一个有效空闲频谱上获得的收益（如最大传输速率）可能不一样。

用户获得的收益用收益矩阵 B 表示：$B=\left\{b_{n,m}\right\}_{N \times M}$ 表示用户 $n(1 \le n \le N)$ 使用频谱 $m(1 \le m \le M)$ 后得到的收益（如最大带宽等）。

很显然，当 $l_{n,m}=0$ 时，必有 $b_{n,m}=0$，保证只有有效可用的频谱才有收益矩阵。

定义 11.3　干扰矩阵 C。

对于某一个可用频谱，不同的次用户都可能使用该频谱，这样次用户之间可能会产生干扰。次用户之间的干扰用干扰矩阵 C 表示：

$$C=\left\{c_{n,k,m} \mid c_{n,k,m} \in \{0,1\}\right\}_{N \times N \times M} \qquad (11.2)$$

其中，$c_{n,k,m}=1$ 表示次用户 n 和 k $(1 \leqslant n, k \leqslant N)$ 同时使用频谱 m $(1 \leqslant m \leqslant M)$ 时会产生干扰；$c_{n,k,m}=0$ 表示次用户 n 和 k 同时使用频谱 m 时不会产生干扰。

干扰矩阵由可用频谱矩阵决定。当 $n=k$ 时，$c_{n,n,m}=1-l_{n,m}$。并且矩阵元素同时满足 $c_{n,k,m} \leqslant l_{n,m} \times l_{k,m}$，即只有频谱 m 同时对次用户 n 和 k 可用时，才可能产生干扰。

定义 11.4 无干扰分配矩阵 A。

将可用、无干扰的频谱分配给用户，得到无干扰分配矩阵：

$$A = \left\{ a_{n,m} \mid a_{n,m} \in \{0,1\} \right\}_{N \times M} \tag{11.3}$$

其中，$a_{n,m}=1$ 表示将频带 m 分配给次用户 n；$a_{n,m}=0$ 表示没有将频带 m 分配给次用户 n。

无干扰分配矩阵必须满足干扰矩阵 C 定义的如下无干扰约束条件：

$$a_{n,m} \times a_{k,m} = 0, \quad c_{n,k,m}=1, \forall n, k < N, m < M \tag{11.4}$$

定义 11.5 次用户需求矩阵 D。

将不同的次用户对频谱的需求定义为

$$D = \{ d_n \mid d_n \in \{0,1,2\cdots\} \}_N \tag{11.5}$$

其中，$d_i (1 \leqslant i \leqslant n)$ 表示次用户 i 所需要的频谱数量。

定义 11.6 满足度矩阵 F。

满足度矩阵定义为

$$F = \{ f_n \mid f_n \in (0,1] \}, \quad f_n = \begin{cases} \dfrac{\sum\limits_{m=1}^{M} a_{n,m} + 1}{d_n + 1}, & d_n \neq 0 \\ 1, & d_n = 0 \end{cases} \tag{11.6}$$

其中，f_n 表示在当前分配情况下，次用户得到的频谱与其需求之比。f_n 越接近 1，说明对其需求满足度越高。

从上面的定义和分析可知,满足分配限制条件的分配矩阵 A 不止一个,用 ΛN, M 表示所有满足条件的分配矩阵 A 的集合。给定某一无干扰频谱分配 A，次用户 n 因此获得的总收益用收益向量 R 表示：

$$R = \left\{ r_n = \sum_{m=1}^{M} a_{n,m} \times b_{n,m} \right\}_{N \times 1} \tag{11.7}$$

认知无线网络频谱分配的目标即最大化网络收益 $U(R)$，则频谱分配可表示为如下优化问题：

$$A^* = \underset{A \in \wedge (L,C)N, M}{\arg\max} \; U(R) \tag{11.8}$$

其中，arg(·) 表示求解网络收益最大时所对应的频谱分配矩阵 A。因此，A^* 即为所求的最优无干扰频谱分配矩阵。

由于不同的应用需求需要有不同的收益函数，考虑到网络中的流量和公平性需求，$U(R)$ 的定义采用如下三种形式。

（1）最大化网络的收益总和（max sum reward，MSR），其目标是网络系统的总收益最大，优化问题表示为

$$U_{\mathrm{sum}} = \sum_{n=1}^{N} r_n = \sum_{n=1}^{N} \sum_{m=1}^{M} a_{n,m} \times b_{n,m} \tag{11.9}$$

为了与以下的两种收益函数有相同的尺度，本书使用平均收益代替总收益。定义平均最大化网络收益总和（MSR mean，MSRM）为

$$U_{\mathrm{mean}} = \frac{1}{N} \sum_{n=1}^{N} r_n = \frac{1}{N} \sum_{n=1}^{N} \sum_{m=1}^{M} a_{n,m} \times b_{n,m} \tag{11.10}$$

（2）最大化最小带宽（max min reward，MMR），其目标是最大化受限用户（瓶颈用户）的频谱利用率。优化问题表示为

$$U_{\mathrm{min}} = \min_{1 \leqslant n \leqslant N} r_n = \min_{1 \leqslant n \leqslant N} \left(\sum_{m=1}^{M} a_{n,m} \times b_{n,m} \right) \tag{11.11}$$

（3）最大比例公平性度量（max proportional fair，MPF）。其目标是考虑每个用户的公平性。

本书考虑次用户对频谱的需求，定义分配公平性如下：

$$U_{\mathrm{fair}} = \frac{1}{\displaystyle\sum_{n=1}^{N} \frac{f_n^2}{N} - \left(\sum_{n=1}^{N} \frac{f_n}{N} \right)^2} \tag{11.12}$$

11.3　基于混沌量子克隆算法的按需频谱分配具体实现

11.3.1　算法具体实现过程

本频谱分配问题描述为：在可用频谱矩阵 L、收益矩阵 B、干扰矩阵 C、需求矩阵 D 已知的情况，如何找到最优的频谱分配矩阵 A，使得网络收益 $U(R)$ 最大。

本书设计的基于量子免疫克隆选择计算的频谱分配算法基本步骤如下（注：Q 表示量子种群，q 表示一个量子抗体，P 表示普通抗体种群，P 表示一个普通抗体）。

步骤 1：初始化。

初始种群的产生使用以下 l 个 Logistic 映射产生 l 个混沌变量：

$$x_{i+1}^j = \mu_j x_i^j (1 - x_i^j), \quad j = 1, 2, \cdots, l \tag{11.13}$$

其中，$\mu_j = 4$；l 为抗体编码的长度。令 $i = 0$，分别给定 l 个混沌变量不同的初始值，利用式（11.13）产生 l 个混沌变量 $x_1^j (j = 1, 2, \cdots, l)$，然后用这 l 个混沌变量初始化种群中第一个抗体上的量子位。令 $i = 1, 2, \cdots, s-1$，产生另外 $s-1$ 个抗体，则初始化种群 $Q(g) = \{q_1^g, q_2^g, \cdots, q_s^g\}$，$s$ 为种群规模，g 为进化代数。

其中，第 i 个抗体 $q_i = \begin{bmatrix} \alpha_1^g \alpha_2^g \cdots \alpha_l^g \\ \beta_1^g \beta_2^g \cdots \beta_l^g \end{bmatrix} (i = 1, 2, \cdots, s)$，并且满足 $|\alpha_j|^2 + |\beta_j|^2 = 1 (1 < j < l)$。

在初始化种群 $Q(g)$ 中，将 α_j^g、$\beta_j^g (1 < j < l)$ 分别初始化为 $\cos(2x_i^j \pi)$、$\sin(2x_i^j \pi)$。每个抗体长度 $l = \sum_{n=1}^{N} \sum_{m=1}^{M} l_{n,m}$，即 l 为可用频谱矩阵 L 中元素值不为 0 的元素个数。

步骤 2：由 $Q(g)$ 生成 $P(g)$。

通过观察 $Q(g)$ 的状态，生成一组普通解 $P(g) = \{P_1^g, P_2^g, \cdots, P_s^g\}$。每个 $P_i^g (1 < i < s)$ 是长度为 l 的二进制串，由概率幅 $|\alpha_j^g|^2$、$|\beta_j^g|^2 (j = 1, 2, \cdots, l)$ 观察得到。

在本章中，观察方法如下：随机产生一个[0,1]数，若它大于 $|\alpha_j^g|^2$，则取 1；否则，取 0。观察生成的每个抗体 $p_i^g (1 < i < s)$ 代表了一种可能的频谱分配方案。同时，分别记录矩阵 L 中值为 1 的元素对应的 n 与 m，并将其按照先 n 递增、后 m 递增的方式保存在 L_1 中。即 $L_1 = \{(n, m) | l_{n,m} = 1\}$。显然，$L_1$ 中元素个数为 l。

步骤 3：抗体表示到频谱分配方案的映射。

将种群中每个抗体 $p_i^g (1 < i < s)$ 的每一位 $j (1 \leqslant j \leqslant l)$ 映射为矩阵 A 的元素 $a_{n,m}$，其中，(n, m) 的值为 L_1 中相应的第 j 个元素 $j (1 \leqslant j \leqslant l)$。此时，所对应的分配矩阵 A 即为一种可能的频谱分配方案。

步骤 4：干扰约束的处理。

对分配矩阵 A 进行修正，要求必须满足干扰矩阵 C，具体实现过程如下：对任意 m，如果 $c_{n,k,m} = 1$，则检查矩阵 A 中第 m 列的第 n 行和第 k 行元素值是否都为 1。若是，则随机将其中一个位置 0，另一位保持不变。此时得到的分配矩阵 A 则为经过约束处理的可行解；同时，对相应的抗体表示进行映射，更新 $P(g)$。

步骤 5：对 $P(g)$ 进行亲和度函数评价，保持最优解。

由于频谱分配所要实现的目标是最大化网络收益 $U(R)$，故本章直接将 $U(R)$ 作为亲和度函数。对 $P(g)$ 中的 s 个抗体进行亲和度计算，结果按从大到小降序排序。将亲和度最大的抗体放入矩阵 $B(g)$，其所对应的分配矩阵 A 即为所求的最优频谱分配方案。

步骤 6：终止条件判断。

如果达到最大进化次数 $g_{\max}$，算法终止，将 $B(g)$ 中保存的亲和度最高的抗体映射为 A 的形式，即得到了最佳的频谱分配；否则，转步骤 7。

步骤 7：克隆变异。

本章采取从含有 s 个抗体的种群中，选取亲和度高的前 t 个抗体进行克隆。对克隆操作 T_c^C 定义为

$$P'(g) = T_c^C(P(g)) = [T_c^C(P_1^g), T_c^C(P_2^g), \cdots, T_c^C(P_t^g)]^T \tag{11.14}$$

具体克隆方法如下：设选出的 t 个抗体按亲和度降序排序为：$P_1^g, P_2^g, \cdots, P_t^g$，则对第 k 个抗体 P_i^g ($1 \leqslant k \leqslant t$) 克隆产生的抗体数目为 $N_k = \mathrm{Int}(\eta s / k)$，其中，$\mathrm{Int}(\cdot)$ 表示向上取整；η 是控制参数。

为了保持群体规模 s 稳定，当 $\sum_{i=1}^{t} N_i < s$ 时，随机（参考步骤 1）产生 $s - \sum_{i=1}^{t} N_i$ 个新的抗体进行补充；否则，取前 s 个抗体组成新的抗体种群。

克隆的具体过程由量子旋转门改变抗体量子位的相位来来实现。转角的确定方法如下：

$$\Delta\theta_j^k = \lambda_k x_{i+1}^j \tag{11.15}$$

其中，λ_k 为克隆幅值。为使遍历范围呈现双向性，混沌变量 x_{i+1}^j 的计算公式为

$$x_{i+1}^j = 8x_i^j(1 - x_i^j) - 1 \tag{11.16}$$

此时，$\Delta\theta_j^k$ 的遍历范围为 $[-\lambda_k, \lambda_k]$。对于需要克隆的母体，亲和力越高，扩增时所叠加的混沌扰动越小。因此，λ_k 可选为 $\lambda_k = \lambda_0 \exp((k-t)/t)$。其中，$\lambda_0$ 为控制参数，用来控制对抗体所附加的混沌扰动的大小。

设第 k 个克隆母体为

$$q_k = \begin{vmatrix} \cos(\theta_1^k) \cos(\theta_2^k) \cdots \cos(\theta_t^k) \\ \sin(\theta_1^k) \sin(\theta_2^k) \cdots \sin(\theta_t^k) \end{vmatrix} \tag{11.17}$$

应用量子旋转门克隆后的抗体为

$$p_{k\delta} = \begin{vmatrix} \cos(\theta_1^k + \Delta\theta_{1\delta}^k) \cdots \cos(\theta_t^k + \Delta\theta_{1\delta}^k) \\ \sin(\theta_1^k + \Delta\theta_{1\delta}^k) \cdots \sin(\theta_t^k + \Delta\theta_{1\delta}^k) \end{vmatrix} \tag{11.18}$$

其中，$\delta = 1, 2, \cdots, N_k$。

从克隆的过程可以看出，选出的具有较高亲和力的优良抗体本身具有优化路标的作用。在小区域中引入混沌变量增强了局部优化的遍历性。此外，量子旋转门转角的方向不需要与当前最优抗体比较，有利于提高种群的多样性和优化效率。

对克隆后的抗体实施观察，计算每个抗体的亲和力。通过量子旋转门对抗体量子位的相位实施混沌扰动，对亲和力最低的 $v(v < s)$ 个抗体进行变异操作。

将 v 个亲和力最低的抗体，按升序排列，第 k 个抗体的变异幅值：

$$\lambda_k' = \lambda_0' \exp((v-k)/v) \qquad (11.19)$$

其中，λ_k' 表示量子旋转门的转角范围；λ_0' 为控制参数。此时转角的遍历范围为 $[-\lambda_k', \lambda_k']$。通常，取 $\lambda_0' = 6\lambda_0$。可见，抗体量子位的幅角遍历范围较大。因此，使用抗体的变异操作提高了算法的全局搜索能力。这种变异方法克服了传统的量子非门变异旋转大小固定，方向单一，缺乏遍历性的缺陷。

步骤 8：进化代数 $g = g+1$；转步骤 2。

11.3.2 算法特点和优势分析

（1）抗体编码长度较短，减少了搜索空间。为求得分配矩阵 A，传统的做法是将 A 中所有元素均采用一位二进制编码表示，这样将使抗体编码中包含大量冗余。原因在于：因为 A 需要满足可用频谱矩阵 L 的约束限制，L 中值为 0 的元素相对应的分配矩阵 A 中的元素值也必定为 0。所以本书仅对与 L 中值为 1 的元素位置对应的 A 中的元素进行编码，故抗体长度为 L 中值为 1 的元素个数。同时，利用可用频谱矩阵 L 的特性，建立了频谱分配矩阵 A 和抗体编码之间的映射，减小了搜索空间[15,18]。

（2）抗体采用量子编码的形式，一个抗体上带有多个状态信息，带来丰富的种群；采用随机观察的方式由量子抗体产生新的个体，能较好保持群体的多样性，有效克服早熟收敛；并且量子具有较好的并行性，抗体群体规模较小。

（3）克隆算子使得当前最优个体的信息能够很容易地扩大到下一代来引导变异，具有高效的局部寻优能力，使得种群以大概率向着优良模式进化，加快了收敛速度。因此，算法将全局搜索和局部寻优进行了有机的结合。

（4）算法充分利用了混沌搜索的遍历性和量子计算的高效性。在量子旋转门中使用了两种不同幅值的混沌变量改变转角的大小。小幅值混沌变量用于优良抗体的克隆扩增，实现局部搜索；大幅值混沌变量用于较差个体的变异，实现全局搜索。对于转角方向的确定，避免了传统的基于查询表的方式[19,20]，提高了算法收益。

11.3.3 算法收敛性分析

定理 11.1 混沌量子克隆算法（chaos quantum clonal algorithm，CQCA）的种群序列 $\{P_g, g \geq 0\}$ 是有限齐次马尔可夫链。

证明 由于 CQCA 采用量子比特抗体，抗体的取值是离散的 0 和 1。本章中抗体的长度为 l，种群规模为 s，种群所在的状态空间大小为 $s \times 2^l$。因而，种群是有限的，而算法中采用的克隆算子都与 g 无关。因此，P_{g+1} 只与 P_g 有关，即 $\{P_g, g \geqslant 0\}$ 是有限齐次马尔可夫链。定理 11.1 得证。

设 $P(g) = \{P_1, P_2, \cdots, P_s\}$，下标 g 表示进化代数，$P(g)$ 表示在第 g 代时的一个种群，P_i 表示第 i 个个体。设 f 是 $P(g)$ 的亲和度函数，令

$$B^* = \{P | \max(f(P)) = f^*\}(P \in P(g)) \tag{11.20}$$

称 B^* 为最优解集，其中 f^* 为全局最优值，则有如下定义。

定义 11.7　设 $f_g = \max\{f(P_i) : i = 1, 2, \cdots, s\}$ 是一个随机变量序列，该变量代表在时间步 g 状态中的最高亲和度。当且仅当

$$\lim_{g \to \infty} p\{f_g = f^*\} = 1 \tag{11.21}$$

则称算法收敛。也就是，当算法迭代到足够多的次数后，群体中包含全局最优解的概率接近 1。

定理 11.2　本章量子免疫克隆算法 CQCA 以概率 1 收敛。

证明　本书算法的状态转移由马尔可夫链来描述。将规模为 s 的群体认为是状态空间 U 中的某个点，用 $u_i \in U$ 表示 u_i 是 U 中的第 i 个状态。相应的，本书算法的 $u_i = \{P_1, P_2, \cdots, P_s\}$。显然，$P_g^i$ 表示在第 g 代种群 P_g 处于状态 u_i，其中，随机过程 $\{P_g\}$ 的转移概率为 $p_{ij}(g)$，则

$$p_{ij}(g) = p\{P_{g+1}^j / P_g^i\} \tag{11.22}$$

由于本书算法中采用保留最优个体进行克隆选择，因此，对任意的 $g \geqslant 0$，有：$f(P_{g+1}) \geqslant f(P_g)$。即种群中的任何一个个体都不会退化。设 $I = \{i \mid u_i \cap B^* \neq \varnothing\}$，则当 $i \in I, j \notin I$ 时，有

$$p_{ij}(g) = 0 \tag{11.23}$$

即当父代出现最优解时，最优解不论经过多少代都不会退化。

当 $i \notin I, j \in I$，因为 $f(P_{g+1}^j) \geqslant f(P_g^i)$，所以

$$p_{ij}(g) > 0 \tag{11.24}$$

设 $p_i(g)$ 为种群 P_g 处在状态 u_i 的概率，$p_{(g)} = \sum_{i \notin I} p_i(g)$，则由马尔可夫链的性质，有

$$p_{(g+1)} = \sum_{u_i \in U} \sum_{j \notin I} p_i(g) p_{ij}(g) = \sum_{i \in I} \sum_{j \notin I} p_i(g) p_{ij}(g) + \sum_{i \notin I} \sum_{j \notin I} p_i(g) p_{ij}(g) \tag{11.25}$$

因为

$$\sum_{i \notin I} \sum_{j \in I} p_i(g) p_{ij}(g) + \sum_{i \notin I} \sum_{j \notin I} p_i(g) p_{ij}(g) = \sum_{i \notin I} p_i(g) = p_g \tag{11.26}$$

所以

$$\sum_{i \notin I} \sum_{j \in I} p_i(g) p_{ij}(g) = p_g - \sum_{i \in I} \sum_{j \in I} p_i(g) p_{ij}(g) \qquad (11.27)$$

把式（11.27）代入式（11.25），同时利用式（11.22）和式（11.23），可得

$$0 \leqslant p_{g+1} < \sum_{i \in I} \sum_{j \in I} p_i(g) p_{ij}(g) + p_g = p_g \qquad (11.28)$$

因此

$$\lim_{g \to \infty} p_g = 0 \qquad (11.29)$$

又因为

$$\lim_{g \to \infty} \{ f_g = f^* \} = 1 - \lim_{g \to \infty} \sum_{i \notin I} p_i(g) = 1 - \lim_{g \to \infty} p_g \qquad (11.30)$$

所以

$$\lim_{g \to \infty} \{ f_g = f^* \} = 1 \qquad (11.31)$$

定理 11.2 得证。

11.4　仿真实验与结果分析

算法在 Windows XP 环境下，使用 MATLAB7.0 进行编程实现。实验结果采用 MSRM、MMR、MPF 来衡量。为了验证本算法 CQCA-SA（chaos quantum clonal algorithm- spectrum allocation）的性能，与目前求解此问题经典的算法颜色敏感图着色（color sensitive graph coloring，CSGC）、遗传算法求解频谱分配（GA-spectrum allocation，GA-SA）及量子遗传算法求解频谱分配（QGA-spectrum allocation，QGA-SA）作了比较。比较实验中使用相同的 L、B、C，并将算法运行 50 次，取平均结果。

11.4.1　实验数据的生成

实际应用中，由于认知无线网络系统进行频谱分配的时间相对于频谱环境变化的时间很短，因此，假设系统为无噪声、不移动的网络结构，即在系统一次完整的频谱分配过程中，L、B、C、D 保持不变。L、B、C 矩阵的生成采用文献[12]附录 1 提供的伪代码产生：空闲矩阵 L 为随机生成的 $N \times M$ 的 0，1 二元矩阵，并保证每 1 列最少有一个元素为 1（有一个频谱可用）；收益矩阵 B 为 $N \times M$ 的随机矩阵，干扰矩阵集合 C 各矩阵为随机生成的 0，1 二元对称矩阵。每个次用户需求矩阵 D 的值随机生成并不大于总信道数量。N 取值为 1～20，M 取值为 1～30。更详细的介绍请参考文献[12]。

11.4.2　相关算法参数的设置

为了便于比较，算法参数设置与文献[15]保持一致。三种算法中，种群规模均设置为 $s=20$，最大进化代数均为 $g_{max}=200$。其中 GA-SA 中，交叉概率 0.8，变异概率 0.01，每一代种群更新比例为 85%；QGA-SA 中，量子门旋转角度从 $0.1\pi \sim 0.005\pi$（按进化代数线性递减）；本书算法（QICA-SA）中，其他参数的取值如下：$t=0.3\times s$，克隆控制参数 $\eta=0.3$，$v=0.2\times s$，$\lambda_0=2$。

11.4.3　实验结果及对比分析

表 11.1 和表 11.2 是 50 次实验所得到的平均收益，其中，表 11.1 中，$M=N=5$；表 11.2 中，$M=N=20$。

表 11.1　网络收益比较（$M=N=5$）　　　　单位：Mbit/s

进化次数	算法	MSRM	MMR	MPF
20	CQCA-SA	82.60	22.60	57.38
	QGA-SA	81.05	21.23	55.67
	GA-SA	76.37	20.58	52.46
100	CQCA-SA	89.88	23.28	58.86
	QGA-SA	89.30	22.70	56.75
	GA-SA	88.42	21.60	53.98
200	CQCA-SA	89.88	23.28	58.86
	QGA-SA	89.30	22.70	56.74
	GA-SA	88.48	22.54	54.23
	CSGC	83.26	20.27	50.02

表 11.2　网络收益比较（$M=N=20$）　　　　单位：Mbit/s

进化次数	算法	MSRM	MMR	MPF
20	CQCA-SA	104.86	29.98	62.68
	QGA-SA	103.86	28.98	65.48
	GA-SA	100.37	27.56	52.38
100	CQCA-SA	108.74	36.38	83.63
	QGA-SA	105.72	33.65	85.76
	GA-SA	100.82	32.68	76.34
200	CQCA-SA	108.74	36.38	88.63
	QGA-SA	105.72	33.65	85.76
	GA-SA	102.82	32.80	78.65
	CSGC	98.74	30.23	60.12

为了便于比较，将相关算法在每一代获得的平均收益显示于图 11.1～图 11.3。图中 $M=N=20$。从表 11.1、表 11.2 以及图 11.1～图 11.3 中可以看出，本书算法 CQCA-SA 在网络收益的三个指标上整体优于 CSGC 算法、GA-SA 算法及 QGA-SA 算法，仅在部分情况下比较接近。在 MPF 指标上，虽然 QGA-SA 在开始结果好于本书算法，但在进化 100 次之后，收益还是低于本书算法。算法在 40 次迭代之

后，其他三种算法的收益均好于 CSCG 算法。从图中也可以看出，在迭代速度上，基于混沌量子克隆的算法 CQCA-SA 在运行 60 代后趋于收敛，QGA-SA 在 100 代后算法收敛，均快于普通 GA-SA。由于 CQCA-SA 算法采用了克隆变异等操作，在网络收益上取得了更好的效果，表明本书算法寻优能力较强。综上所述，本书算法具有较好的表现性能。

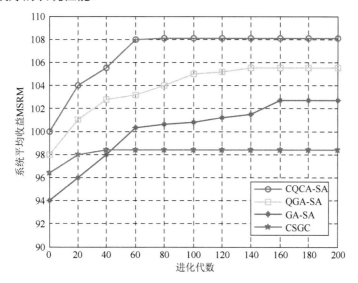

图 11.1　相关算法随进化代数变化的 MSRM 收益

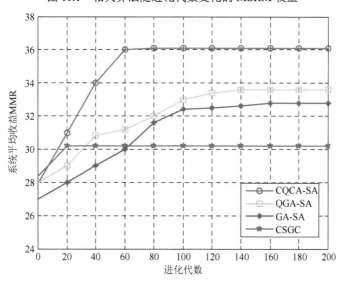

图 11.2　相关算法随进化代数变化的 MMR 收益

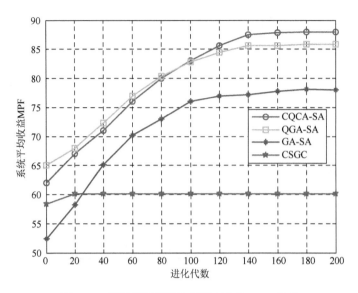

图 11.3　相关算法随进化代数变化的 MPF 收益

为了进一步对比算法的性能，验证了在次用户固定，随着可用频谱 M 的增加，相关算法的性能变化。这里 $N=5$，实验结果表明，随着可用频谱数 M 的增加，系统收益一直在递增，本书算法在收益增加方面优于已有的三种算法，进一步表明了本书算法的有效性。图 11.4 所示为可用频谱对相关算法的系统平均收益 MMR 影响示意图。

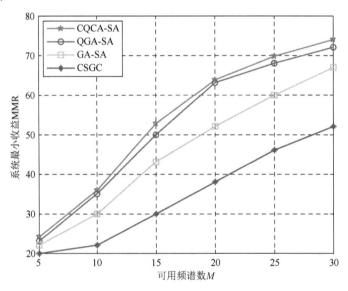

图 11.4　可用频谱对相关算法 MMR 的影响

同时，也验证了在可用频谱 $M=20$ 已知的情况下，次用户数变化对系统收益的影响。实验结果表明：随着次用户数的增加，系统收益降低，但本书算法得到的收益高于相应的三种算法，验证了本书算法的优越性。图 11.5 所示为用户数量对相关算法系统平均收益 MMR 影响示意图。

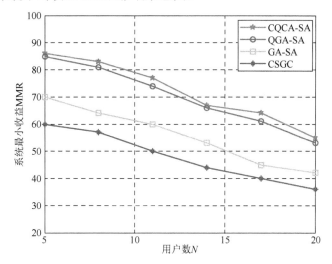

图 11.5　用户数量对相关算法 MMR 的影响

此外，理想最优分配方案可以作为性能分析所能达到的上限，因此经常被用作对比分析。由于寻求最优的分配方案是一个 NP-Hard 问题，空间随着规模的增加呈指数增长，为保证穷举搜索计算复杂度的可行性，文中设置 $N=M=5$。相对误差的计算方法如下：若某次实验算法得到的网络收益最优值为 T，理想最优值为 T_{opt}，则相对误差为 $1-T/T_{opt}$。

从表 11.3 的结果可以看出，本书算法在 20 次迭代之后，在三个衡量指标上均可以找到最优解。QGA-SA 算法在 20 次迭代之后，在 MSRM、MMR 指标上可以找到最优解，而在 MPF 上还略有偏差。而 GA-SA 算法在 200 次迭代之后，只有在 MSRM 指标上可以找到最优解。而所有三种方法的性能均优于 CSCG。从上面的分析可以看出，本书算法寻优能力较强，具有一定的优越性。

表 11.3　相关算法与最优值的比较

进化代数	算法	相对误差/%		
		MSRM	MMR	MPF
	CQCA-SA	0	0	0
20	QGA-SA	0	0	0.237
	GA-SA	0.056	3.569	3.389
	CQCA-SA	0	0	0
100	QGA-SA	0	0	0.012
	GA-SA	0.028	2.682	2.342

续表

进化代数	算法	相对误差/%		
		MSRM	MMR	MPF
200	CQCA-SA	0	0	0
	QGA-SA	0	0	0.001
	GA-SA	0	2.544	3.650
	CSGC	0.622	3.238	6.124

11.5　本章小结

　　认知无线网络中，如何对感知到的频谱进行有效分配是实现动态频谱接入的关键技术。本书考虑了次用户对频谱的需求，对频谱分配模型进行了改进，并将其转换为一个优化问题，进而使用混沌量子克隆算法求解此问题。算法充分利用了混沌的遍历性、量子算法的高效性，设计的算法在量子旋转门中使用了两种不同幅值的混沌变量改变转角的大小，并且对于量子转角方向的确定，不使用传统基于查询表的方式，提高了算法的搜索效率。通过仿真实验与 CSGC、GA-SA、QGA-SA 等求解认知无线网络频谱分配的算法进行了性能比较。仿真结果表明：本书算法能更好地实现网络收益的最大化，具有较好的性能。

参 考 文 献

[1]　AKYILDIZ I, LI W Y, VURAN M, et al. Next generation/dynamic spectrum access/cognitive radio wireless networks: A survey[J]. Computer Networks Journal, 2006, 9(2): 2127-2159.

[2]　JI Z, LIU K J R. Dynamic spectrum sharing: A game theoretical overview[J]. IEEE Communications Magazine, 2007, 45(5): 88-94.

[3]　NIYATO D, HOSSAIN E. Competitive pricing for spectrum sharing in cognitive radio networks: Dynamic game, inefficiency of Nash equilibrium, and collusion[J]. IEEE Journal on Selected Areas in Communications, 2008, 26(1): 192-202.

[4]　ZOU C, JIN T, CHIGAN C X, et al. QoS-aware distributed spectrum sharing for heterogeneous wireless cognitive networks[J]. Computer Networks, 2008, 52(4): 864-878.

[5]　黄丽亚, 刘臣, 王锁萍. 改进的认知无线电频谱共享博弈模型[J]. 通信学报, 2010, 31(2): 136-140.

[6]　GANDHI S, BURAGOHAIN C, CAO L L, et al. A General Framework for Wireless Spectrum Auctions[J]. IEEE Communications Magazine, 2007, 32(8): 22-33.

[7]　JI Z, LIU K J R. Multi-stage pricing game for collusion resistant dynamic spectrum allocation[J]. IEEE Journal on Selected Areas in Communications, 2008, 26(1): 182-191.

[8]　WANG F, KRUNZ M, CUI S G. Price-based spectrum management in cognitive radio networks[J]. IEEE Journal of Selected Topics in Signal Processing, 2008, 2(1): 74-87.

[9]　GANDHI S, BURAGOHAIN C, CAO L L, et al. Towards real time dynamic spectrum auctions [J]. Computer Networks, 2008, 52(4): 879-897.

[10]　徐友云, 高林. 基于步进拍卖的认知无线网络动态频谱分配[J]. 中国科学技术大学学报, 2009, 39(10): 1064-1069.

[11] WANG W, LIU X. List-coloring based channel allocation for open-spectrum wireless networks[C]//IEEE Vehicular Technology Conference, 1999, 62(1): 690.

[12] PENG C Y, ZHENG H T, ZHAO B Y. Utilization and fairness in spectrum assignment for opportunistic spectrum access[J]. Mobile Networks and Applications, 2006, 11(4): 555-576.

[13] 廖楚林, 陈吉力, 唐友喜, 等. 认知无线电中的并行频谱分配算法[J]. 电子与信息学报, 2007, 29(7): 1608-1611.

[14] 郝丹丹, 邹仕洪, 程时端. 开放式频谱系统中启发式动态频谱分配算法[J]. 软件学报, 2008, 19(3): 479-491.

[15] ZHAO Z J, PENG Z, ZHENG S L, et al. Cognitive radio spectrum allocation using evolutionary algorithms[J]. IEEE Transactions on Wireless Communications, 2009, 8(9): 4421-4425.

[16] 李士勇, 李盼池. 量子计算与量子优化算法[M]. 哈尔滨: 哈尔滨工业大学出版社, 2009.

[17] WU Q Y, JIAO L C, LI Y Y. A novel quantum-inspired immune clonal algorithm with the evolutionary game approach[J]. Progress in Natural Science, 2009, 19(10): 1341-1347.

[18] 赵知劲, 彭振, 郑仕链, 等. 基于量子遗传算法的认知无线电频谱分配[J]. 物理学报, 2009, 58(2): 1358-1363.

[19] 孙杰, 郭伟, 唐伟. 认知无线多跳网中保证信干噪比的频谱分配算法[J]. 通信学报, 2011, 60(11): 345-349.

[20] DU H F, GONG M G, LIU R C, et al. Adaptive chaos clonal evolutionary programming algorithm[J]. Science in China Series F: Information Sciences, 2005, 48(5): 579-595.

第 12 章 量子免疫克隆算法求解基于
认知引擎的频谱决策问题

12.1 引　言

认知无线网络是一种智能的无线网络，其智能主要来自认知引擎[1]。认知引擎的根本目的是根据信道条件的变化和用户需求智能调整无线参数，给出最佳参数配置方案，从而优化通信系统。如何利用认知引擎得到最优决策引起了研究者的普遍关注。从本质上看，认知无线网络的引擎决策是一个多目标优化问题，适合用智能方法求解，因而，不同的研究者提出了不同的解决方案[2-6]。文献[2]首次采用人工智能技术研究认知引擎，并证明了遗传算法适合于无线参数的调整；文献[3]提出了认知引擎决策的数学模型，并通过标准遗传法求解；文献[4]采用量子遗传算法求解，但求解效果还有待进一步优化。

基于此，本书利用免疫算法较快的收敛速度和寻优能力、混沌搜索的遍历性和量子计算的高效性，对认知引擎决策参数进行分析和调整，并通过多载波环境进行了仿真。结果表明，本章算法可以根据信道条件，实时调整无线参数，实现认知引擎决策优化。

12.2　基于认知引擎的频谱决策分析与建模

认知无线网络中，认知用户可以在不影响授权用户的情况下，使用授权用户的空闲频谱，并根据频谱环境的变化自适应地调整传输参数（如传输功率、调制方式等）以提高空闲频谱的使用性能（如更大化传输速率、更小化传输功率等），从而达到最佳工作状态[7]。由此可见，认知引擎决策需要动态地满足多个目标，如必须适应具体的信道传输条件；必须满足用户的应用需求；必须遵守特定频段的频谱特性等，因此，其是一个动态多目标优化问题。本书根据多载波频谱环境、用户需求以及频谱限制定义出以下三个认知引擎的优化目标函数并进行归一化[2-6]。

（1）最小化传输功率：

$$f_{\text{min-power}} = 1 - \frac{p_i}{NP_{\max}} \tag{12.1}$$

其中，p_i 为子载波 i 的传输功率；$P_{\max}$ 为子载波的最大传输功率；N 为子载波的数目。

（2）最小化误码率 BER（比特错误率）：

$$f_{\text{min-BER}} = 1 - \frac{\lg 0.5}{\lg p_{\text{be}}} \qquad (12.2)$$

其中，p_{be} 为 N 个子信道的平均误码率。具体计算公式根据所采用的调制方式不同而不同，具体见文献[8]。

（3）最大化数据率（吞吐量）：

$$f_{\text{max-throughput}} = \frac{\frac{1}{N}\sum_{i=1}^{N}\text{lb}M_i - \text{lb}M_{\min}}{\text{lb}M_{\max} - \text{lb}M_{\min}} \qquad (12.3)$$

其中，N 为子载波的数目；M_i 为第 i 个子载波对应的调制进制数；$M_{\max}$ 为最大调制进制数；$M_{\min}$ 为最小调制进制数。

因此，本书所要优化的目标为

$$y = (f_{\text{min-power}}, f_{\text{min-BER}}, f_{\text{max-throughput}}) \qquad (12.4)$$

实际中，不同的链路条件、不同的用户需求导致目标函数的重要性也不尽相同。例如，邮件发送用户希望有最小的误码率，而视频用户则希望有最大化的数据速率。因此，本书使用 $w = [w_1, w_2, w_3]$ 分别表示最小化发射功率、最小化误码率和最大化数据率的权重。权值越大，偏好程度越强，并且权重满足 $w_i \geqslant 0(1 \leqslant i \leqslant 3)$，且 $\sum_{i=1}^{3} w_i = 1$。给定各个目标函数的权重之后，可将三个目标函数转化为如下单目标函数：

$$f = w_1 f_{\text{min-power}} + w_2 f_{\text{min-BER}} + w_3 f_{\text{max-throughput}} \qquad (12.5)$$

由前面的分析可知，影响优化目标的主要参数为各个子载波的发射功率和调制方式。因此，本书的认知引擎决策问题即转化为通过对上述参数的合理调整，实现式（12.5）所示目标函数的最大化。

12.3　算法关键技术与具体实现

12.3.1　关键技术

1. 编码方式

由于决策引擎主要是对参数进行调整，本书使用二进制对每个子载波的调制方式和发射功率进行编码。调制方式包括 BPSK、QPSK、16QAM 和 64QAM 四种，发射功率共有 64 种可能取值，范围设置为 0～25.2dBm，间隔为 0.4dBm[2-6]。

假设用 c_1 表示对四种调制方式的编码，则需要 2 位二进制进行编码，取值为 0、1、2、3，依次对应 BPSK、QPSK、16QAM、64QAM；用 c_2 表示对发射功率的编码，由于有 64 种可能取值，故编码位数为 6，编码与发射功率的大小依次对应。因此，抗体长度由 c_1 和 c_2 的编码串联而成，共 8 位。例如，调制方式为 16QAM，发射功率为 24.4dBm，则对应的抗体编码为 10111100。

2. 亲和度函数

免疫算法中，把问题映射为抗原，把问题的解映射为抗体，解的优劣由亲和度函数来衡量。由于本书的目的是要得到满足优化目标所需的参数配置，因此，直接将式（12.5）所示目标函数作为衡量个体性能的亲和度函数。

12.3.2 算法具体步骤

本章设计的算法基本步骤如下（注：Q 表示量子种群，q 表示一个量子抗体，P 表示普通抗体种群，p 表示一个普通抗体）。

步骤 1：初始化。

设进化代数 g 为 0，抗体种群记为 Q，规模为 n，抗体编码长度为 l，则初始化种群：

$$Q(g) = \{q_1^g, q_2^g, \cdots, q_n^g\} \tag{12.6}$$

其中，第 i 个抗体 $q_i = \begin{bmatrix} \alpha_i^1 \alpha_i^2 \cdots \alpha_i^l \\ \beta_i^1 \beta_i^2 \cdots \beta_i^l \end{bmatrix} (i = 1, 2, \cdots, n)$，并且满足 $\left|\alpha_i^j\right|^2 + \left|\beta_i^j\right|^2 = 1 (1 < j < l)$。

为了确保抗体产生的随机性并避免可能出现的冗余，并遍历所有抗体空间，本书初始抗体种群的产生使用 Logistic 映射：

$$x_{i+1}^j = \mu x_i^j (1 - x_i^j) \tag{12.7}$$

其中，$i = 1, 2, \cdots, n$；$j = 1, 2, \cdots, l$；$x_i^j (0 < x_i^j < 1)$ 为混沌变量；$\mu = 4$。此时系统处于完全混沌状态，其状态空间为 $(0,1)$[9]。

具体如下：分别给定混沌变量不同的初始值，利用式（12.7）产生 l 个混沌变量 x_i^j，然后用这 l 个混沌变量初始化种群中第一个抗体上的量子位，本书将 α_i^j、$\beta_i^j (1 < j < l)$ 分别初始化为 $\cos(2x_i^j \pi)$、$\sin(2x_i^j \pi)$。

步骤 2：由 $Q(g)$ 生成 $P(g)$。

通过观察 $Q(g)$ 的状态，生成一组普通解 $p(g) = \{p_1^g, p_2^g, \cdots, p_n^g\}$。每个 $P_i^g (1 < i < n)$ 是长度为 l 的二进制串，由概率幅 $\left|\alpha_i^j\right|^2$、$\left|\beta_i^j\right|^2 (j = 1, 2, \cdots, l)$ 观察得到。

在本书中，观察方法如下：随机产生一个 $[0,1]$ 数，若它大于 $\left|\alpha_i^j\right|^2$，则取 1；否则，取 0。观察生成的每个抗体 $p_i^g (1 < i < n)$ 代表了一种可能的参数调整方案。

步骤 3：亲和度函数评价。

计算抗体种群的亲和度，并按亲和度大小降序对抗体进行排列，选择前 s 个最佳抗体，保存到记忆种群 $M(g)$。

步骤 4：终止条件判断。

如果达到最大迭代次数 g_{max}，算法终止，将记忆种群 $M(g)$ 中保存的亲和度最高的抗体通过编码方式进行映射，即得到了最佳的参数调整方案（调制方式和传输功率）；否则，转步骤 5。

步骤 5：克隆扩增 $Q(g)$ 生成 $Q'(g)$。

本书采取对记忆种群中 $M(g)$ 的 s 个抗体进行克隆。具体克隆方法如下：设 s 个抗体按亲和度降序排序为 $P_1^g, P_2^g, \cdots, P_s^g$，则对第 k 个抗体 P_k^g $(1 \leq k \leq s)$ 克隆产生的抗体数目为

$$N_k = \mathrm{Int}\left(n_c \times \frac{f(P_k^g)}{\sum\limits_{k=1}^{s} f(P_k^g)} \right) \tag{12.8}$$

其中，$\mathrm{Int}(\cdot)$ 表示向上取整；$n_c > s$ 是控制参数；$f(\cdot)$ 表示抗体的亲和度。式（12.8）表明，抗体亲和度越高，克隆产生的抗体个数越多。

步骤 6：对 $Q'(g)$ 进行混沌量子变异，生成新种群 $Q''(g)$。

本书中，量子种群的变异通过量子旋转门改变抗体量子位的相位来实现。转角的确定方法为 $\Delta\theta_j^k = \lambda_k x_{i+1}^j$。其中，$\lambda_k$ 为克隆幅值。混沌变量 x_{i+1}^j 计算公式为 $x_{i+1}^j = 8x_i^j(1 - x_i^j) - 1$，这样 $\Delta\theta_j^k$ 遍历范围呈现双向性 $[-\lambda_k, \lambda_k]$。对于需要变异的母体，亲和度越高，扩增时所叠加的混沌扰动越小。因此，λ_k 可选为 $\lambda_k = \lambda_0 \exp((k-s)/s)$。其中，$\lambda_0$ 为控制参数，表示对抗体所施加的混沌扰动的大小。

设第 k 个变异母体为

$$q_k = \begin{vmatrix} \cos(\theta_1^k) \cos(\theta_2^k) \cdots \cos(\theta_l^k) \\ \sin(\theta_1^k) \sin(\theta_2^k) \cdots \sin(\theta_l^k) \end{vmatrix} \tag{12.9}$$

应用量子旋转门变异后的抗体为

$$q_{k\delta} = \begin{vmatrix} \cos(\theta_1^k + \Delta\theta_{1\delta}^k) \cdots \cos(\theta_l^k + \Delta\theta_{l\delta}^k) \\ \sin(\theta_1^k + \Delta\theta_{1\delta}^k) \cdots \sin(\theta_l^k + \Delta\theta_{l\delta}^k) \end{vmatrix} \tag{12.10}$$

其中，$\delta = 1, 2, \cdots, N_k$。

步骤 7：克隆选择压缩 $Q''(g)$，生成新个体 $Q(g)$。

为了保持群体规模 n 稳定，对变异后的量子抗体进行解变换，将抗体按照亲和度大小排序，取前 n 个抗体组成新的抗体种群 $Q(g)$。

步骤 8：$g = g+1$；转步骤 2。

12.3.3　算法特点和优势分析

（1）抗体采用量子编码，一个抗体上带有多个状态信息，带来了丰富的种群；采用随机观察的方式由量子抗体产生新的个体，能较好地保持群体的多样性，有效克服早熟收敛；并且量子具有较好的并行性，所需抗体群体规模较小。

（2）克隆算子使得当前最优个体的信息能够很容易地扩大到下一代来引导变异，具有高效的局部寻优能力，加快了收敛速度。因此，算法将全局搜索和局部寻优进行了有机的结合。

（3）在量子变异中，根据亲和度的不同施加不同的混沌扰动，增强了局部优化的遍历性。对于转角方向的确定，避免了传统的基于查询表的方式[10]，克服了传统的量子非门变异旋转大小固定，方向单一，缺乏遍历性的缺陷。

12.3.4　算法收敛性分析

证明　由于 CQCA 采用量子比特抗体 Q，抗体的取值是离散的 0 和 1。本书中抗体的长度为 l，种群规模为 n，种群所在的状态空间大小为 $n \times 2^l$。因而，种群是有限的，而算法中采用的克隆算子（变异、选择等）都与 g 无关[11,12]。因此，X_{g+1} 只与 X_g 有关，即 $\{X_g, g \geq 0\}$ 是有限齐次马尔可夫链。

设 $X(g) = \{x_1, x_2, \cdots, x_n\}$，$g$ 表示进化代数，$X(g)$ 表示在第 g 代时的一个种群，x_i 表示第 i 个体。设 f 是 $X(g)$ 的亲和度函数，令

$$B^* = \{x | \max(f(x)) = f^*\}(x \in X(g)) \tag{12.11}$$

其中，B^* 为最优解集；f^* 为全局最优值，则有如下定义。

定义 12.1　设 $f_g = \max\{f(x_i): i=1,2,\cdots,n\}$ 是一个随机变量序列，该变量代表在时间步 g 状态中的最高亲和度。当且仅当

$$\lim_{g \to \infty} p\{f_g = f^*\} = 1 \tag{12.12}$$

则称算法收敛。也就是，当算法迭代到足够多的次数后，群体中包含全局最优解的概率接近 1。

定理 12.1　本书量子免疫克隆算法 CQCA 以概率 1 收敛。

证明　本章算法的状态转移由马尔可夫链来描述。将规模为 n 的群体认为是状态空间 U 中的某个点，用 $u_i \in U$ 表示 u_i 是 U 中的第 i 个状态。

相应地，本章算法的 $u_i = \{x_1, x_2, \cdots, x_n\}$。显然，$X_g^i$ 表示在第 g 代种群 X_g 处于状态 u_i，其中随机过程 $\{X_g\}$ 的转移概率为 $p_{ij}(g)$，则

$$p_{ij}(g) = p\{X_{g+1}^j / X_g^i\} \tag{12.13}$$

由于本章算法中采用保留最优个体进行克隆选择，因此，对任意的 $g \geqslant 0$，有 $f(X_{g+1}) \geqslant f(X_g)$。即种群中的任何一个个体都不会退化。

设 $I = \{i \mid u_i \bigcap B^* \neq \varnothing\}$，则：当 $i \in I, j \notin I$ 时，有

$$p_{ij}(g) = 0 \tag{12.14}$$

即当父代出现最优解时，最优解不论经过多少代都不会退化。

当 $i \notin I, j \in I$，因为 $f(X_{g+1}^j) \geqslant f(X_g^i)$，所以

$$p_{ij}(g) > 0 \tag{12.15}$$

设 $p_i(g)$ 为种群 X_g 处在状态 u_i 的概率，$p_{(g)} = \sum_{i \in I} p_i(g)$，则由马尔可夫链的性质，有

$$p_{(g+1)} = \sum_{u_i \in U} \sum_{j \notin I} p_i(g) p_{ij}(g) = \sum_{i \in I} \sum_{j \notin I} p_i(g) p_{ij}(g) + \sum_{i \notin I} \sum_{j \notin I} p_i(g) p_{ij}(g) \tag{12.16}$$

由于

$$\sum_{i \notin I} \sum_{j \in I} p_i(g) p_{ij}(g) + \sum_{i \notin I} \sum_{j \notin I} p_i(g) p_{ij}(g) = \sum_{i \notin I} p_i(g) = p_g \tag{12.17}$$

因此

$$\sum_{i \notin I} \sum_{j \notin I} p_i(g) p_{ij}(g) = p_g - \sum_{i \notin I} \sum_{j \in I} p_i(g) p_{ij}(g) \tag{12.18}$$

把式（12.18）代入式（12.16），同时利用式（12.14）和式（12.15），可得

$$0 \leqslant p_{g+1} < \sum_{i \in I} \sum_{j \notin I} p_i(g) p_{ij}(g) + p_g = p_g \tag{12.19}$$

因此

$$\lim_{g \to \infty} p_g = 0 \tag{12.20}$$

又因为

$$\lim_{g \to \infty} \{f_g = f^*\} = 1 - \lim_{g \to \infty} \sum_{i \notin I} p_i(g) = 1 - \lim_{g \to \infty} p_g \tag{12.21}$$

所以

$$\lim_{g \to \infty} \{f_g = f^*\} = 1 \tag{12.22}$$

即包含在全局最优状态中的概率收敛为 1。证毕。定理 12.1 得证。

12.4　仿真实验及结果分析

12.4.1　仿真实验环境及参数设置

为了验证本书算法的性能，在 Windows XP 环境下，使用 MATLAB7.0 对算法进行编程实现，在多载波系统中对算法性能进行了仿真分析。算法环境设置与

已有算法一致[2-4]：子载波数 $N=32$，每个子载波信道可独立选择不同的发射功率和调制方式；动态信道通过给每个子载波分配一个 $0\sim1$ 的随机数表示该载波对应的信道衰落因子来模拟；信道类型为 AWGN 信道，噪声功率初始为 0.01MW（用于计算 p_{be}）[13]；发射功率共有 64 种可能取值，范围设置为 $0\sim25.2$dBm，间隔为 0.4dBm；可选调制方式包括 BPSK、QPSK、16QAM 和 64QAM 四种，因而，抗体编码长度 $l=8$，总抗体编码长度为 $N\times l=256$。其他更多的调制方式只影响 BER 计算公式，并不影响模拟结果[13,14]。

为了便于比较，参数设置与文献[4]保持一致：最大进化代数 $g_{max}=1000$；种群规模 $n=12$，记忆单元规模 $s=0.3\times n$。文献[4]中，量子门旋转角度从 $0.1\pi\sim0.005\pi$。通过反复实验调整，本章算法的其他参数设置如下：克隆控制系数 $n_c=20$，混沌扰动系数 $\lambda_0=2$。

算法权重的设置与文献[4]相同。实验中设置四种权重模式，用来验证不同用户需求下，算法运行性能。模式 1 适用于低发射功率（低功耗）情况（带宽低、速率低），如文件传输；模式 2 适用于可靠性要求高的应用（要求误码率较低），如保密通信；模式 3 适用于高数据速率要求的应用，如视频通信（宽带视频通信）；模式 4 则对各个目标函数的偏好相同。权重具体设置如表 12.1 所示。

表 12.1　权重设置

权重	模式 1	模式 2	模式 3	模式 4
w_1	0.80	0.15	0.05	1/3
w_2	0.15	0.80	0.15	1/3
w_3	0.05	0.05	0.80	1/3

为了避免一次实验结果的随机性，实验中，采用平均目标函数值来衡量算法结果。在四种模式下分别进行 10 次独立的实验，记录每一代中亲和度最大的目标函数值，再对 10 次实验结果取平均即得到平均目标函数值。平均目标函数值越大，说明解的质量越好且稳定。

12.4.2　仿真实验结果及分析

图 12.1 分别给出了在模式 1 到模式 4 下，随迭代代数的变化平均目标函数值的变化情况，并将本书算法 CQCA-CE（chaos quantum clonal algorithm for cognitive engine）与基于量子遗传算法的认知引擎实现（QGA-CE）[4]作了对比分析。

从图 12.1 中可以看出，在四种不同的模式下，本书算法求得的目标函数值明显优于文献[4]算法，同时，本书算法收敛速度较快，说明算法有较好的寻优能力。本书算法在运行 400 代左右的时候就可以收敛，并且可以得到较高的目标函数值，而文献[4]算法约在 600 代左右收敛，且目标函数值较小。原因在于本书算法采用的免疫克隆算子、混沌扰动提高了算法的收敛速度和寻优效果。这对实时性要求较高的决策引擎具有重要意义。

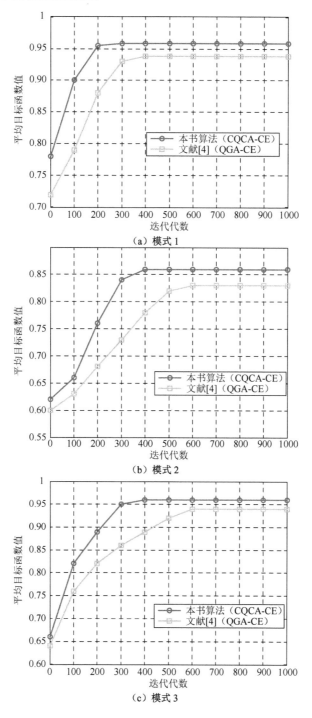

（a）模式 1

（b）模式 2

（c）模式 3

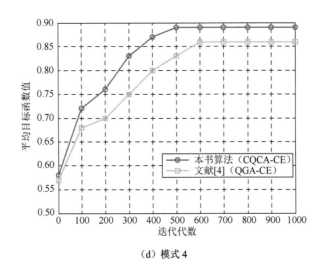

（d）模式 4

图 12.1　相关算法目标函数值对比

　　表 12.2 给出了相关算法在状态稳定后达到的平均目标函数值，进一步验证了本书算法的优越性。

表 12.2　平均目标函数值

模式	文献[4]（QGA-CE）	本书算法（CQCA-CE）
模式 1	0.932	0.960
模式 2	0.820	0.846
模式 3	0.942	0.958
模式 4	0.858	0.898

　　图 12.2 给出了在上述参数设置下，本书算法具体调整结果。其中，各个载波对应的信道衰落因子由计算机随机产生。图 12.2（a）中给出了模式 1 下的调整结果。其中，发射功率平均值为 0.156dBm，明显小于其他模式，说明本书算法可以很好地实现模式 1 下对最小化发射功率的偏好，同时，算法兼顾了最小化误码率和最大化数据率的要求（误码率为 0.11%、数据率为 5.25Mbps）。图 12.2（b）给出了模式 2 下的调整结果（调制方式基本上为 BPSK）。其中，最小化误码率为0.02%，小于模式 1、模式 3、模式 4 的误码率，说明本书算法实现了模式 2 下要求误码率最小的目标要求，同时，也兼顾了发射功率较小和数据率较大的目标（发射功率为 10.23dBm、数据率为 2.026 Mbit/s）。图 12.2（c）给出了模式 3 下的调整结果。其中，平均数据率为 6Mbit/s（调制方式均为 64QAM），说明本书算法达到了模式 3 下对最大化数据率的目标要求。图 12.2（d）给出了模式 4 下的调整结

果（调制方式均为 64QAM）。模式 4 对各个目标的权重相同，但从结果看，本书算法更倾向于实现发射功率最小化和数据率最大化。这是由于误码率最小化与发射功率最小化和数据率最大化存在冲突，同时保证发射功率最小化和数据率最大化的抗体亲和度高于要求误码率最小的抗体亲和度。

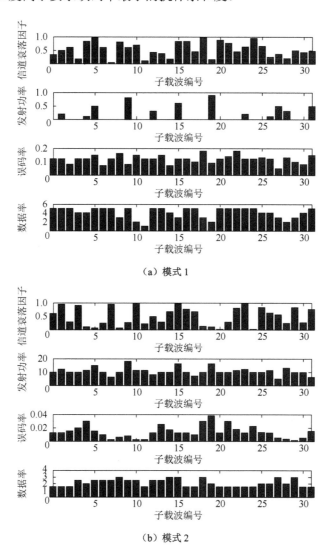

（a）模式 1

（b）模式 2

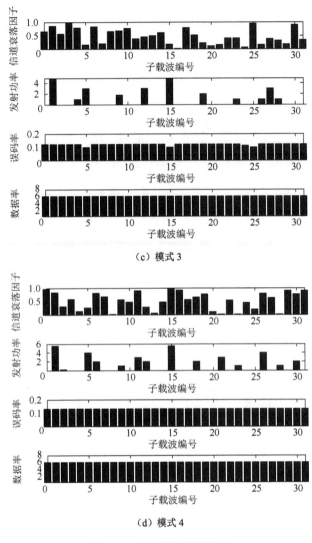

（c）模式 3

（d）模式 4

图 12.2　本书算法调整结果

12.5　本　章　小　结

　　本章分析了认知无线网络认知引擎问题，将其转化为一个多目标优化问题，并通过混沌量子克隆算法求解。仿真实验表明：本章算法收敛速度较快，可以得到较高的目标函数值，具有较强的寻优能力，参数调整结果与优化目标偏好一致，并兼顾其他目标函数值，适合实时性要求较高的认知引擎决策。下一步将结合智能学习技术[15-21]，进一步优化认知引擎参数优化结果。

参 考 文 献

[1]　HAYKIN S. Cognitive radio: Brain-empowered wireless communications[J]. IEEE Journal on Selected Areas in Communications, 2005, 23(2): 201-220.

[2]　NEWMAN T R, BARKER B A, WYGLINSKI A M, et al. Cognitive engine implementation for wireless multicarrier transceivers[J]. Wireless Communications and Mobile Computing, 2007, 7(9): 1129-1142.

[3]　赵知劲, 郑仕链, 尚俊娜. 基于量子遗传算法的认知无线电决策引擎研究[J]. 物理学报, 2007, 56(11): 6760-6766.

[4]　赵知劲, 徐世宇, 郑仕链, 等. 基于二进制粒子群算法的认知无线电决策引擎[J]. 物理学报, 2009, 58(7): 5118-5125.

[5]　ZHAO Z J, ZHENG S L, XU C Y. Cognitive engine implementation using genetic algorithm and simulated annealing[J]. WSEAS Transactions on Communications, 2007, 6(8): 773-777.

[6]　YUCEK T, ARSLAN H. A survey of spectrum sensing algorithms for cognitive radio applications [J]. IEEE Communications Surveys & Tutorials, 2009, 11(1): 116-130.

[7]　张平, 冯志勇. 认知无线网络[M]. 北京: 人民邮电出版社, 2010.

[8]　ZU Y X, ZHOU J, ZENG C C. Cognitive radio resource allocation based on coupled chaotic genetic algorithm[J]. Chinese Physical B, 2010, 19(11): 119501-119508.

[9]　GONG M G, JIAO L C, LIU F, et al. Immune algorithm with orthogonal design based initialization, cloning, and selection for global optimization[J]. Knowledge and Information Systems, 2010, 25(3): 523-534.

[10]　MUSTAFA Y, NAINAY E. Island Genetic Algorithm-Based Cognitive Networks[D]. Blacksburg: Virginia Polytechnic Institute and State University, 2009.

[11]　ZHAO N, LI S Y, WU Z L. Cognitive radio engine design based on ant colony optimization[J]. Wireless Personal Communications, 2012, 65(1): 15-24.

[12]　柴争义, 刘芳, 朱思峰. 混沌量子克隆求解认知无线网络决策引擎[J]. 物理学报, 2012, 61(2): 28801.

[13]　王金龙, 吴启晖, 龚玉萍, 等. 认知无线网络[M]. 北京: 机械工业出版社, 2010.

[14]　JIANG C H, WENG R M. Cognitive engine with dynamic priority resource allocation for wireless networks[J]. Wireless Personal Communications, 2012, 63(1): 31-43.

[15]　HE A, BAE K K, NEWMAN T R, et al. A survey of artificial intelligence for cognitive radios[J]. IEEE Transactions on Vehicular Technology, 2010, 59(1-4): 1578-1592.

[16]　冯文江, 刘震, 秦春玲. 案例推理在认知引擎中的应用[J]. 模式识别与人工智能, 2011, 32(3): 201-205.

[17]　李士勇, 李盼池. 量子计算与量子优化算法[M]. 哈尔滨: 哈尔滨工业大学出版社, 2009.

[18]　SHI Y, HOU Y T, ZHOU H, et al. Distributed cross-layer optimization for cognitive radio networks[J]. IEEE Transactions on Vehicular Technology, 2010, 59(8): 4058-4069.

[19]　LIU Y J, CHAI L Y, LIU J M, et al. A self-learning method for cognitive engine based on CBR and simulated annealing[J]. Advanced Materials Research, 2012, 457(2): 1586-1594.

[20]　VOLOS H I, BUEHRER R M. Cognitive engine design for link adaptation: An application to multi-antenna systems[J]. IEEE Transactions on Wireless Communications, 2010, 9(9): 2902-2913.

[21]　江虹, 伍春, 包玉军, 等. 基于粗糙集的认知无线网络跨层学习[J]. 电子学报, 2012, 40(1):155-161.

第 13 章　基于免疫优化的认知 OFDM 系统资源分配

13.1　引　　言

认知无线网络的主要任务是发现频谱机会并进行有效利用。次用户可以在不干扰主用户工作的前提下，实现频谱资源的动态共享和自适应分配。在使用机会频谱接入时，物理传输技术非常重要。在认知无线网络环境中，频谱空洞具有不连续的特点，因此，认知用户终端同样具备在不同频段应用的特点[1]。正交频分复用（orthogonal frequency division multiplexing，OFDM）是一种多载波并行的无线传输技术，是认知无线电信号生成的一种有效技术。OFDM 从频域角度出发，通过关闭相应频带的子载波来避免对主用户的干扰，有利于实现非连续频谱的有效利用，非常适合认知无线网络中的资源传输[2]。如何对认知多用户 OFDM 系统中的下行资源进行自适应分配，以提高频谱利用率，引起了国内外研究者的普遍关注。根据不同的优化准则[3]，认知 OFDM 资源分配可以分为两种：一种为速率自适应（rate adaptive，RA），即在一定的误码率及性能限制下，调整功率分配，最大化系统传输速率，适用于可变数据业务；另一种为余量自适应（margin adaptive，MA），即在一定的传输速率和误码率限制下，调整各个子载波的分配方式，最小化系统发射功率，适用于固定数据业务。针对不同的优化准则，已有不同的学者提出了不同的解决方法，如 RA 下的解决方案[4-6]，MA 下的解决方案[7-10]。

本章研究多用户 OFDM 系统的下行链路资源分配。首先研究了 MA 准则下子载波的优化分配方案，然后研究了 RA 准则下的功率分配方案。最后设计了一种联合子载波和功率分配的比例公平资源分配算法。

13.2　基于免疫优化的子载波资源分配

13.2.1　认知 OFDM 子载波资源分配描述

认知 OFDM 网络中，当感知模块检测到可用的空闲频谱后，将同时获取所有认知用户在可用频谱上的信道衰落特性及整个功率覆盖范围内的授权用户信息，然后实时动态地在多个认知用户中完成功率和子载波的分配。使用 OFDM 技术可以把信道划分为许多子载波。在频率选择性衰落信道中，不同的子信道受到不同的衰落而具有不同的传输能力，因此，在多用户系统中，某个用户不适用的子信道对于其他用户可能是条件很好的子信道[3,5]。因此，可根据信道衰落信息充分利用信道条件较好的子载波，以合理利用资源，获得更高的频谱效率。为了不干扰授权用户的正常工作，认知用户的功率分配不能超过功率上限[7,8]。

　　认知无线网络中的子载波分配是一个非线性优化问题，求得最优解是NP-Hard 问题[3,5]。传统的数学优化方法或者贪婪算法计算复杂度和求解难度都较高。许多学者提出了不同的次优子载波分配算法，获得了与最优算法相近的性能，但复杂度大大降低[5,7,10]。已经证明，生物启发的智能算法非常适合求解认知无线网络中的非线性优化问题[11-13]。文献[10]提出了 MA 准则下基于遗传算法的子载波分配算法，取得了较好的求解效果，但并未克服遗传算法易陷入局部最优的缺点，并且没有考虑认知用户对主用户的干扰，求解效果和实用性还有待进一步优化。基于此，本书利用免疫算法高效的寻优能力，提出一种在主用户可接受的干扰下，基于免疫优化的子载波优化分配方法。仿真实验表明，本书算法可以获得更小的总发射功率，并且收敛速度更快。

13.2.2　认知 OFDM 子载波资源分配模型

　　本书研究在系统的频谱利用达到最优的前提下，认知 OFDM 系统中下行链路的子载波分配算法。一个基站服务一个主用户和 M 个认知用户，授权用户和认知用户使用相邻的频段，认知用户使用 OFDM 传输技术，共有 N 个子载波。问题即是在满足用户速率要求和误码率要求下，如何给用户分配子载波，以达到最小化系统总发射功率的优化目标。具体建模如下。

　　假设信道估计完成后，多用户 OFDM 系统有 M 个次用户，N 个空闲的子载波。设定每个 OFDM 符号期间用户 m $(m=1,2,\cdots,M)$ 要发射的比特数为 R_m，第 m 个用户分配到第 n $(n=1,2,\cdots,N)$ 个子载波获得的比特数为 $b_{m,n}$（$b_{m,n}\in[0,L]$），L 为每个子载波允许传输的最大比特数；$\lambda_{m,n}$ 表示第 m 个用户是否占用第 n 个子载波，$b_{m,n}$ 决定了每个载波每次传输的自适应调制方式，则有

$$R_m = \sum_{n=1}^{N} \lambda_{m,n} b_{m,n} \qquad (13.1)$$

且 $\sum_{m=1}^{M} \lambda_{m,n} = 1$。

　　第 n 个子载波对应第 m 个用户的瞬时信道增益为 $g_{m,n}^2$，$P_m(b_{m,n})$ 表示第 m 个用户在满足误码率 p_e 的情况下在第 n 个子载波上传输（可靠接收）$b_{m,n}$ 个比特所需的最小功率，则有[4,5,6]

$$P_m(b_{m,n}) = (D_0/3)[Q^{-1}(p_e/4)]^2(2^{b_{m,n}}-1) \qquad (13.2)$$

其中，D_0 表示对所有用户和子载波都相同的噪声频谱密度功率（常数）；Q 表示调制方式为自适应 QAM；p_e 表示最大误码率（BER），则所有用户所需的总的发

射功率为

$$P_t = \sum_{n=1}^{N} \sum_{m=1}^{M} \frac{P_m(b_{m,n})}{g_{m,n}^2} \qquad (13.3)$$

由于本书的优化目标为最小化总发射功率，因此，本书的求解目标转换为

$$\min P_t = \min \sum_{n=1}^{N} \sum_{m=1}^{M} \frac{P_m(b_{m,n})}{g_{m,n}^2} \qquad (13.4)$$

使得

$$R_m = \sum_{n=1}^{N} \lambda_{m,n} b_{m,n} \qquad (13.5)$$

$$\sum_{m=1}^{M} \lambda_{m,n} = 1, \quad \lambda_{m,n} = \begin{cases} 0 & b_{m,n} = 0 \\ 1 & b_{m,n} \neq 0 \end{cases} \qquad (13.6)$$

$$p_e \leqslant p_t \qquad (13.7)$$

其中，约束条件（13.5）表示必须满足 m 个用户所需的总速率 R_m 要求；约束条件（13.6）表示一个子载波只能被一个用户占用；约束条件（13.7）表示必须满足特定的误码率 p_t。同时，考虑次用户对主用户的干扰，因此，必须满足约束条件：

$$\sum_{n=1}^{N} \frac{P_m(b_{m,n})}{g_{m,n}^2} \leqslant P_s \qquad (13.8)$$

其中，P_s 为用户的传输功率限制。

由此可见，此问题是一个约束优化问题。因此，在基本信道参数给定的情况下，本书问题即转换为在满足上述约束条件的前提下，求解用户对应的子载波分配方案 $b_{m,n}$（$b_{m,n}$ 决定了 $\lambda_{m,n}$），使得总发射功率最小。

13.2.3 算法实现的关键技术

本书设计了一种基于免疫克隆优化的子载波分配方案。本书算法中，使用矩阵进行抗体编码，一个抗体即为一种可能的子载波分配方案 $b_{m,n}$（候选解），然后通过比例克隆、亲和度评价、重组、变异、克隆选择对候选解进行进化，当算法满足结束条件时（本书为达到最大进化代数），亲和度最高的抗体，即为最终的子载波分配方案。约束条件在算法求解过程中，通过对解的修正进行处理。

1. 编码方式

编码将抗体表示与求解结果进行映射，是免疫算法求解问题的关键步骤。由于本书目的是求得分配方案 $b_{m,n}$，为了表示直观，采用 $M \times N$ 的矩阵编码表示，其中矩阵的行表示用户 m（$m = 1, 2, \cdots, M$），列表示子载波 n（$n = 1, 2, \cdots, N$），即

$$B = \begin{bmatrix} b_{1,1} & b_{1,2} & \cdots & b_{1,N-1} & b_{1,N} \\ b_{2,1} & b_{2,2} & \cdots & b_{2,N-1} & b_{2,N} \\ \vdots & \vdots & & \vdots & \vdots \\ b_{M,1} & b_{M,2} & \cdots & b_{M,N-1} & b_{M,N} \end{bmatrix} \qquad （13.9）$$

其中，$b_{m,n} \in [0, L]$。根据约束条件（13.6）可知，一个子载波只能被一个用户占用，表现在编码矩阵中，则为矩阵的每列只能有一个非零元素。经过编码后，一个抗体代表一种子载波分配方案。

2. 抗体种群初始化

免疫克隆算法必须有一个初始种群以便进化。为了确保抗体产生的随机性并遍历所有抗体空间，本书初始抗体种群的产生使用 Logistic 映射：$x_{n+1} = \mu x_n (1 - x_n)$。其中，$n = 1, 2, \cdots, N$，$\mu = 4$（此时系统处于完全混沌状态，其状态空间为 $(0,1)$ [10]）。随机产生第一个抗体，然后按照 Logistic 映射依次生成规模为 N 的抗体种群。

此外，本书在抗体种群的初始化过程中，考虑了约束条件和先验知识，对种群进行预处理。由于优化目标是要在满足用户速率的前提下进行（约束条件（13.5）），因此，每个用户 m 的最小子载波数应该满足：$b_m = \lfloor R_m / L \rfloor$（$\lfloor \ \rfloor$ 表示向下取整），则系统所需的最少总子载波数 $N' = \sum_{m=1}^{M} b_m$，并有 $N' < N$。具体初始化过程如下：对每个用户 m 随机分配 b_m 个载波，剩下的子载波 $N - N'$ 在用户间随机分配，并保证每列只有一个元素为非零。同时，进行干扰约束条件的处理，满足约束条件的抗体成为候选抗体。至此，在误码率要求给定的情况下，问题转换为无约束优化问题。按照种群规模，重复进行以上过程，得到初始的抗体种群（初始候选子载波分配方案）。

3. 亲和度函数

亲和度函数用来度量候选解（抗体）的好坏。亲和度函数值越小，说明抗体越优秀。

13.2.4　基于免疫优化的算法实现过程

算法具体实现过程如下。

步骤 1：初始化。

设进化代数 t 为 0；按照上面的方法初始化种群 A；规模为 k；则初始化种群记为

$$A(t) = \{A_1(t), A_2(t), \cdots, A_k(t)\} \qquad (13.10)$$

其中，每一个 $A_i(t)(1 < i < k)$ 对应于一种可能的子载波分配方案 B。同时设置记忆种群 $M(t)$，规模为 s $(s = k \times d\%)$，初始为从 $A(k)$ 中随机选取，则

$$M(t) = \{M_1(t), M_2(t), \cdots, M_s(t)\} \qquad (13.11)$$

步骤 2：亲和度评价。

对抗体种群 $A(t)$ 进行亲和度评价，计算每个抗体的亲和度 $f(A_i(t))$。将抗体按照亲和度值升序排列，选择前 s 个抗体更新记忆种群 $M(t)$。

步骤 3：终止条件判断。

如果达到最大进化次数 $t_{\max}$，算法终止，将记忆种群 $M(t)$ 中保存的亲和度值最小的抗体进行映射（见编码方式），即得到了最佳的子载波分配方案；否则，转步骤 4。

步骤 4：克隆扩增 T_c。

对这 s 个抗体进行克隆操作 T_c，形成种群 $B(t)$。克隆操作 T_c 定义为

$$B(t) = T_c(M(t)) = [T_c(M_1(t)), T_c(M_2(t)), \cdots, T_c(M_s(t))] \qquad (13.12)$$

具体克隆方法为：假设选出的 s 个抗体按亲和度值升序排序为 $M_1(t), M_2(t), \cdots, M_s(t)$，则对第 i 个抗体 $M_i(t)$ $(1 \leqslant i \leqslant s)$ 的 q_i 克隆产生的抗体数目为

$$q_i(t) = \text{Int}\left(n_t \frac{f(M_i(t))}{\sum\limits_{j=1}^{s} f(M_j(t))} \right) \qquad (13.13)$$

本书采用按照亲和度的大小进行克隆，保证了优秀抗体有更多的机会进化到下一代。第 t 代克隆产生的抗体种群总个数为

$$Q = N(t) = \sum_{i=1}^{s} q_i(t) \qquad (13.14)$$

其中，$\text{Int}(\cdot)$ 表示向上取整；$n_t(n_t > s)$ 表示克隆控制参数；$f(\cdot)$ 代表亲和度函数的计算。

步骤 5：克隆重组 T_r。

免疫重组操作有利于保持抗体多样性，寻找最优解，并提高收敛速度[7]。本书引入重组算子，依照概率 p_c 对不同抗体的两列进行交叉重组，生成新的抗体 $C(t)$。

步骤 6：克隆变异 T_m。

依据概率 p_m 对克隆后的种群 $C(t)$ 进行变异操作 T_m，得到抗体种群 $D(t)$。定义为

$$D(t) = T_m^c (C(t)) \tag{13.15}$$

由于本算法采用矩阵编码，本书设计的变异方式为：对某个抗体依变异概率 p_m 选择某列上的两个元素，交换其在矩阵的位置。这样做的优势在于：变异后抗体仍是可行解，简化了求解过程。

对于变异概率，本书设计了一种自适应调整方法：

$$p_m = p_m \left(1 - \frac{t}{t_{max}} \right) \tag{13.16}$$

其中，t 表示当前进化代数；t_{max} 为最大进化代数。

变异后的种群为

$$D(t) = \{D_1(t), D_2(t), \cdots, D_Q(t)\} \tag{13.17}$$

步骤 7：克隆选择 T_s。

$$A(t+1) = T_s \left(D(t) \bigcup A(t) \right) \tag{13.18}$$

具体方法为：计算 $D(t)$ 中的抗体亲和度，并和 $A(t)$ 一起，选择 k 个亲和度高的抗体组成下一代种群 $A(t+1)$；并选择前 s 个亲和度高的抗体更新记忆种群 $M(t+1)$；$t = t+1$；转步骤 3。

13.2.5 算法特点和优势分析

（1）设计了适合问题表示的矩阵编码方式，表示直观，易于操作。

（2）种群的初始化过程利用了相关先验知识，对约束条件进行了处理，简化了问题的求解。

（3）记忆种群的使用，有利于算法快速收敛；按亲和度的大小进行克隆，保证了优秀抗体有更多的机会进化到下一代；根据编码和问题设计的变异方式，保证了变异后的抗体仍是可行解，简化了求解过程；设计的自适应变异概率，在进化后期减小变异概率，进一步提高了收敛速度。

13.2.6 仿真实验结果

1. 实验环境和参数设置

假设系统为一个基站服务一个主用户和 M 个认知用户，考虑下行链路的资源分配，系统为频率选择性衰落信道，参数设置如下：信道中单边功率谱密度 $D_0 = 1$；系统信道增益 $g_{m,n}$ 均设置为 1；物理层采用自适应 64QAM 调制方式；子载波为 $N = 32$；最大传输比特数 R_m 为 1024 位；每个用户在一个 OFDM 符号中要传输的比特数 L 至少为 20 位。为了充分验证算法性能，误码比特率（BER）$p_e \leqslant p_t = 10^{-5} - 10^{-1}$，干扰功率 $P_s = 0.5 \sim 1.5\text{W}$，次用户数为 $M = 2 \sim 12$，实验环境为 Windows XP 系统，采用 MATLAB 编程实现。

　　通过反复实验，免疫克隆算法的参数设置为：最大进化代数 t_{max} =200；种群规模 $k = 30$；抗体编码长度等于子载波的个数（ $N = 32$ ）；记忆单元规模 $s = 0.3k$ ；克隆控制参数 $n_t = 20$ ；重组概率 $p_c = 0.01$ ；变异概率 $p_m = 0.2$ 。

　　2. 实验结果及分析讨论

　　为了验证算法性能，在相同的参数设置下，将算法运行 100 次，取平均值，并与 MA 准则下采用遗传优化的代表性文献[10]进行对比。

　　由于本书算法考虑了次用户对主用户的干扰，即传输功率限制，因此，首先验证了在不同的干扰功率 P_s 下，算法的运行性能。其中，误码率 $p_e = 10^{-3}$ ，用户数 $M = 6$ 。结果如图 13.1 所示。从图 13.1 可以看出，随着主用户可接受干扰功率的增大，系统总的发射功率也在增大。这是由于，主用户可接受干扰功率越大，允许的次用户传输功率会有所增加，因此，系统总的发射功率增大，理论分析与实验结果是一致的。

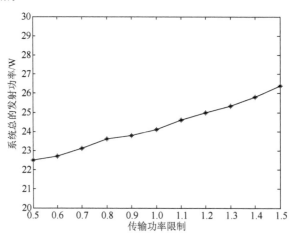

图 13.1　不同传输功率限制下系统的总发射功率

　　图 13.2 为随着进化代数变化，两种算法得到的总发射功率对比示意图。其中，用户数 $M = 6$ ，误码率 $p_e = 10^{-3}$ ，干扰功率 $P_s = 1.0W$ 。从图 13.2 中可以看出，在迭代次数相同的情况下，本书算法所需的总传输功率明显小于文献[10]，说明本书算法可以得到更优的子载波分配方案。同时可以看出，本书算法在约 140 代开始收敛，而文献[10]在约 180 代开始收敛，说明本书算法收敛较快，节约了运行时间，这主要是本书算法设计的各种算子有效加快了收敛速度。因此，本书算法具有一定的优越性。

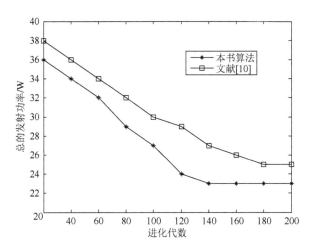

图 13.2　进化代数与发射功率的关系

图 13.3 验证了不同的用户数下，系统的总发射功率变化情况（误码率 $p_e = 10^{-3}$，干扰功率 $P_s = 1.0W$）。

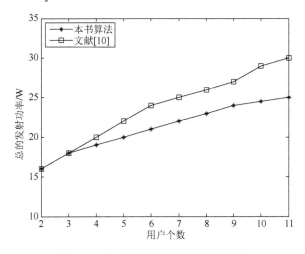

图 13.3　用户数与总发射功率的关系

从图 13.3 中可以看出，随着用户数的增长，两种算法的总发射功率都在增加，这与理论是相符的。当用户数较少时，两种算法性能相当。随着用户的增长，本书算法性能明显优于文献[10]，其主要原因在于：本书算法根据问题设计了各种有效的免疫算子，增强了算法的寻优能力，在用户数增多时，表现出了较强的优越性。

图 13.4 为系统用户数 $M = 6$ 时，在不同的误码率 p_t 下（干扰功率 $P_s = 1.0W$），相关算法的误码率对信噪比曲线。

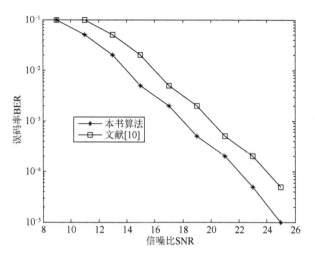

图 13.4　信噪比与误码率的关系

从图 13.4 中可以看出，在误码率相同的情况下，本书算法比文献[10]所需的传输功率少大约 2dB，并且随着对误码率要求的逐渐降低，两种算法所需传输功率的差值也逐渐增大，进一步验证了算法的有效性。

13.2.7　小结

本节提出了一种基于混沌免疫优化的多用户认知 OFDM 子载波资源分配方案。算法考虑了主用户可接受的干扰功率限制。实验结果表明，本书算法减小了整个系统所需的发射功率，同时收敛速度较快，更适合认知无线网络中子载波资源分配的优化。下一步的研究工作是结合实际的认知系统，如认知 ad hoc 网络等，进一步完善算法。

13.3　基于免疫优化的功率资源分配

13.3.1　功率资源分配问题描述

13.2 节讨论了 MA 准则下子载波资源的分配。这里讨论 RA 准则下的功率分配问题。认知无线网络架构下实现频谱共享的前提是不能影响主用户的正常通信，在分布式的架构下每个次用户都想使用频谱资源，发射的功率就会对主用户产生干扰。对次用户进行功率控制的目的是在不干扰主用户正常通信的基础上，提供更大的系统容量，提高频谱资源的利用率。OFDM 系统可以根据用户业务和环境的需要自适应地分配子载波，并对其功率与调制方式等射频参数进行灵活的配置。

不同的研究者对此问题展开了研究，已有算法[4-6]大都采用传统的数学优化方法或者贪婪搜索算法来进行求解，计算复杂度和求解难度都较高。认知无线网络的资源分配问题实际上是一个非线性优化问题，适合用智能方法求解。文献[14]提出了一种基于遗传算法的资源分配算法，并取得了较好的求解效果，但遗传算法固有的易陷入局部最优解的缺点，使得求解效果还有待进一步优化。本书将认知网络中下行链路的功率资源分配问题建模为一个约束优化问题，进而提出了一种基于免疫克隆优化的求解方法。仿真实验表明，在总发射功率、误码率及主用户可接受的干扰约束下，本书算法可以获得更大的总数据传输率。

13.3.2　功率资源分配问题的模型

假设认知无线网络中，一个基站的服务范围包括 1 个主用户和 M 个次用户，主用户和次用户使用相邻的频段；次用户使用 OFDM 传输技术。假设在一个 OFDM 符号周期内信道是慢衰落的，并且基站完全知道信道的状态信息，现共得到 N 个子载波，各子载波的带宽为 W_c，设定每个 OFDM 符号期间用户 m $(m=1,2,\cdots,M)$ 要发射的速率为 R_m；$b_{m,n}$ 表示用户 m 在第 n 个子载波上的传输速率；$p_{m,n}$ 表示用户 m 在子载波 n 上的功率；$g_{m,n}$ 为用户 m 在子载波 n 上的信道增益；N_0 表示对所有用户和子载波都相同的噪声频谱密度功率（常数），δ 表示传输的误码率，在物理层采用 MQAM 调制时，$\delta = -\ln(5p_e)/1.5$ [15]；$S_{m,n}$ 表示主用户对次用户的干扰；F_n 表示在子载波 n 上，次用户对主用户的干扰因子，满足 $\sum_{m=1}^{M}\sum_{n=1}^{N}\lambda_{m,n}p_{m,n}F_n \leqslant I_{th}$（$I_{th}$ 为主用户可接受的最高干扰上限）。一个 OFDM 符号周期内，在子载波 n 上传输的最大速率为[14-15]

$$b_{m,n} = \text{lb}\left\lfloor 1 + \frac{p_{m,n}g_{m,n}^2}{\delta\left(N_0W_c + S_{m,n}\right)}\right\rfloor \tag{13.19}$$

认知无线网络中，功率资源分配问题的优化目标为：在授权用户干扰门限、总发射功率及误码率的限制下，最大化系统（次用户）总的传输速率，以提高频谱利用率。因此，问题可以建模为

$$\max \sum_{n=1}^{N}\sum_{m=1}^{M}b_{m,n}\lambda_{m,n} = \sum_{n=1}^{N}\sum_{m=1}^{M}\lambda_{m,n}\text{lb}\left\lfloor 1 + \frac{p_{m,n}g_{m,n}^2}{\delta\left(N_0W_c + S_{m,n}\right)}\right\rfloor \tag{13.20}$$

约束：

$$\sum_{m=1}^{M}\lambda_{m,n} = 1, \quad \lambda_{m,n} = \begin{cases} 0, & b_{m,n} = 0 \\ 1, & b_{m,n} \neq 0 \end{cases} \tag{13.20a}$$

$$\sum_{n=1}^{N}\sum_{m=1}^{M}p_{m,n} \leqslant p_{\text{total}} \tag{13.20b}$$

$$\sum_{m=1}^{M}\sum_{n=1}^{N}\lambda_{m,n}p_{m,n}F_n \leqslant I_{\text{th}} \tag{13.20c}$$

$$p_{\text{e}} \leqslant p_{\text{u}} \tag{13.20d}$$

其中，约束条件（13.20a）表示一个子载波只能被一个用户占用；$\lambda_{m,n}$ 是子载波分配状态变量，当第 n 个子载波被用户 m 占用时，$\lambda_{m,n}=1$，反之为 0；约束条件（13.20b）表示所有次用户发送的功率 $p_{m,n}$ 之和不能超过系统总功率上限 p_{total}；约束条件（13.20c）表示所有次用户对主用户的干扰，不能超过其可容忍的干扰上限 I_{th}；约束条件（13.20d）表示误码率必须小于最大误码率 p_{u}。

由此可见，此问题是一个约束优化问题。因此，本书问题即转换为：在满足约束条件的前提下，求解用户对应的功率分配方案 $p_{m,n}$，使得所有次用户的总传输速率最大。

13.3.3　算法实现的关键技术

1. 编码方式

由于不同的子载波的信道衰落不同，从而需要的发送功率也不同。本书目的是求得功率分配方案 $p_{m,n}$，因此，用一个矩阵 $M \times N$ 的矩阵编码表示，其中矩阵的行表示用户 m $(m=1,2,\cdots,M)$，列表示载波 n $(n=1,2,\cdots,N)$，矩阵的每个元素 $p_{m,n}$ 表示用户 m 在第 n 个载波上获得的功率，即

$$p_{m,n} = \begin{bmatrix} p_{1,1} & p_{1,2} & \cdots & p_{1,N-1} & p_{1,N} \\ p_{2,1} & p_{2,2} & \cdots & p_{2,N-1} & p_{2,N} \\ \vdots & \vdots & & \vdots & \vdots \\ p_{M,1} & p_{M,2} & \cdots & p_{M,N-1} & p_{M,N} \end{bmatrix} \tag{13.21}$$

其中，$p_{m,n} \in [0, p_{\text{total}}]$。根据约束条件可知，一个子载波只能被一个用户占用，表现在编码矩阵中，则为矩阵的每列只能有一个非零元素。因此，如果把矩阵的每一位都进行编码，则抗体的长度过长并且存在很多冗余。本书采用对抗体编码种群中不为 0 的位采用实数进行编码，则抗体长度为 N（N 个子载波），每一个抗体基因位为用户分配的功率数。经过编码后，一个抗体代表一种功率分配方案。

2. 抗体种群初始化

按照编码方式，随机产生抗体组成初始抗体种群。对产出的每个抗体，进行满足最大功率 P_{total}（约束条件（13.20b））和对主用户最大干扰 I_{th}（约束条件（13.20c））的处理，即计算 $\sum_{n=1}^{N}\sum_{m=1}^{M} p_{m,n}$，满足约束条件的抗体作为候选抗体按照编

码方式，随机产生抗体组成初始抗体种群。对产出的每个抗体，进行满足最大功率 P_{total} （约束条件（13.20b））和对主用户最大干扰 I_{th} （约束条件（13.20c））的处理，即计算 $\sum_{n=1}^{N}\sum_{m=1}^{M}P_{m,n}$，满足约束条件的抗体作为候选抗体。

3. 亲和度函数

由于本书的优化目标为最大化总传输容量，因此，直接将上面定义的优化目标式（13.2）作为评价抗体好坏的亲和度函数。算法基本流程图如图 13.5 所示。

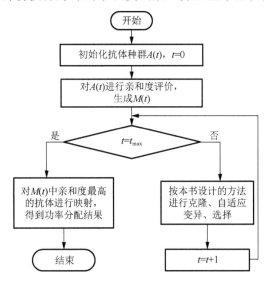

图 13.5　算法基本流程图

13.3.4　基于免疫克隆优化的算法实现过程

算法具体实现过程如下。

步骤 1：初始化。

设进化代数 t 为 0；初始化种群 A，规模为 k，则初始化种群记为

$$A(t)=\{A_1(t),A_2(t),\cdots,A_k(t)\} \tag{13.22}$$

步骤 2：亲和度评价。

对抗体种群 $A(t)$ 进行亲和度评价，计算每个抗体的亲和度 $f(A(t))$；根据亲和度大小，将抗体群分为记忆单元 $M(t)$ 和一般抗体种群单元 $N(t)$，即

$$A(t)=[M(t),N(t)] \tag{13.23}$$

其中，$M(t)=\{A_1(t),A_2(t),\cdots,A_s(t)\}$，并且 $s=0.2k$。

步骤 3：终止条件判断。

如果达到最大进化次数 $t_{\max}$，算法终止，将记忆种群 $M(t)$ 中保存的亲和度最高的抗体进行映射，即得到了最佳的功率分配方案；否则，转步骤 4。

步骤 4：对 $A(t)$ 克隆扩增 T_c。

对这 $A(t)$ 中的抗体进行克隆操作 T_c，形成种群 $B(t)$。克隆操作 T_c 定义为

$$B(t) = T_c(A(t)) = [T_c(A_1(t)), T_c(A_2(t)), \cdots, T_c(A_k(t))] \qquad (13.24)$$

具体克隆方法为：按照亲和度大小进行比例克隆，则对第 i 个抗体 $A_i(t)$ $(1 \leqslant i \leqslant k)$ 的 q_i 克隆产生的抗体数目为

$$q_i(t) = \left\lceil n_t \frac{f(A_i(t))}{\displaystyle\sum_{j=1}^{n} f(A_j(t))} \right\rceil \qquad (13.25)$$

第 t 代克隆产生的抗体种群总个数为

$$Q = N(t) = \sum_{i=1}^{n} q_i(t) \qquad (13.26)$$

其中，$\lceil \cdot \rceil$ 表示向上取整；$n_t (n_t > s)$ 表示克隆控制参数；$f(\cdot)$ 代表亲和度函数的计算。

步骤 5：对 $A(t)$ 进行克隆变异 T_m。

依据概率 P_m 对克隆后的种群 $B(t)$ 进行变异操作 T_m，得到抗体种群 $C(t)$。定义为 $C(t) = T_m^c(B(t))$。本书变异设计了一种非均匀变异，重点搜索原个体附近的微小区域。

具体过程如下。

假设 $B(t)$ 中的一个个体 $B_i(t)$ $(1 < i < Q)$，记为

$$B_i(t) = (b_i^1, b_i^2, \cdots, b_i^j, \cdots, b_i^{N-1}, b_i^N) \qquad (13.27)$$

假设选中 b_i^j 进行变异，显然其取值范围为 $[0, p_{\text{total}}]$。变异后的个体记为

$$C_i(t) = (b_i^1, b_i^2, \cdots, b_i^{j'}, \cdots, b_i^{N-1}, b_i^N) \qquad (13.28)$$

则

$$b_i^{j'} = \begin{cases} b_i^j + \Delta(t, p_{\text{total}} - b_i^j), & \mathrm{rand}(2) = 0 \\ b_i^j - \Delta(t, b_i^j), & \mathrm{rand}(2) = 1 \end{cases} \qquad (13.29)$$

其中，$\mathrm{rand}(2) = 0$ 表示将随机均匀产生的正整数模 2 所得的结果；t 是进化代数，$\Delta(t, y)$ 的值域为 $[0, y]$，并且当 t 增大时，其取值接近 0 的概率越大，这样变异的优势在于：算法在进化初期进行大范围搜索，而在后期主要进行局部搜索，有利于算法快速收敛。其中，$\Delta(t, y)$ 的具体取值可表示为[16]

$$\Delta(t, y) = y(1 - r^{(1-t)/t_{\max})^{\theta}}) \qquad (13.30)$$

其中，r 为 $[0,1]$ 上的一个随机数；$t_{\max}$ 为最大进化代数；θ 为一个系统参数，它决定了随机数扰动对进化代数 t 的依赖程度，起着调整局部搜索的作用，一般取值

为 2~5，本书取值为 3。

变异后的种群为

$$C(k) = \{C_1(t), C_2(t), \cdots, C_Q(t)\} \tag{13.31}$$

步骤 6：克隆选择 T_s。

定义为

$$A(t+1) = T_s(C(t) \bigcup A(t)) \tag{13.32}$$

具体方法为：对 $C(t)$ 中的每个抗体，进行满足最大功率 p_{total}（约束条件式（13.20b））和对主用户最大干扰 I_{th}（约束条件式（13.20c））处理，并计算其抗体亲和度。对于不满足上述约束条件的抗体，将其亲和度设置为所有抗体中亲和度的最小值。然后，对 $C(t)$ 和 $A(t)$ 一起，选择 k 个亲和度高的抗体组成下一代种群 $A(t+1)$；并选择前 s 个亲和度高的抗体更新记忆种群 $M(t+1)$；$t = t+1$；转步骤 3。

13.3.5　算法特点分析

（1）设计了适合问题表示的抗体编码方式，直观并节约了存储空间。

（2）抗体按照亲和度比例进行克隆，保证了较优抗体进入下一代的机率更大；记忆种群的使用，有利于算法快速收敛。

（3）非均匀变异算子的使用，变异操作与进化代数相结合，减少了变异的盲目性。

13.3.6　实验结果与分析

1.　实验环境和参数设置

假设系统为多径频率选择性衰落信道，各子载波的信道增益服从平均信道增益为 1 的瑞利衰落，次用户发信机到主用户接收机的信道增益 $g_{m,n}$ 为 1；次用户的误码率 p_e（这里设置等于最大误码率 p_u）设置为 $10^{-5} \sim 10^{-1}$，进而可以得到 δ 为 5dB；加性高斯白噪声的功率谱密度 $N_0 = 10^{-7} \text{W} / \text{Hz}$；主用户对次用户的干扰 $S_{m,n} = 10^{-6} \text{W}$；各子载波的带宽为 $W_c = 0.315$；系统总发射功率 $P_{\text{total}} = 1 \sim 30\text{W}$；$I_{\text{th}}^n (I_{\text{th}} / F_n) = 10^{-3} \sim 10^{-2} \text{W}$；次用户数 $M = 8$；子载波为 $N = 64$。实验环境为 Windows XP 系统，采用 MATLAB 编程实现。通过反复实验，免疫克隆算法的参数设置为：最大进化代数 $t_{\text{max}} = 200$；种群规模 $k = 30$；$s = 0.2k = 6$；抗体编码长度等于子载波的个数（$N = 64$）；克隆控制参数 $n_t = 12$。

2.　实验结果及分析讨论

为了验证算法性能，在相同的参数设置下，将算法运行 10 次，取平均值，并与文献[14]进行对比。

图 13.6 为在发射总功率（$P_{\text{total}}=1\text{W}$）和误码率（$p_e=10^{-3}$）受限的情况下（即满足模型约束条件），两种算法得到的次用户的总传输速率。从图 13.6 中可以看出，在迭代次数相同的情况下，本书算法求得的系统总传输功率明显优于文献[14]，并且收敛速度较快，节约了运行时间，说明针对本问题设计的各种算子是有效的，增强了算法的寻优能力。

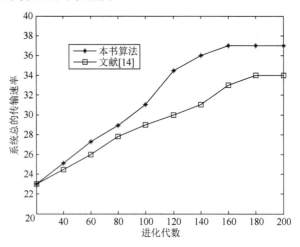

图 13.6　进化代数与系统总传输速率的关系

图 13.7 为次用户数为 8，进化代数达到最大代数，在不同的误码率下，系统总的传输速率示意图，相关文献对比结果如图 13.7 所示。从图 13.7 中可以看到，随着系统所要求的误码率的降低，约束条件在降低，因此，系统总的传输速率在

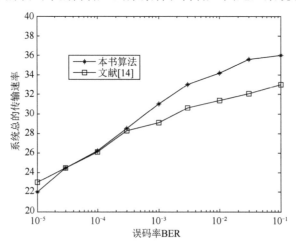

图 13.7　误码率与系统总传输速率的关系

增大，同时说明系统可以有效适应不同误码率限制情况下的功率分配，本书算法的求解结果优于文献[14]。

图 13.8 为在不同的主用户可容忍的干扰门限下，次用户总的传输功率变化情况。从图 13.8 中可以看出，随着可容忍干扰门限的增加，说明允许次用户可使用的发射功率在增大，因此，系统总的传输功率在增大。随着主用户可容忍的干扰门限的增大，本书算法表现出了较好的运行性能。

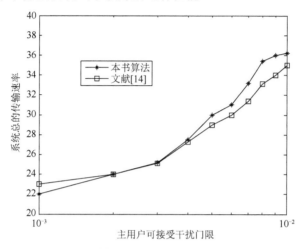

图 13.8　干扰门限与系统总传输速率的关系

图 13.9 给出了系统总的传输速率随着最大功率约束的变化曲线。从图 13.9 中可以看出，当次用户发射功率较小时，大部分主用户在没有达到次用户的干扰功率门限时，就已经达到了自身的最大发射功率。随着认知用户发射功率约束的增大，系统总的传输速率在增大，本书算法较优于文献[14]。

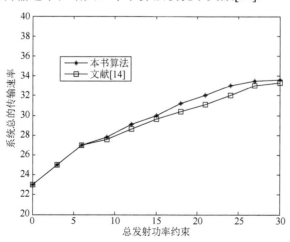

图 13.9　发射功率约束与系统总传输速率的关系

13.3.7 小结

本节提出了一种基于免疫克隆优化的多用户认知 OFDM 功率分配方案。实验结果表明，在满足主用户可容忍干扰、总功率限制及误码率的要求下，本书算法可以最大化系统总的传输速率，同时收敛速度较快，可以对认知无线网络中的功率分配进行有效优化。

13.4 联合子载波和功率的比例公平资源分配

13.4.1 问题描述

前面的研究分别考虑了不同准则下的子载波分配和功率分配，均取得了较好的求解效果。在混合业务中，认知 OFDM 网络中多用户资源分配涉及子载波、功率的联合分配问题，子载波和功率进行联合分配才能获得最优解。一方面，可用子载波数目有限；另一方面，考虑到次用户的干扰，认知用户本身的传输功率受限。在一个具有 M 个用户和 N 个子载波的系统中，共有 M^N 种子载波分配方法。在 RA 模式下，最大系统容量的分配方式才是全局最优解，相应的子载波分配和功率分配才是最优资源分配方式。显然，这是一个较为复杂的优化问题，寻求全局最优解的计算复杂度非常高。文献[17]提出一种基于贪婪策略的最优算法，求解效果较好，但复杂度过高。为了降低算法的复杂度，文献[18]～[20]均采用次优的两阶段资源分配方法，即先将子载波分配给用户，然后分配功率给不同的子载波，取得了与最优分配算法接近的性能，但由于减少了变量个数，复杂度大大降低。认知无线网络的资源分配问题实际上是一个非线性优化问题，适合用智能方法求解[21]。此外，文献[18]～[21]均没有考虑次用户对资源需求的公平性，导致某些情况下次用户可能接收不到任何系统资源。而实际中不同次用户有不同的速率要求，这可以通过预先预定不同的比例公平来实现[22]。

基于此，本书采用已有研究中采用的两阶段资源分配策略，将其建模为一个约束优化问题。本书算法充分考虑了认知无线网络资源分配中主用户可接受的干扰门限值，并预先设定次用户所需的服务级别，设计了一种子载波分配方案，并给出一种改进的免疫优化求解方法，确保用户资源分配的公平性。仿真实验表明，在总发射功率、误码率及主用户可接受的干扰约束下，本书算法可以获得与最优资源分配方法接近的系统吞吐量，同时兼顾了次用户对数据分配的公平性需求，在最大化系统吞吐量和次用户需求的公平性之间取得较好均衡。

13.4.2　比例公平资源分配模型

认知无线网络中，资源分配问题的优化目标为在主用户可容忍（接受）干扰门限、总发射功率及误码率的限制下，最大化系统总的吞吐量（也称为次用户总的传输速率/总的传输比特位数），以提高频谱利用率[18-22]。假设在基于 OFDM 技术的认知无线网络中，一个基站的服务范围包括 1 个主用户和 M 个次用户，现共得到 N 个可用子载波，设系统总的吞吐量为 R_{sum}，每个次用户 $m(1 \leqslant m \leqslant M)$ 的吞吐量（传输速率）为 R_m，则资源分配问题可以建模为

$$\max R_{sum} = \max \sum_{m=1}^{M} R_m \tag{13.33}$$

进一步，设 $b_{m,n}$ 表示一个符号周期内，用户 m 在第 n $(1 \leqslant n \leqslant N)$ 个子载波上的最大吞吐量（传输速率/位数），$\lambda_{m,n}$ 是子载波分配状态变量，当第 n 个子载波被用户 m 占用时，$\lambda_{m,n} = 1$，反之为 0，有

$$R_m = \sum_{n=1}^{N} \lambda_{m,n} b_{m,n} \tag{13.34}$$

根据式（13.33）和式（13.34），则有

$$\max R_{sum} = \max \sum_{m=1}^{M} R_m = \max \sum_{m=1}^{M} \sum_{n=1}^{N} \lambda_{m,n} b_{m,n} \tag{13.35}$$

在一个 OFDM 符号周期内，用户 m 在子载波 n 上的最大吞吐量为[23]

$$b_{m,n} = \left\lfloor \mathrm{lb}\left(1 + \frac{p_{m,n} g_{m,n}^2}{\delta\left(N_0 W_c + S_{m,n}\right)}\right) \right\rfloor \tag{13.36}$$

其中，$\lfloor\ \rfloor$ 表示向上取整；$p_{m,n}$ 表示用户 m 在子载波 n 上的功率；$g_{m,n}$ 为用户 m 在子载波 n 上的信道增益；N_0 表示对所有用户和子载波都相同的噪声频谱密度功率；各子载波的带宽为 W_c；δ 表示传输的误码率，在物理层采用 MQAM 调制时，$\delta = -\ln(5 p_e) / 1.5$ [15]；$S_{m,n}$ 表示主用户对次用户的干扰。

通过上面的分析，本书研究的认知无线网络资源分配问题建模为

$$\max \sum_{n=1}^{N} \sum_{m=1}^{M} b_{m,n} \lambda_{m,n} = \max \sum_{n=1}^{N} \sum_{m=1}^{M} \lambda_{m,n} \left\lfloor \mathrm{lb}\left(1 + \frac{p_{m,n} g_{m,n}^2}{\delta\left(N_0 W_c + S_{m,n}\right)}\right) \right\rfloor \tag{13.37}$$

约束：

$$\sum_{m=1}^{M} \lambda_{m,n} \leqslant 1, \quad \lambda_{m,n} = \begin{cases} 0, & b_{m,n} = 0 \\ 1, & b_{m,n} \neq 0 \end{cases} \tag{13.37a}$$

$$\sum_{n=1}^{N} \sum_{m=1}^{M} p_{m,n} \leqslant p_{total} \tag{13.37b}$$

$$\sum_{m=1}^{M}\sum_{n=1}^{N}\lambda_{m,n}p_{m,n}I_n \leqslant I_{th} \qquad (13.37c)$$

$$R_1:R_2:\cdots:R_M = \alpha_1:\alpha_2:\cdots:\alpha_M \qquad (13.37d)$$

其中,约束条件(13.37a)表示一个子载波只能被一个用户占用;约束条件(13.37b)表示所有次用户发送的功率 $p_{m.n}$ 之和不能超过系统总功率上限 p_{total};约束条件(13.37c)表示所有次用户对主用户的干扰,不能超过其可容忍的干扰上限 I_{th},I_n 表示在子载波 n 上,次用户对主用户的干扰因子;约束条件(13.37d)表示次用户需要的不同级别的吞吐量,$\alpha_m(1<m<M)$ 是预先给定的数值,以保证总速率在用户间成比例分配。

公平性指标定义为[22-24]

$$F = \frac{\left(\sum_{i=1}^{M}\dfrac{R_m}{\alpha_m}\right)^2}{M\sum_{i=1}^{M}\left(\dfrac{R_m}{\alpha_m}\right)^2} \qquad (13.38)$$

其最大值为 1 对应于最大公平。

通过上面的分析可见,资源分配包括子载波分配和功率分配两个过程。本书问题即转换为:在满足各种约束条件的前提下,求解次用户对应的子载波分配方案 $b_{m,n}$ 和功率分配方案 $p_{m,n}$,使得系统吞吐量最大并保证次用户需求的公平性。

13.4.3　基于免疫优化的资源分配实现过程

本书算法的基本思路如下:假设总功率在所有子载波间均等分布,先将子载波分配给次用户,达到初步分配公平,然后通过免疫优化算法对功率进行优化分配,达到最大化系统吞吐量的同时满足次用户比例公平性需求。约束条件在优化过程中,通过对解的修正进行处理。

1. 子载波分配方案

子载波分配问题即是在满足各种约束条件下,将不同子载波分配给次用户的过程。已有的子载波分配方法,是将子载波分配给可以获得最大信道增益的次用户,这样可能造成次用户对主用户的干扰增益增大,使得次用户更多地受到主用户发射功率的限制,反而得不到理想的速率[25-28]。本书综合考虑次用户本身链路与主用户干扰链路的影响,设计了一种在主用户干扰门限下,充分考虑次用户分配公平性的子载波分配方案。

由上面的分析可知,次用户 m 在子载波 n 上传输一个数据位所需要的增量功率为

$$\Delta p_{m,n} = \frac{N_0 W_c + S_{m,n}}{g_{m,n}^2} 2^{b_{m,n}} \tag{13.39}$$

相应地，此增量功率对主用户造成的干扰为

$$\Delta I_{m,n} = \Delta p_{m,n} I_n \tag{13.40}$$

假设 N_m 表示分配给次用户 m 的子载波集合，$\varnothing$ 表示空集，$E = \{1, 2, \cdots, N\}$ 为总的子载波集合，用 n_p、n_I 分别表示产生最小发射功率增量和最小主用户干扰增量的子载波，R_m 为用户 m 的吞吐量（速率），$b_{m,n}$ 表示用户 m 在第 n $(1 \leqslant n \leqslant N)$ 个子载波上的吞吐量（传输位数），$P_{\min}$ 为次用户传输数据所需的最小功率，I 为干扰变量。

具体分配过程如下。

步骤 1：初始化 $R_m = 0$, $b_{m,n} = 0$，$N_m = \varnothing$，$P_{\min} = 0$，$I = 0$，计算 $\Delta p_{m,n}$、$\Delta I_{m,n}$ $(m \in [1, M], n \in [1, N])$。

步骤 2：对所有的 $m \in [1, M]$，执行以下操作：

步骤 2.1：寻找 $m^* = \arg\min_m R_m / a_m$ （即满足 $\dfrac{R_m}{a_m} \leqslant \dfrac{R_l}{a_l}, l \in [1, M]$，记为 m^*）；

步骤 2.2：寻找 $n_I = \arg\min_n \Delta I_{m^*n}$ （寻找对主用户干扰最小的子载波 n_I）；

步骤 2.3：如果 $p + \Delta I_{m^*n_p} \leqslant p_{\text{total}}$，且 $I + \Delta I_{m^*n_I} \leqslant I_{\text{th}}$，执行下面的操作：

$$R_{m^*} = R_{m^*} + 1, \quad I = I + \Delta I_{m^*n_I} \tag{13.41}$$

$$P_{\min} = P_{\min} + \Delta I_{m^*n_I} / I_{n_I} \tag{13.42}$$

$$b_{m^*n_I} = b_{m^*n_I} + 1 \tag{13.43}$$

计算 $\Delta I_{m^*n_I}$：

$$N_m = N_m \bigcup \{n_I\}, \quad E = E - \{n_I\} \tag{13.44}$$

设置 $\lambda_{m,n} = 1$。

判断 $E = \varnothing$ 是否成立，如果成立，输出 N_m，则子载波分配结束；否则，对于所有的 $m \neq m^*$，设置 $\Delta I_{mn_I} = \infty$；转步骤 2.1；

步骤 2.4：如果 $I + \Delta I_{m^*n_I} > I_{\text{th}}$ 或 $p + \Delta p_{m^*n_I} > p_{\text{total}}$，则有 $m^{*\prime} = \arg\min_m R_m / a_m (m \neq m^*)$, $m^* = m^{*\prime}$（即设置 m^* 为下一个具有较高 R_m / a_m 比值的用户），返回步骤 2.2。

算法基本流程如图 13.10 所示。

子载波分配结束后，可以粗略实现用户间数据吞吐量分配的比例公平性。进一步，通过下面设计的基于免疫优化的功率分配来实现最大化系统吞吐量的同时满足次用户速率比例公平性需求。

此外，子载波分配结束后，每个次用户 $m(1 \leqslant m \leqslant M)$ 最终获得的最大吞吐量如下：

$$R_m = \sum_{n=1}^{N_m} \lambda_{m,n} b_{m,n} = \sum_{n=1}^{N_m} \left\lfloor \mathrm{lb}\left(1 + \frac{p_{m,n} g_{m,n}^2}{\delta(N_0 W_\mathrm{c} + S_{m,n})}\right)\right\rfloor \qquad (13.45)$$

其中，N_m 表示第 m 个用户分配到的子载波个数。

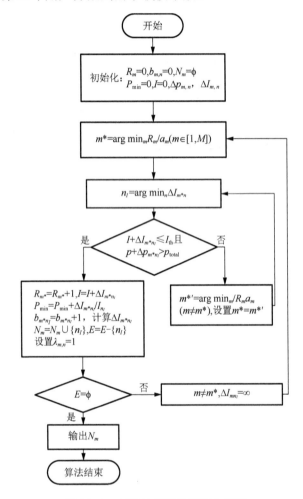

图 13.10　子载波分配算法基本流程

2. 基于免疫优化的功率分配实现关键技术

利用免疫算法求解功率分配问题，主要关键技术如下。

1）编码方式

编码方式是利用免疫算法求解问题的一个关键技术。由于算法目的是求得功率分配方案 $p_{m,n}$，因此，用一个 $M \times N$ 的矩阵编码表示，其中，矩阵的行表示次

用户 m $(m = 1, 2, \cdots, M)$，列表示子载波 n $(n = 1, 2, \cdots, N)$，矩阵的每个元素 $p_{m,n}$ 表示用户 m 在第 n 个载波上获得的功率，即

$$P = \begin{bmatrix} p_{1,1} & p_{1,2} & \cdots & p_{1,N-1} & p_{1,N} \\ p_{2,1} & p_{2,2} & \cdots & p_{2,N-1} & p_{2,N} \\ \vdots & \vdots & & \vdots & \vdots \\ p_{M,1} & p_{M,2} & \cdots & p_{M,N-1} & p_{M,N} \end{bmatrix} \qquad (13.46)$$

由于子载波分配结束后，分配给每个用户的子载波数 N_m 已经确定，并且子载波分配过程中功率均等分配，因此，每个用户的初始功率为 $p_{m,n} \in \left[0, \dfrac{N_m}{N} p_{\text{total}} \right]$。

根据此先验知识进行抗体种群的初始化，可以加快算法的收敛速度，后面的实验也证明了这一点。根据约束条件（13.37a）可知，一个子载波只能被一个用户占用，表现在编码矩阵中，则为矩阵的每列只能有一个非零元素。经过编码后，一个抗体代表一种功率分配方案。

2）抗体种群初始化

按照编码方式，随机产生抗体组成初始抗体种群。对产出的每个抗体，进行满足最大功率 p_{total} 约束（约束条件（13.37c））的处理，即计算 $\sum\limits_{n=1}^{N} \sum\limits_{m=1}^{M} p_{m,n}$，满足约束条件的抗体作为候选抗体。

3）亲和度函数设计

由于本书的优化目标为最大化总传输速率，同时需要考虑用户间的分配公平性（约束条件（13.37d）），因此，对适应度函数作如下分析和定义。

从式（13.39）可以看出，R_m 可由分配功率矩阵 $p_{m,n}$ 计算得到，因此，可以根据抗体种群的初始化结果计算出每个用户的速率 R_m，进而可以求出比例速率和系统总的吞吐量。根据公平性的定义（式（13.38）），公平性越大的分配矩阵 $p_{m,n}$，其亲和度函数越大，因此，将式（13.38）作为评价抗体亲和度的函数。

3. 基于免疫优化的功率分配算法具体实现

算法基本流程如图 13.11 所示，具体实现过程如下。

步骤 1：初始化。

设进化代数 t 为 0，初始化种群 A，规模为 k，则初始化种群记为 $A(t) = (p_1(t), p_2(t), \cdots, p_k(t))$，这里，$p_i (1 \leqslant i \leqslant k)$ 是一个候选功率分配方案；给定算法最大进化代数 t_{max}。

步骤 2：亲和度评价。

对抗体种群 $A(t)$ 进行亲和度评价，计算每个抗体的亲和度 $f(p_i(t))(1 < i < k)$。

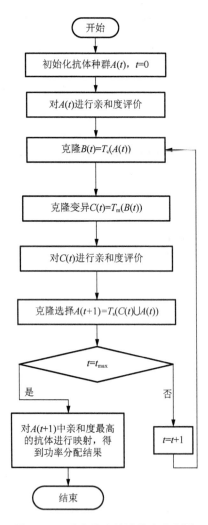

图 13.11　功率分配算法基本流程图

步骤 3：对 $A(t)$ 克隆扩增 T_c，形成 $B(t)$。

克隆操作 T_c 定义为

$$B(t) = T_c(A(t)) = [T_c(p_1(t)),\ T_c(p_2(t)),\cdots,T_c(p_k(t))] \qquad (13.47)$$

本书采用常数克隆，克隆规模记为 q。克隆之后，种群为

$$B(t) = \{p_1'(t), p_2'(t),\cdots,p_z'(t)\} \qquad (13.48)$$

其中，$z = kq$。

步骤 4：克隆变异 T_m。

克隆变异定义为 $C(t) = T_m(B(t))$。本书中，设计了一种自适应变异概率，将进

化代数与进化概率关联起来，即 $m_p = m_p\left(1 - \dfrac{t}{t_{\max}}\right)$，$t$ 是当前进化代数，$t_{\max}$ 是最大进化代数。其优势在于：在进化初期，进行大范围搜索；在进化后期，进行局部小范围搜索，可以加快进化过程[29]。变异之后，种群记为

$$C(t) = \{p_1''(t), p_2''(t), \cdots, p_z''(t)\} \qquad (13.49)$$

本书中，变异通过交换矩阵 P 中任意两列的非零元素实现。这种变异方式易于实现并且不会破坏约束条件。它保证了每个子载波只分配给一个次用户并且所有通过变异产生的个体仍然满足约束条件，即它们仍是可行的功率分配方案。一个简单的例子如下：其中第 2 列和第 $N-1$ 列进行交换，变异之后 p' 变成了 p''。实际上，变异意味着交换两个次用户的功率分配方案。

$$p' = \begin{bmatrix} p_{1,1} & p_{1,2} & \cdots & p_{1,N-1} & p_{1,N} \\ p_{2,1} & p_{2,2} & \cdots & p_{2,N-1} & p_{2,N} \\ \vdots & \vdots & & \vdots & \vdots \\ p_{M-1,1} & p_{M-1,2} & \cdots & p_{M-1,N-1} & p_{M-1,N} \\ p_{M,1} & p_{M,2} & \cdots & p_{M,N-1} & p_{M,N} \end{bmatrix} \qquad (13.50)$$

$$p'' = \begin{bmatrix} p_{1,1} & p_{1,N-1} & \cdots & p_{1,2} & p_{1,N} \\ p_{2,1} & p_{2,N-1} & \cdots & p_{2,2} & p_{2,N} \\ \vdots & \vdots & & \vdots & \vdots \\ p_{M-1,1} & p_{M-1,N-1} & \cdots & p_{M-1,2} & p_{M-1,N} \\ p_{M,1} & p_{M,N-1} & \cdots & p_{M,2} & p_{M,N} \end{bmatrix} \qquad (13.51)$$

步骤 5：对抗体种群 $C(t)$ 进行亲和度评价。

$$f(C(t)) = (f(p_1''(t), f(p_2''(t)), \cdots, f(p_z''(t)) \qquad (13.52)$$

步骤 6：定义克隆选择 T_s。

$$A(t+1) = T_s(C(t) \bigcup A(t)) = (p_1(t+1), p_2(t+1), \cdots, p_k(t+1)) \qquad (13.53)$$

即选择 k 个亲和度高的抗体组成下一代种群 $A(t+1)$。

步骤 7：终止条件判断。

如果达到最大进化次数 $t_{\max}$，算法终止，将种群 $A(t+1)$ 中亲和度最高的抗体进行解码输出，即得到了最佳的功率分配方案；否则，$t = t+1$，转步骤 3。

免疫优化后，系统总发射功率在用户之间合理分布，满足了用户之间的比例公平性需求。

4. 算法特点分析

（1）设计了适合问题表示的抗体编码方式，直观并且易于实现；

（2）将先验知识加入抗体种群的初始化，有利于算法快速收敛；

（3）非均匀变异算子的使用，使得变异操作与进化代数相结合，减少了变异的盲目性，进一步加快了收敛速度。

13.4.4　仿真实验结果与分析

1. 实验环境和参数设置

实验环境为 Windows XP 系统，采用 MATLAB7.0 编程实现。假设系统为多径频率选择性衰落信道，各子载波的信道增益 $g_{m,n}$ 服从平均信道增益为 1 的瑞利衰落，假设有 1 个主用户和 M 个次用户，次用户带宽为 5Hz，由 16 个子载波组成，各子载波的带宽为 $W_c = 0.315$，次用户的误码率 p_e 设置为 10^{-3}，进而可以得到 δ 为 5dB；加性高斯白噪声的功率谱密度 $N_0 = 10^{-7}\text{W/Hz}$，主用户对次用户的干扰 $S_{m,n} = 10^{-6}\text{W}$。为了充分验证在不同的约束条件限制下系统的性能，所有次用户总发射功率 $P_{total} = 0.5\sim1.5\text{W}$，$I_{th}^n = 10^{-3}\sim10^{-2}\text{W}$，次用户数 $M = 2\sim20$ 个。

通过反复实验，免疫克隆算法的参数设置为：最大进化代数 $t_{max} = 200$；种群规模 $k = 30$，抗体编码长度等于子载波的个数（$N = 16$），克隆系数 $q = 4$。

实验中，比例吞吐量（速率）约束限制设置与文献[22]保持一致。假设次用户数为 $M = 4$，具体设置如表 13.1 所示。

表 13.1　比例速率约束设置

编号	比例速率设置
1	$\alpha_1 : \alpha_2 : \alpha_3 : \alpha_4 = 1:1:1:1$
2	$\alpha_1 : \alpha_2 : \alpha_3 : \alpha_4 = 1:2:4:8$
3	$\alpha_1 : \alpha_2 : \alpha_3 : \alpha_4 = 1:1:1:8$
4	$\alpha_1 : \alpha_2 : \alpha_3 : \alpha_4 = 1:1:1:16$

2. 算法性能分析

为了验证算法性能，在相同的参数设置下，与实验环境设置相同的代表性文献[21]和[22]进行对比。文献[21]是一种系统速率最大的优秀算法，而文献[22]是一种考虑了公平性的资源分配算法，具有很好的性能和代表性。

实验首先验证了本书算法的性能，结果如图 13.12～图 13.14 所示。

图 13.12 所示为本书算法进化代数与抗体亲和度值之间的关系。从图 13.12 中可以看出，随着进化代数的增加，个体的平均亲和度逐渐收敛于最大亲和度，说明本书算法能够实现用户之间的吞吐量呈比例分配。此外，从图 13.12 中也可以看出，算法能较快收敛，这是由于子载波分配结束后，用户间的比例吞吐量要求已经基本得到满足，把这些先验知识加入初始抗体种群，以及针对本问题设计

的各种免疫算子加快了算法的收敛速度。理论分析和实验结果是一致的。

图 13.13 为在不同的干扰门限 I_{th} 下，次用户数与系统总速率的关系。此时假设 $P_{total}=1W$ ，其他参数设置如 13.4.3 小节设置，比例速率要求为编号 1。从图 13.13 中可以看出，由于本书算法子载波的选择过程充分考虑了次用户对主用户链路的干扰，因此随着次用户数的增多，系统总吞吐量逐渐增加，这也是多用户分集效果的体现，但受到子载波数目的限制，速率增加的程度越来越慢。同时，主用户可以忍受的干扰值 I_{th} 越大，则允许次用户的发射功率越高，系统的总吞吐量（次用户总的传输位率，传输速率）就越高，这是合理的。

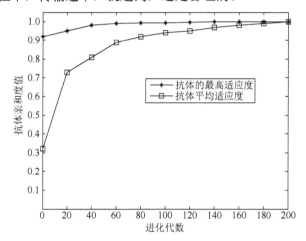

图 13.12　进化代数与抗体种群亲和度的关系

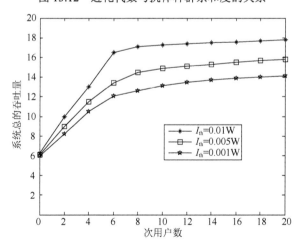

图 13.13　次用户数与系统总的吞吐量关系

图 13.14 为在次用户个数为 4，在主用户可接受的不同干扰约束 I_{th} 下（其他参数如 13.4.3 小节设置，比例速率要求为编号 1），系统总的吞吐量变化示意图。从图 13.14 中可以看出，随着 P_{total} 功率增高，系统总的吞吐量在增加，但总体差距越来越小。这是由于随着干扰容量的增加，系统变得干扰受限，可用来为次用户进行传输的功率不再是主要限制因素。而对于给定的功率值，速率总和增加到一个限制值，系统不再受主用户可以接受的干扰功率限制。

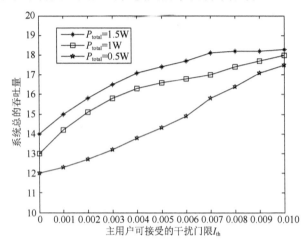

图 13.14　主用户可接受的干扰门限与系统的吞吐量

图 13.15 和图 13.16 为本书算法与文献[21]和[22]的吞吐量与公平性比较。图 13.15 所示为不同公平性比例速率限制下，系统的总吞吐量示意图，参数的设置为 $P_{total}=0.1W$，$I_{th}=0.01W$，其他参数设置如 13.4.3 节所示。从图 13.15 中可以看出，文献[21]可以最大化系统容量，但由于没有考虑用户的公平性，因此总容量保持不变。而本书算法总容量随着速率限制条件的变化而变化，这是由于比例速率编号从 1 到 4，更多的资源被分配给了用户 4，此时资源分配不均衡，用户多样性减少，使得总容量也随之减少。同样可以看出，在同样的比例公平性限制下，本书算法比文献[22]可以得到更高的总吞吐量，说明本书算法在吞吐量和公平性均衡方面取得了较好均衡。

图 13.16 直观地显示了用户速率之比为 $\alpha_1 : \alpha_2 : \alpha_3 : \alpha_4 = 1:1:1:16$ 时总吞吐量在用户之间的分布。其中，第一列表示理想分布，即总吞吐量按照用户的速率之比分布，其值为 $F'_m = \dfrac{\alpha_m}{\sum\limits_{i=1}^{M} \alpha_i}$，而每个用户实际获得的比例公平性等于该用户所获

得的实际吞吐量（速率）比上所有用户的吞吐量之和，表示为 $F_m'' = \dfrac{R_m}{\displaystyle\sum_{i=1}^{M} R_i}$，第二

列表示文献[21]算法，第三列表示本书算法，第四列表示文献[22]算法。

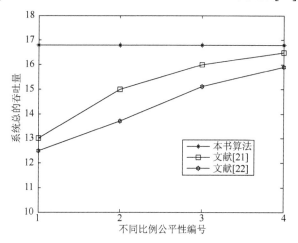

图 13.15　不同比例速率下系统的总吞吐量

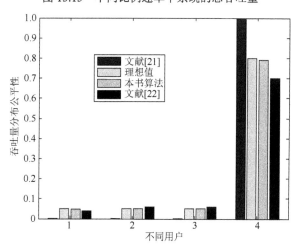

图 13.16　用户数与吞吐量分布公平性的关系

从图 13.16 中可以看出，本书算法使得总容量在用户之间呈比例分布，非常接近于理想的比例分布，比文献[22]分布更加公平。而文献[21]中的算法由于没有考虑比例公平速率要求，将每一个载波都分配给其上信道增益最大的次用户，因此，当次用户 4 的信道条件好于所有其他用户的时候，次用户 4 将占用几乎所有的系统资源，而其他次用户几乎接收不到任何数据。

13.4.5　小结

本节提出了基于免疫优化算法的认知无线网络资源分配算法。算法充分考虑了主用户的可容忍门限和不同次用户对速率的不同需求。实验结果表明，在满足主用户可容忍干扰、总功率限制及误码率的要求下，本书算法可以获得与最优资源分配方法接近的系统吞吐量，同时兼顾了次用户对数据分配的公平性需求，在最大化系统吞吐量和满足次用户需求的公平性之间取得较好均衡。

13.5　本 章 小 结

本章主要介绍了认知无线网络中基于 OFDM 的资源分配问题。针对子载波资源的分配问题、功率分配问题以及载波和功率的联合分配问题，设计了相应的免疫优化算法。仿真结果表明本书算法的有效性。

参 考 文 献

[1]　HAYKIN S. Cognitive radio: Brain-empowered wireless communications[J]. IEEE Journal on Selected Areas in Communications, 2005, 23(2): 201-220.

[2]　MAHMOUD H A, YUCEK T, ARSLAN H. OFDM for cognitive radio: Merits and challenges[J]. IEEE Wireless Communications, 2009, 16(2): 6-15.

[3]　MACIEL T F, KLEIN A. On the performance, complexity, and fairness of suboptimal resource allocation for multiuser MIMO–OFDMA systems[J]. IEEE Transactions on Vehicular Technology, 2010, 59(1): 406-419.

[4]　周杰, 俎云霄. 一种用于认知无线电资源分配的并行遗传算法[J]. 物理学报, 2010, 59(10): 7508-7515.

[5]　ALMALFOUH S M, STUBER G L. Interference-aware radio resource allocation in OFDMA-based cognitive radio networks[J]. IEEE Transactions on Vehicular Technology, 2011, 60(4): 1699-1713.

[6]　张然然, 刘元安. 认知无线电下行链路中 OFDMA 资源分配算法[J]. 电子学报, 2010, 38(3): 632-637.

[7]　SHI J, XU W J, HE Z Q, et al. Resource allocation based on genetic algorithm for multi-hop OFDM system with non-regenerative relaying[J]. The Journal of China Universities of Posts and Telecommunications, 2009, 16(5): 25-32.

[8]　KANG X, LIANG Y C, NALLANATHAN A, et al. Optimal power allocation for fading channels in cognitive radio networks: Ergodic capacity and outage capacity[J]. IEEE Transactions on Wireless Communications, 2009, 8(2): 940-950.

[9]　GE W D, JI H, SI P B, et al. Optimal power allocation for multi-user OFDM and distributed antenna cognitive radio with RoF[J]. The Journal of China Universities of Posts and Telecommunications, 2010, 17(6): 41-71.

[10]　俎云霄, 周杰. 基于组合混沌遗传算法的认知无线电资源分配[J]. 物理学报, 2011, 60(7): 079501-079508.

[11]　RENK T, KLOECK C, BURGKHARDT D, et al. Bio-inspired algorithms for dynamic resource allocation in cognitive wireless networks[J]. Mobile Networks and Applications, 2008, 13(5): 431-441.

[12]　HE A, BAE K K, NEWMAN T R, et al. A survey of artificial intelligence for cognitive radios[J]. IEEE Transactions on Vehicular Technology, 2010, 59(1-4): 1578-1592.

[13]　ZHANG Y H, LEUNG C. A distributed algorithm for resource allocation in OFDM cognitive radio systems[J]. IEEE Transactions on Vehicular Technology, 2011, 60(2): 546-554.

[14]　ZU Y X, ZHOU J, ZENG C C. Cognitive radio resource allocation based on coupled chaotic genetic algorithm[J]. Chinese Physics B, 2010, 19(11): 119501.

[15]　兰海燕, 杨莘元, 刘海波, 等. 基于文化算法的多用户 OFDM 系统资源分配[J]. 吉林大学学报(工学版), 2011, 41(1): 226-230.

[16]　GONG M G, JIAO L C, ZHANG L N. Baldwinian learning in clonal selection algorithm for optimization[J]. Information Sciences, 2010, 180(8): 1218-1236.

[17]　CHENG P, ZHANG Z, CHEN H H, et al. Optimal distributed joint frequency, rate and power allocation in cognitive OFDMA systems[J]. IET Communications, 2008, 2(6): 815-826.

[18]　周广素, 吴启晖. 认知 OFDM 系统中具有 QoS 要求的自适应资源分配算法[J]. 解放军理工大学学报(自然科学版), 2010, 11(6): 608-612.

[19]　KANG X, LIANG Y C, NALLANATHAN A, et al. Optimal power allocation for fading channels in cognitive radio networks: Ergodic capacity and outage capacity[J]. IEEE Transaction on Wireless Communication, 2009, 8(2): 21-29.

[20]　JIANG Y Q, SHEN M F, ZHOU Y P. Two-dimensional water-filling power allocation algorithm for MIMO-OFDM systems[J]. Science China Information Sciences, 2010, 53(6): 1242-1250.

[21]　WANG W, WANG W B, LU Q X, et al. An uplink resource allocation scheme for OFDMA-based cognitive radio networks[J]. International Journal of Communication Systems, 2009, 22(5): 603-623.

[22]　SHAAT M, BADER F. Fair and efficient resource allocation algorithm for uplink multicarrier based cognitive networks[C]//21st Annual IEEE International Symposium on Personal, Indoor and Mobile Radio Communications, 2010: 1212-1217.

[23]　唐伦, 曾孝平, 陈前斌, 等. 认知无线网络基于正交频分复用的子载波和功率分配策略[J]. 重庆大学学报, 2010, 33(8): 17-22.

[24]　许文俊, 贺志强, 牛凯. OFDM 系统中考虑信源编码特性的多播资源分配方案[J]. 通信学报, 2010, 31(8): 52-59.

[25]　ZHANG R, CUI S G, LIANG Y C. On ergodic sum capacity of fading cognitive multiple-access and broadcast channels[J]. IEEE Transactions on Information Theory, 2009, 55(11): 5161-5178.

[26]　WU D, CAI Y M, SHENG Y M. Joint subcarrier and power allocation in uplink OFDMA systems based on stochastic game[J]. Science China Information Sciences, 2010, 53(12): 2557-2566.

[27]　SHARMA N, TARCAR A K, THOMAS V A, et al. On the use of particle swarm optimization for adaptive resource allocation in orthogonal frequency division multiple access systems with proportional rate constraints[J]. Information Sciences, 2012, 182(1): 115-124.

[28]　GONG M G, JIAO L C, MA W P, et al. Intelligent multi-user detection using an artificial immune system[J]. Science in China Series F: Information Sciences, 2009, 52(12): 2342-2353.

[29]　GONG M G, JIAO L C, ZHANG L N, et al. Immune secondary response and clonal selection inspired optimizers[J]. Progress in Natural Science, 2009, 19(2): 237-253.